Martina Bär | Rainer Krumm | Hartmut Wiehle

Unternehmen verstehen, gestalten, verändern

Martina Bär | Rainer Krumm | Hartmut Wiehle

Unternehmen verstehen, gestalten, verändern

Das Graves-Value-System in der Praxis

GABLER

Bibliografische Information Der Deutschen Nationalbibliothek
Die Deutsche Nationalbibliothek verzeichnet diese Publikation in der
Deutschen Nationalbibliografie; detaillierte bibliografische Daten sind im Internet über
<http://dnb.d-nb.de> abrufbar.

1. Auflage April 2007
Nachdruck 2008

Lektorat: Ulrike M. Vetter

Der Gabler Verlag ist ein Unternehmen von Springer Science+Business Media.
www.gabler.de

Umschlaggestaltung: Nina Faber de.sign, Wiesbaden
Druck und buchbinderische Verarbeitung: Wilhelm & Adam, Heusenstamm
Gedruckt auf säurefreiem und chlorfrei gebleichtem Papier
Printed in Germany

ISBN 978-3-8349-0291-7

Vorwort – die Welt mit neuen Augen sehen!

Als wir zum ersten Mal mit den Arbeiten von Professor Clare Graves in Berührung kamen, waren wir von der Komplexität seines Systems auf der einen und von dessen Praxisnähe auf der anderen Seite fasziniert. „Ein Modell der Welt“ hieß es – und das schien es auch zu sein.

Je tiefer wir das Modell durchdrangen, umso klarer waren viele Situationen im alltäglichen Leben, in Unternehmen, in der Gesellschaft sowie der Politik einzuordnen. Warum verhält sich die eine Organisation so und eine andere in einer vergleichbaren Situation völlig anders? Warum wirken die „Rezepte“ von Management, Führung und Organisationsentwicklung einmal hervorragend und dann wieder weniger gut bis gar nicht? Wie erklärt sich die Übertragbarkeit von Erfolgsmustern – und was sind dabei die Voraussetzungen?

Antworten fanden wir über das nach Professor Graves benannte Graves-Value-System. Dieses ist ein Modell der Entwicklungsstufen von menschlichen Systemen wie Organisationen oder auch Gesellschaften. Aus den Entwicklungsstufen leitet es wesentliche Merkmale und Verhaltensweisen ab und beschreibt ebenso, wie die Systematik des Veränderungsprozesses von einer Entwicklungsstufe in die nächste aussieht.

Wir begannen durch das Graves-Value-System die Welt mit anderen Augen zu sehen und sie dadurch besser zu verstehen, einen völlig anderen Zugang zu ihr zu bekommen. Das Arbeiten und Lernen mit diesem Modell half uns, Unternehmen in Veränderungsprozessen besser zu beraten und wirksamer zu unterstützen.

Das Wissen darüber ist nach unserer Einschätzung für viele gut nutzbar – zum Verstehen und zum Gestalten gleichermaßen. Unser Anspruch ist es daher, in einem Buch von Praktikern für Praktiker viel Konkretes und Anwendbares zu transportieren.

Auf dem Weg zu unserer Arbeit mit dem Graves-Value-System liegt viel Vorarbeit von anderen – sowie Inspiration und Unterstützung durch andere. Wir bedanken uns ganz herzlich bei allen, die uns auf dem Weg zu diesem Praxisleitfaden unterstützt und einen Beitrag dazu geleistet haben:

- Zuallererst natürlich Professor Dr. Clare W. Graves, der in jahrzehntelanger Forschung das Modell entwickelt hat.

- Don Edward Beck und Christopher C. Cowan, die mit ihrem englischsprachigen Buch „Spiral Dynamics ®“[1] die theoretische Fundierung des Graves-Value-Systems weiter vorangetrieben haben und damit das Gedankengut von Prof. Graves sichern konnten.
- Sigi Demetz, der uns auf das Graves-Value-System aufmerksam machte und es uns näher brachte. Er hat uns das erste große „Aha-Erlebnis“ in der Arbeit mit dem Modell von Graves geschenkt.
- Allen Führungskräften, Managern und Geschäftsführern unserer Kunden, die mit uns erfolgreiche Veränderungsprojekte durchgeführt haben. Danke für Ihr Vertrauen und den Beweis der Praxistauglichkeit unserer Arbeit.
- Unseren Kollegen, Beratern, Trainern und Freunden für ihren kritischen und kompetenten Input, ihre Spiegelung an eigenen Erfahrungen in Veränderungsprojekten und viel gesunden Menschenverstand.
- Unserer Lektorin Dunja Reulein für die konstruktiv-kritische Durchsicht des Manuskripts.
- Ulrike M. Vetter vom Gabler Verlag für die Zusammenarbeit und das Vertrauen.
- Dem Architekten Thomas Zell für die visuelle Umsetzung des ‚Treppenmodells'.
- Unserem jeweiligen privaten Umfeld, insbesondere unseren Ehepartnern Shirin, Nicole und Ulrich, für die umfassende Unterstützung, die immer wieder erforderliche Motivation – und vor allem für das große Verständnis für die Mühen und die Zeit, um dieses Buch entstehen zu lassen.

Martina Bär, Rainer Krumm, Hartmut Wiehle

www.gravesvaluesystem.de

[1] Spiral Dynamics is a registered trademark of the National Values Center.

Inhaltsverzeichnis

Abbildungsverzeichnis

Change-Prozesse sind doch anders – darum dieses Buch

1. Veränderung ist nötig

Ein florierendes Unternehmen, eine schlagkräftige Abteilung, eine leistungsfähige Non-Profit-Organisation – solche oder ähnliche Ziele haben alle. Man ist entweder selbst Unternehmer, Manager, Berater oder in anderer Weise interessiert oder verantwortlich tätig in einem Umfeld, auf das man solche Vorstellungen abbildet.

Der Blick in die Entwicklung von Unternehmen zeigt, dass diese über die Zeit verschiedene Veränderungen durchlaufen haben. Dies gilt auch für öffentliche Organisationen, ganze Gesellschaften oder kleinere Gruppen wie Abteilungen, Vereine oder Familien. Die Veränderungen waren entweder gezielt herbeigeführt oder sind das Ergebnis einer Summe von Einflussfaktoren. Oft kann man deren tatsächliches Zusammenwirken nicht wirklich greifen. Für viele Bereiche sieht man dabei, dass weitere Veränderungen nötig sind – und häufig ist nicht klar, wie diese herbeigeführt werden sollen.

Eines ist deutlich: Veränderung ist ein ganz zentrales Thema. Wenn es darum geht, ein Unternehmen in eine gewünschte Richtung zu entwickeln, dann ist dies eine ganzheitliche Entwicklungsaufgabe. Das Einführen einer neuen Struktur, neuer Prozesse oder neuer Regeln – wie beispielsweise variabler Gehaltsanteile, neuer Führungsmodelle, neuer Karrierepfade oder neuer Arbeitszeitregeln – führt für sich keine echte Unternehmensveränderung herbei. Ganz im Gegenteil: Es führt meist zu einer gewaltigen Irritation. Ist die Weiterentwicklung der Organisation gewünscht, dann ist der Veränderungsprozess offensichtlich eine größere und komplexere Aufgabe. Sehr viel größer, als einem viele Veränderungskonzepte glauben machen wollen.

Und: Veränderungen sind nötig – volkswirtschaftlich und gesellschaftlich wahrscheinlich so nötig wie selten zuvor. Die wirtschaftliche Entwicklung, gemeinhin die „Globalisierung“, verlangt leistungsfähigere Unternehmen, die am Standort Deutschland gutes Geld verdienen. Viele Unternehmen benötigen zudem eine Kultur, die einerseits den Egoismus wieder durch mehr Sinn für die Allgemeinheit ersetzt und andererseits fordert und fördert, dass jeder Einzelne für sich selbst und für andere Verantwortung übernimmt.

2. Herausforderungen für Unternehmen

Als Konsequenz aus Veränderungen der wirtschaftlichen Rahmenbedingungen besteht für viele Unternehmen die Notwendigkeit, sich aktiv anzupassen und ein neues Verhalten zu entwickeln. Die Intensität der Veränderungen in der Umwelt hat dabei zugenommen:

- Durch die gesenkten Markteintrittsbarrieren werden neue Märkte schneller erschlossen, aber auch schneller an Dritte verloren.
- Die Frage des Standorts eines Unternehmens richtet sich in vielen Branchen nicht mehr primär nach dem Absatzmarkt, sondern nach dem Beschaffungsmarkt der (Arbeits-)Ressourcen.
- Ganze Funktionsbereiche werden ins Ausland verlegt: Nearshoring- und Offshoring-Konzepte setzen sich vermehrt durch.
- Produktlebenszyklen werden immer kürzer. Dies wird unterstützt durch die immer schnellere Verteilung von Information, die Vernetzung von multifunktionalen Fachleuten und die Möglichkeit, quasi 24 Stunden am Tag ununterbrochen an einem Projekt zu arbeiten.

Allein an diesen wenigen Beispielen zeigt sich, dass sich für Unternehmen viele neue Chancen ergeben – aber auch der Druck, mithalten zu müssen. Unternehmen sind aufgrund des Wettbewerbs und der transparenteren Märkte gezwungen, umzudenken und sich den neuen Bedingungen zu stellen. Neue Geschäftsmodelle entstehen, welche die Notwendigkeit zur Veränderung der Organisation und insbesondere der Unternehmenskultur nach sich ziehen. Kultur drückt sich z. B. in den informellen Beziehungen oder dem Umgang der Menschen miteinander aus.

Gleichzeitig entsteht das Gefühl, dass viele Unternehmen und Teile der Gesellschaft, vielleicht sogar die Gesellschaft als Ganzes, den Herausforderungen nicht gewachsen sind. Vieles scheint nicht besser, sondern nur schneller oder anstrengender zu sein als früher. Im Arbeitsleben fühlen sich viele überfordert oder alleingelassen, haben längst innerlich gekündigt, ohne zu wissen, wohin sie sich bewegen sollen.

Die Aufgabe, Veränderung zu ermöglichen und den Menschen Orientierung zu geben, war also selten so aktuell wie heute.

Konkret müssen sich Unternehmen heute vielfach von einer funktionalen, hierarchischen Organisation hin zu einer erfolgsorientierten, effizienten Organisation entwickeln. Denn diese Unternehmensform kann unter den gegebenen Rahmenbedingungen viel besser agieren.

Für Unternehmer und Manager bedeutet dies, die große Aufgabe anzunehmen, die erforderlichen Veränderungen zielgerichtet und möglichst beschleunigt herbeizuführen.

3. Auch erprobte Ansätze scheitern oft

Immer mehr Manager stellen sich der Herausforderung, ihr Unternehmen grundsätzlich zu verändern. Hierbei wählen sie unterschiedliche Ansätze:

- Eine neue Vision und neue Strategien zu deren Umsetzung werden entwickelt. Zumeist entstehen in kurzer Zeit gute Konzepte. Zu oft kommt deren Umsetzung in der Organisation dann allerdings nicht weit voran.
- Das Unternehmen wird reorganisiert. Neue Strukturen werden aufgebaut, neue Rollen und Verantwortlichkeiten werden definiert. Neue Führungs- und Karrieremodelle finden Einzug. Auch diese, für sich betrachtet zumeist sehr guten Konzepte werden im Unternehmen nicht gelebt, finden keine Akzeptanz und erzielen somit nicht die gewünschte Wirkung.
- Process Reengineering: Bestehende Prozesse werden analysiert und neu aufgesetzt, neue Prozesse werden definiert – erprobte Modellen zur Prozessoptimierung wie SixSigma werden eingesetzt. Was zunächst eine Optimierung und Effizienzsteigerung verspricht, scheitert häufig am Widerstand der Mitarbeiter.
- Verschiedenste Aspekte der Unternehmenssteuerung werden ins Auge gefasst. Die Palette reicht von veränderten Controllingansätzen bis hin zu modernen Kennzahlensystemen. Alle führen punktuell zu guten Ergebnissen – die Veränderung eines kompletten Unternehmens lässt sich alleine mit ihnen jedoch nicht bewerkstelligen.
- Personalentwicklung: Die Grundidee, einer Organisation Qualifikation, Fähigkeiten und Können zuzuführen, ist wichtig. Leider sind vielfach Qualifikationsmaßnahmen und Trainings nicht mit der Strategie verzahnt und bleiben häufig wenig nachhaltig.
- Change-Management – der weiche Ansatz: Eine neue Vision und neue Werte werden definiert, eine umfassende Kommunikation wird aufgebaut, um die Mitarbeiter zu erreichen und sie mitzunehmen. Aber nur das Richtige über die Zukunftsperspektiven zu erzählen reicht nicht aus, um die Mitarbeiter zum Umdenken und zu einem neuen Handeln zu bewegen.

Jeder der oben beschriebenen Ansätze hat große Erfolge vorzuweisen – dennoch scheitern häufig die großen Vorhaben. Oder sie bringen nicht annähernd die gewünschte Wirkung.

Die traurigen Fälle aus Ihrer eigenen Erfahrung und aus der Zeitung

- Wer kennt sie nicht, die Unternehmen, die durch eine Fusion an die Spitze des Marktes gebracht werden sollten? Im Vorfeld wird detailliert analysiert und geplant, die Due Diligence liefert ein gutes Resultat: Eine Integration scheint demnach sinnvoll. Schnell sind neue Strukturen, Prozesse, Zusammenarbeitsmodelle geplant. Und dann scheitert die Umsetzung. In vielen Unternehmen sind noch Jahre nach der Fusion deutliche Gräben zwischen den Menschen der ursprünglichen Unternehmen sichtbar. Es existieren nach wie vor unterschiedliche Kulturen, Berichtsstrukturen funktionieren nicht, Prozesse laufen nur mit viel Sand im Getriebe, die erhofften Potenziale können nicht gehoben werden.

- Wie viele Übernahmen von innovativen Kleinunternehmen durch Großkonzerne gibt es, bei denen die Innovationsfähigkeit auf der Strecke bleibt? Oft verlassen Leistungsträger schnell das Unternehmen und die Innovationskultur zerfällt.
- Etliche Serviceabteilungen in großen Unternehmen wurden ausgegliedert und sollten sich am Markt etablieren. Im Kern agiert das neue Unternehmen jedoch nach wie vor wie die Abteilung eines Großunternehmens. Das Ausgründen ganzer Unternehmensbereiche benötigt weit mehr als ein paar pfiffige Werbeslogans und einen neuen Vertriebschef.
- Viele Topmanager kommen neu ins Unternehmen – und geben innerhalb kurzer Zeit resigniert ihre innovativen Projekte auf und passen sich an das Bestehende an. Andere verlassen das Unternehmen recht bald wieder, mehr oder weniger freiwillig.
- Zahllose Projekte haben einen guten Start und werden begeistert aufgenommen, dann jedoch geht ihnen irgendwann die Luft aus. Alles ist bald wieder beim Alten.

Isolierte Betrachtungsweise

Kritisch ist, dass sich Veränderungsvorhaben häufig ausschließlich auf technische, produktbezogene oder strukturelle/prozessuale Anpassungen beziehen – und dabei die Menschen und die Organisation als Ganzes vergessen. Neue technische Systeme, andere Produkte und eine veränderte Struktur sind fast immer begleitend zu einer Entwicklung im Ganzen zu finden. Sie sind Ausdruck der Veränderung, nur ganz selten deren Treiber.

Aber auch der Versuch, im Unternehmen einen Werte- und Kulturwandel durchzuführen, ohne zu berücksichtigen, dass damit auch strukturelle, prozessuale und unternehmenspolitische Veränderungen einhergehen müssen, führt in den wenigsten Fällen zum gewünschten Erfolg.

Sie ahnen, worauf wir hinauswollen: Irgendwie haben alle Ansätze ihre Berechtigung, wirken aber nur zur richtigen Zeit und auch nur in gut abgestimmter Kombination.

Patentrezepte funktionieren nicht

Immer mehr Manager verstehen, dass alle im Zusammenhang mit Veränderungsvorhaben aufgeworfenen Fragen zu beantworten sind, um einen erfolgreichen Veränderungsprozess durchzuführen. Die Erkenntnis setzt sich immer mehr durch, dass isolierte Eingriffe und kurzfristige Maßnahmen nicht zum gewünschten Resultat führen. Die Verantwortlichen sind sich der Wichtigkeit der Zusammenhänge zunehmend bewusst.

Dennoch führen die eingesetzten Methoden nicht immer zum gewünschten Ziel. Was in dem einen Unternehmen funktioniert, muss in einem anderen noch lange nicht passen. Unternehmen sind wie Menschen: Alle sind unterschiedlich und müssen deswegen auch unterschiedlich behandelt werden.

Denn nicht jede einmal erfolgreiche Herangehensweise ist in jedem weiteren Projekt wieder die richtige. Der einfache Transfer von erfolgreich durchgeführten Projekten auf andere Projekte oder Unternehmen scheitert häufig.

Erprobte Ansätze werden allzu oft wie Patentrezepte gehandhabt. Ein einmal erfolgreicher Ansatz wird in weiteren Veränderungsprojekten wieder gewählt, ohne dass man sich die „Physis und Psyche" des jeweiligen Unternehmens wirklich anschaut.

4. Das Graves-Value-System – ein anderer Ansatz

Die Erkenntnis, dass Veränderungsprojekte aus eben diesen beiden oben genannten Gründen (isolierte Betrachtung und die Anwendung von „Patentrezepten") scheitern, führte uns zur Beschäftigung mit einem neuen Lösungsansatz – der Veränderung nach dem Graves-Value-System.

Das Graves-Value-System und die darauf aufbauende Veränderungsarbeit sind einerseits neu, weil sie einen Gesamtzusammenhang herstellen und Navigation ermöglichen. Andererseits lässt sich eine bessere Einschätzung darüber gewinnen, welche der klassischen Ansätze wann passen und worauf bei deren Anwendungen zu achten ist.

Das Graves-Value-System ist ein Modell, das sehr umfassend und sehr weit gedacht ist. Durch seine hohe Abstraktion bleibt die Komplexität im Ganzen überschaubar. Natürlich vereinfachen und kürzen wir in diesem Buch das Modell bewusst – schließlich soll dies ein Buch für die Anwendung in der Praxis und kein umfassendes wissenschaftliches Werk sein. Eine wissenschaftliche Vertiefung zu diesem Ansatz finden Sie bei Prof. Graves oder bei seinen wissenschaftlichen Erben Beck und Cowan. Einen kurzen Exkurs zum wissenschaftlichen Hintergrund finden Sie zudem im Anhang.

Das Modell baut auf drei wesentlichen Grundprinzipien auf, die für alle Veränderungsprozesse in Organisationen und anderen menschlichen Systemen gelten:

1. **Entwicklungsstufen:** Unternehmen durchlaufen wie alle sozialen Systeme bestimmte, stets gleichartige Entwicklungsstufen. Diese bauen strikt aufeinander auf. Die Stufen werden repräsentiert durch erworbene Fähigkeiten sowie durch Denk- und Verhaltensweisen (Werte) der Unternehmen. Sie finden eine Entsprechung in der Unternehmenskultur, der Unternehmenspolitik, den Strukturen und den Prozessen.

   Die Entwicklungsstufen unterscheiden sich grundlegend voneinander, so dass eine Veränderung von einer Stufe in die nächste für die Organisation einen regelrechten Quantensprung bedeutet. Eine Veränderung kann immer nur von der aktuellen Entwicklungsstufe in die unmittelbar nächste erfolgen. Stufen können nicht übersprungen werden.

2. **Voraussetzungen:** Wesentliche, modellhaft beschreibbare Voraussetzungen müssen stets erfüllt sein, damit Veränderungen stattfinden können. Diese Voraussetzungen beziehen sich zum einen auf die speziellen Fähigkeiten der Organisation – das *Können* – und zum anderen auf die grundsätzliche Veränderungsbereitschaft – das *Wollen.* Die Veränderungsbereitschaft drückt sich beispielsweise durch die Einsicht in die Notwendigkeit der Veränderung und die Offenheit für eine Veränderung an sich aus.

3. **Begleitvarianten:** Mithilfe jeweils spezieller, auf die Unternehmenssituation angepasster Begleitvarianten kann in einem Unternehmen eine erfolgreiche Veränderung bewirkt werden – sowohl innerhalb einer Entwicklungsstufe als auch von einer Entwicklungsstufe in die nächste. In diesem Zusammenhang werden dem Management wirkungsvolle Werkzeuge an die Hand gegeben, um gewollte Veränderungen zielgerichtet vorzubereiten und ebenso erfolgreich wie nachhaltig umzusetzen.

Der Ansatz zielt im Wesentlichen auf das Schaffen der Voraussetzungen für die Veränderung sowie die Konzeption und Umsetzung der neuen Organisation mit ihren Strukturen, Prozessen, Regeln und Werten. Dabei ist die Ausgestaltung der Organisation und auch die Anwendung bestimmter Veränderungsmaßnahmen abhängig von der aktuellen Entwicklungsstufe des Unternehmens und von der Zielrichtung der Veränderung.

Entwicklungsstufen von Unternehmen

Das Graves-Value-System unterscheidet derzeit acht verschiedene Entwicklungsstufen, wobei sich die meisten Unternehmen heute auf der vierten oder fünften Ebene befinden. Die Entwicklungsstufen unterscheiden sich grundlegend voneinander und drücken sich darin aus, wie ein Unternehmen agiert – über welche Fähigkeiten es verfügt und welche Fähigkeiten es wie einsetzt. Bezeichnend für die jeweilige Entwicklungsstufe eines Unternehmens sind:

- das Unternehmen prägende Werte,
- Unternehmenskultur,

- Unternehmenspolitik,
- Struktur und
- Prozesse.

Diese Dimensionen gehen Hand in Hand und können nicht losgelöst voneinander betrachtet werden. Eine bestimmte Organisationsstruktur oder eine Unternehmenspolitik kann nur dann wirklich funktionieren, wenn die Werte und Fähigkeiten des Unternehmens dazu passen. Ebenso muss ein ausreichender Reifegrad der Prozesse vorliegen.

Definitionen zur Betrachtung eines Unternehmens

Die **Werte**, die ein Unternehmen prägen, drücken sich in Denk- und Verhaltensweisen der Menschen im Unternehmen aus. Werte sorgen für unsere intrinsische Motivation: Ist es wichtig, dass das Unternehmen seinen Mitarbeitern Sicherheit – lebenslange Arbeitsgarantie – gibt? Möchten die Mitarbeiter, dass das Unternehmen erfolgreich am Markt agiert und eines der besten seiner Branche ist? Ist es entscheidend, dass eine „klassische Karriere" möglich ist – mit möglichst vielen Mitarbeitern? Oder wird bevorzugt, Verantwortung für eine Aufgabe und ein Budget zu übernehmen, und ist es in diesem Zusammenhang egal, ob man heute 100 Mitarbeiter und morgen nur einen führt?

Die **Unternehmenskultur** beschreibt die informellen, unorganisierten zwischenmenschlichen Beziehungen im Unternehmen – die ungeschriebenen Gesetze und Regeln. Die Unternehmenskultur beeinflusst, wie die Menschen miteinander umgehen.

Unter **Unternehmenspolitik** werden die formellen, organisierten zwischenmenschlichen Beziehungen im Unternehmen verstanden – die geschriebenen Gesetze und Regeln. Zur Unternehmenspolitik gehören Budgetierungsregeln, Arbeitszeitregeln, Führungssysteme, Vergütungs- und Belohungssysteme, Karrieremodelle etc.

Die **Struktur** ist die Aufbauorganisation des Unternehmens. Sie umfasst alle Stellen, Rollen und Verantwortlichkeiten ebenso wie Berichtslinien, Eskalationsregeln und Zusammenarbeitsmodelle.

Die **Prozesse** spiegeln die Ablauforganisation des Unternehmens wider und definieren, wie ein Unternehmen seine Wertschöpfung erzielt und welche zusätzlichen steuernden und unterstützenden Aktivitäten notwendig sind. Prozesse können im Unternehmen in unterschiedlichen Reifegraden ausgeprägt sein. Der Reifegrad eines Prozesses ist beispielsweise sehr gering, wenn der Prozess „zufällig abläuft" und immer wieder in anderer Art und Weise ausgeführt wird. Ein Prozess ist mäßig reif, wenn er grundsätzlich beschrieben ist und immer wieder auf gleiche Art und Weise ausgeführt wird. Von einem sehr reifen Prozess spricht man, wenn der Prozess anhand bestimmter Kenngrößen gesteuert und regelmäßig optimiert wird.

Werte, Kultur etc. sind eng gekoppelt an die Entwicklungsstufen im Graves-Value-System. Diese entstehen als Konsequenz einer sich verändernden Umwelt; keine Organisation verändert sich aus sich selbst heraus. Gefordert sind in einer modifizierten Umfeldsituation einerseits neue Fähigkeiten und neues Verhalten. Andererseits benötigt das dann veränderte Unternehmen grundlegend andere Werte, auf denen die Unternehmenskultur ja im Wesentlichen beruht, ebenso eine neue Politik, neue Strukturen und modifizierte oder neue Prozesse. Dabei liegt die Betonung auf einer grundlegenden Veränderung, denn eine Entwicklung von einer Entwicklungsstufe zur nächsten bedeutet stets einen Quantensprung für das Unternehmen.

Um zu eruieren, auf welcher Entwicklungsstufe eine Organisation derzeit steht, betrachten Sie das Unternehmen, wie Sie einen einzelnen Menschen betrachten würden! Dazu stellen sich grundsätzliche Fragen, wie zum Beispiel:

- Wie agieren die Menschen im Unternehmen in bestimmten Situationen, etwa bei unerwarteten Kundenanforderungen oder bei Problemen?
- Was kann man den Menschen zutrauen, was können sie leisten, was sind sie bereit zu leisten?
- Welche geschriebenen und ungeschriebenen Regeln gibt es? Gibt es überhaupt Regeln für bestimmte Sachverhalte? Haben die aufgeschriebenen Regeln eine Bedeutung im täglichen Leben?
- Welche Motivation steht hinter beobachtbaren Verhaltensweisen und Abläufen?
- Wie wird entschieden, und wer entscheidet was?
- Wie gehen die Mitarbeiter mit Verantwortung um?
- Wie gehen die Mitarbeiter miteinander um?
- Welchen Stellenwert haben Projekte im Unternehmen? Und wie werden Projekte abgewickelt?
- Wie viel, was und wie offen wird kommuniziert? Über welche Wege wird kommuniziert?
- Welcher Führungsstil wird vorrangig angewendet bzw. von der Organisation gefördert? Mit welchem Führungsstil fühlen sich die Mitarbeiter wohl?
- Wie geht das Unternehmen mit Kennzahlen um, und wie transparent und aussagekräftig sind diese?

Die Beantwortung dieser und ähnlicher Fragen sowie die Analyse der Unternehmenspolitik, der Strukturen und der Reifegrade der Prozesse gibt gute Hinweise darauf, auf welcher Entwicklungsstufe das Unternehmen steht. Werden nun noch Parameter des Unternehmensumfeldes und des Unternehmens dazugelegt, kann nun festgestellt werden, ob die aktuelle Entwicklungsstufe des Unternehmens adäquat ist oder ob sich das Unternehmen auf eine andere Stufe entwickeln sollte.

Wichtige Parameter des Unternehmensumfeldes sind beispielsweise Marktbedingungen wie Marktwachstum, Stagnation, Käufer- oder Verkäufermarkt, Wettbewerbssituation und Kundenanforderungen. Und insbesondere die Veränderungen in diesen Marktbedingungen sowie das Veränderungstempo. Relevante Parameter des Unternehmens selbst sind dann unter anderem die Unternehmensziele – z. B. organisches/anorganisches Wachstum, Expansion in neue Märkte, Konzentration auf eine Nische, Qualitätsführerschaft –, die Größe des Unternehmens, die Internationalität, die Branche etc.

Die Entwicklungsstufen des Graves-Value-Systems bauen direkt aufeinander auf. Daraus ergeben sich festgeschriebene Entwicklungspfade – und kein Unternehmen kann sich von einem gegebenen Zustand direkt in einen anderen als den jeweils folgenden oder einen niedrigeren Entwicklungszustand verändern. Im Entwicklungsprozess zu den folgenden Ebenen kann eine Stufe nicht einfach übersprungen werden. Liegt der passende Zielzustand des Unternehmens mehr als eine Ebene über der aktuellen, muss das Unternehmen zunächst auf die nächsthöhere Stufe entwickelt werden. Erst wenn es die Fähigkeiten und Werte dieser neuen Stufe integriert hat, kann eine entsprechende Weiterentwicklung zum eigentlichen Ziel – der passenden Stufe – begonnen werden. Dann hat es natürlich auch eine entsprechend veränderte Kultur, es gibt modifizierte Strukturen und andere, reifere Prozesse.

Natürlich kann die Analyse auch ergeben, dass sich das Unternehmen bereits auf der passenden Entwicklungsstufe befindet, ein Unternehmensveränderungsziel aber dennoch nicht ohne Probleme umsetzbar ist. Dann werden in der Veränderungsarbeit entsprechende Maßnahmen entwickelt, die die Veränderungen innerhalb der gegebenen Stufe ermöglichen. Es kann auch die Notwendigkeit bestehen, dass sich ein Unternehmen als Ganzes bzw. Teile des Unternehmens auf die vorherige Entwicklungsstufe verändert, da diese vorherige Stufe besser zu den gegebenen Rahmenbedingungen passt.

Wir werden die Ausprägungen der einzelnen Entwicklungsstufen im Kapitel „Das Graves-Value-System in der Praxis – ein Modell der Welt“ kurz umreißen. Eine detaillierte Beschreibung der Entwicklungsstufen sowie typischer Rahmenbedingungen und Merkmale findet sich in Kapitel „Entwicklungsstufen in Unternehmen“.

Voraussetzungen für Veränderungen

Das Graves-Value-System setzt die Voraussetzungen für Veränderungen, die gegeben sein müssen, um einen Veränderungsprozess erfolgreich durchführen zu können, in den Mittelpunkt. Es gilt, sieben Voraussetzungen erfüllt zu haben – dann kann sich das Unternehmen von einer Entwicklungsstufe in die nächste weiterentwickeln. Somit ist das Schaffen der Voraussetzungen Dreh- und Angelpunkt des Veränderungsprozesses.

Die Voraussetzungen für Veränderungen lassen sich in zwei grundsätzlich unterschiedliche Kategorien einteilen: Die Fähigkeiten des Unternehmens – das *Können* – und die Veränderungsbereitschaft – das *Wollen.*

Da die Entwicklungsstufen der Unternehmen wesentlich auf den erworbenen Fähigkeiten beruhen – die ja Hand in Hand gehen mit den Werten, der Kultur, der Politik, den Strukturen und Prozessen –, ist es für den Veränderungsprozess ein wesentlicher Faktor, dass die Fähigkeiten der aktuellen Stufe voll entwickelt sind. Das Unternehmen muss für alle Herausforderungen, die ihm seine Umwelt – auf der aktuellen Ebene des Graves-Value-Systems – stellt, eine passende Lösung parat haben.

Darüber hinaus sollte das Unternehmen genügend Potenzial besitzen, um mit den Anforderungen und der steigenden Komplexität der nächsten Entwicklungsstufe zurechtzukommen. Es sollten also schon Fähigkeiten bzw. Denk- und Verhaltensweisen der nächsten Entwicklungsstufe im Unternehmen vorhanden und nutzbar sein. Aber auch das grundsätzliche Potenzial, Neues zu Lernen, mit höherer Komplexität umzugehen und vorhandene Ressourcen zu nutzen, ist essenziell.

Die dritte Voraussetzung ist, dass das Unternehmen in der Lage ist, Gelerntes zu integrieren. Im Laufe des Entwicklungsprozesses werden neue Fähigkeiten, neue Denk- und Verhaltensweisen immer wieder geübt, so dass sie den Mitarbeitern in Fleisch und Blut übergehen können und die Veränderung in die neue Organisation reibungslos stattfinden kann. Das Lernen neuer Verhaltensweisen erfolgt im Veränderungsprozess häufig in so genannten „Laborsituationen“. Kann die Organisation nun zwar im „Labor“ mit neuen Denk- und Verhaltensweisen umgehen, dies aber nicht in das „echte Leben“ integrieren, wird es kaum zu einer Veränderung des Unternehmens kommen. Gleiches gilt natürlich für die Lernerfahrungen aus anderen Kontexten.

Die vierte wesentliche Voraussetzung in der Kategorie des *Könnens* ist, dass das Unternehmen geeignet und souverän mit Hindernissen umgehen kann. Dem Unternehmen werden im Laufe des Veränderungsprozesses ganz sicher mehr als genug Hindernisse begegnen. Reagiert das Untenehmen dann mit Panik oder Rückzug, steht der Erfolg des gesamten Veränderungsprozesses auf dem Spiel. Im Veränderungsprozess ist also zentral, das Unternehmen auf den Umgang mit Hindernissen hin zu trainieren und es zu befähigen, Hindernisse konstruktiv aus dem Weg zu räumen oder Hindernisse geeignet zu umgehen.

In der zweiten Dimension der Voraussetzungen – der Dimension der Veränderungsbereitschaft – gilt es, die Mitarbeiter des Unternehmens dahin zu bewegen, die anstehende Veränderung auch wirklich zu *wollen*. Zu diesen Voraussetzungen gehört zunächst einmal eine grundlegende Offenheit für Veränderungen. Natürlich sperren sich die meisten Menschen unbewusst erst einmal gegen Veränderungen – weil sie wissen, was sie an der aktuellen Situation haben und weil sie Angst haben vor der neuen Situation. Auch wenn nicht alles optimal ist, haben sie sich doch zumeist mit gegebenen Bedingungen – mit Handlungsweisen, Strukturen, Regeln etc. – arrangiert. Es kostet die meisten Menschen, und noch viel mehr Gruppen von Menschen, viel Mut und Kraft, Veränderung zuzulassen oder für sich selbst gezielt herbeizuführen. Die meisten Menschen sind aber dennoch grundsätzlich offen, irgendwann einmal „den Sprung zu wagen“, nur sehr wenige sind in dieser Hinsicht regelrecht blockiert.

Förderlich für die Veränderungsbereitschaft ist natürlich die Einsicht, dass eine anstehende Veränderung notwendig ist – das ist Voraussetzung Nummer zwei in der Kategorie des *Wollens*. Im Veränderungsprozess kann die Einsicht in die Sinnhaftigkeit der Veränderung weiter gefördert werden, indem die Organisation kleine Veränderungen erfährt und einen positiven Effekt daraus erzielt. Der Einsicht förderlich ist es auch, gut funktionierende Beispiele aus anderen Organisationen heranzuziehen und den Mitarbeitern der eigenen Organisation zu präsentieren.

Dritte *Wollen*-Voraussetzung für die Veränderung ist das richtige Maß an Druck. Nur, wenn Menschen den Druck verspüren, dass es in der aktuellen Situation nicht mehr weiter geht, wenn das Unwohlsein (Dissonanz) zunimmt, wenn es in der aktuellen Situation immer unbequemer wird, wollen sie sich wirklich bewegen. Zu einem Veränderungsprozess gehört also immer auch Unruhe im Unternehmen bis hin zu einer Krise. Es gilt, das bestehende System so weit zu destabilisieren, dass sich ein neues oder verändertes formen kann. Denn erst, wenn vorhandene Strukturen aufgebrochen werden, kann etwas grundsätzlich Neues entstehen. Beim Erzeugen von Druck ist zu beachten, dass das Maß nicht überschritten wird. Zu viel Druck kann zu Blockaden führen. Druck ist dann für die Veränderungsbereitschaft nicht mehr förderlich, sondern wirkt ihr entgegen.

Zu Beginn eines Veränderungsprozesses wird analysiert, inwieweit diese sieben Voraussetzungen bereits erfüllt sind. Darauf aufbauend kann mit dem Schaffen der Voraussetzungen – der eigentlichen Veränderungsarbeit – begonnen werden. Wir beschreiben die sieben Voraussetzungen detailliert im Kapitel „Das Graves-Value-System in der Praxis – ein Modell der Welt".

Die Begleitvarianten

Zu Beginn der Veränderungsarbeit wird festgelegt, wie das Unternehmen nach der Veränderung aussehen soll. Passend zum Veränderungsziel – der angestrebten Entwicklungsstufe – und passend zum Unternehmen selbst wird definiert, welche Werte in der Organisation zukünftig vorrangig sein sollten und welche Kultur angestrebt wird. Zudem werden Strukturen und Prozesse konzipiert sowie wichtige Eckpunkte der künftigen Unternehmenspolitik gesetzt. Dieses Gestaltungsprinzip des künftigen Unternehmens bezeichnen wir als „Design Pattern". Im Laufe der Veränderungsarbeit werden einerseits Elemente des Design Pattern (beispielsweise neue Prozesse und neue Zusammenarbeitsmodelle) in Laborsituationen geprobt, validiert und geschärft, andererseits wird das Design Pattern stufenweise ausgerollt.

Die Begleitvarianten der Veränderungsarbeit zielen nun auf die Definition und Umsetzung von Maßnahmen, um einerseits die Voraussetzungen von *Können* und *Wollen* zu schaffen und andererseits das Design Pattern zu schärfen, zu proben und letztlich in der Organisation zu verankern.

In Abhängigkeit vom Veränderungsziel, vom Ist-Zustand und vom Erfüllungsgrad der sieben Voraussetzungen setzen wir vier verschiedene Begleitvarianten ein. Die Begleitvarianten können isoliert voneinander eingesetzt werden, es kann aber auch sinnvoll und notwendig sein, die Begleitvarianten aufeinander folgen zu lassen:

- Optimieren und Stabilisieren,
- Stretch-Up,
- Ausbruch inszenieren
- Veränderung stabilisieren.

Die Begleitvariante *Optimieren und Stabilisieren* wird eingesetzt, um eine Veränderung auf der aktuellen Ebene des Graves-Value-Systems durchzuführen. Oder, wenn der Druck im Unternehmen zu groß ist, um direkt eine Veränderung auf die nächste Stufe des Graves-Value-Systems durchführen zu können.

Häufig herrschen – aufgrund veränderter Rahmenbedingungen oder aufgrund unbefriedigender Veränderungsarbeit – Angst und Chaos im Unternehmen. Das Unternehmen beherrscht seinen Geschäftszweck kaum noch. *Stabilisierung* entsteht, indem Druck aus dem Unternehmen genommen wird. *Optimierende Maßnahmen* helfen dem Unternehmen, wieder in sich stimmig zu sein, so dass Fähigkeiten und Gestaltungsprinzipien des Unternehmens zusammenpassen. Parallel werden Maßnahmen ergriffen, um – für spätere Veränderungsarbeit – mehr generelle Offenheit für Veränderungen zu erzeugen.

Ist das Untenehmen in sich ausreichend stabil und besteht das Veränderungsziel darin, das Unternehmen in die nächsthöhere Entwicklungsstufe zu begleiten, kommt die Begleitvariante *Stretch-Up* zum Einsatz. Voraussetzung für den Einsatz dieser Variante ist, dass das Unternehmen über alle erforderlichen Fähigkeiten der aktuellen Ebene verfügt. Zudem muss generell Offenheit für Veränderungen vorhanden sein. Gezielte Maßnahmen helfen dem Unternehmen einerseits Potenzial aufzubauen, mit Hindernissen umzugehen und das Gelernte integrieren zu können, andererseits wird Einsicht bewirkt und die Dissonanz auf das richtige Maß gesteigert.

Im *Stretch-Up* wird das zuvor definierte Design Pattern erprobt. Dabei werden seine Elemente validiert, überarbeitet und verfeinert. Sind alle Voraussetzungen für die Veränderung erfüllt, wird das Design Pattern schrittweise ausgerollt.

Die Begleitvariante *Ausbruch inszenieren* kommt zum Einsatz, wenn das Unternehmen mitten im Veränderungsprozess – häufig im Ausrollen des Design Pattern – stecken bleibt. Dann bildet sich eine krisenhafte Situation heraus. Um die Veränderung nun doch noch durchzuführen und das Unternehmen aus zu Krise zu führen, müssen vom Management ganz gezielte intensive Maßnahmen ergriffen werden. Der Organisation wird mit Kraft und Geschmeidigkeit ein letzter Schub verliehen. Gelingt dies, ist das Design Pattern in erhöhter Geschwindigkeit zu implementieren – als würde ein Schalter umgelegt.

Zum Abschluss der Veränderungsarbeit – insbesondere nach einem gelungenen Ausbruch – gilt es, die *Veränderung zu stabilisieren*. Wichtig ist es hier, überschüssige Dissonanz, aber auch übersteigerte Euphorie aus der Organisation herauszunehmen. Die Organisation in ihrer neuen Ausgestaltung ist an der einen oder anderen Stelle noch nachzuschärfen, auch gibt es für die Mitarbeiter sicher noch einiges zu lernen. Neue Prozesse und Verfahren müssen sich noch etablieren. Rückschläge müssen aufgefangen werden, der Blick muss stets nach vorne gerichtet bleiben.

Alle Begleitvarianten definieren ein Set von Maßnahmen, die zielgerichtet eingesetzt werden, um das Unternehmen in den gewünschten Zustand zu entwickeln. Hierbei ist es hilfreich, die folgenden Fragen zu beantworten und entsprechend zu agieren:

- Wie viel Veränderung kann das Unternehmen vertragen? Ist es schon „reif" für eine einschneidende Veränderung?
- Wohin soll die Veränderung im Ganzen führen? Ist das vorher geklärt und Führungskräften und Meinungsbildnern als attraktives Ziel konsistent vermittelt worden?
- Welche Leistungsfähigkeit hat das Unternehmen, um Neuerungen schnell integrieren zu können?
- Wie kann den Mitarbeitern Sinn und Zweck der anstehenden Veränderungen vermittelt werden, und dies bezogen auf Geschäftsziele und Unternehmensentwicklung?
- Wie wird zusätzlicher Druck erzeugt? Wann ist zusätzlicher Druck überhaupt hilfreich? Wie viel Druck ist das richtige Maß?
- Wo braucht das Unternehmen neue Kompetenzen? Müssen dafür Mitarbeiter und Führungskräfte eingestellt werden? Können die erforderlichen Kompetenzen überhaupt selbst aufgebaut werden?
- Welches sind in der Veränderungskommunikation die richtigen Argumente? Wie wird dabei sichergestellt, dass diese auch ankommen und nicht in einem Übermaß an Veränderungsaktivismus untergehen?

Diese und viele weitere Fragen stellen sich im Rahmen der Veränderungsarbeit. Wir geben Ihnen im Kapitel „Der Veränderungsrahmen" einen umfassenden Überblick über die gesamte Veränderungsarbeit und die verschiedenen Begleitvarianten mit ihren Maßnahmen und Aktivitäten. Umfangreiche Beispiele aus der Praxis im Kapitel „Fallbeispiele" runden diese Beschreibung ab.

Erfolgsfaktoren

In der Veränderungsarbeit ist es essenziell, dass die Führungsmannschaft hinter der anstehenden Veränderung steht. Die richtigen Leute mit der richtigen Einstellung müssen an den richtigen Plätzen sein, um das Unternehmen dann geeignet zu führen. Das (Top-)Management sollte im Idealfall bereits vor Beginn des Veränderungsprozesses alle Voraussetzungen für sich erfüllt haben. So kann es die Mitarbeiter zielgerichtet – mit gutem Beispiel voran – durch den Veränderungsprozess führen. Dies wird in aller Regel Veränderungen in der Zusammensetzung des Management-Teams nach sich ziehen.

Unser Plädoyer für eine erfolgreiche Veränderungsarbeit ist ganz klar: Die Unterstützung von Veränderungsbemühungen braucht ein Modell, das den Zustand und das Potenzial des Unternehmens in allen Facetten betrachtet. Hilfreich ist dieses genau dann, wenn es die Gesetzmäßigkeiten, die Hindernisse und die Beschleuniger von Veränderungsprozessen kennt und berücksichtigt.

Eine externe Begleitung der Veränderung hilft dem Unternehmen in wenigstens zweierlei Hinsicht. Zum Ersten erhalten Manager eine unabhängige Expertensicht über die Entwicklungsstufe, die Realisierbarkeit von Veränderungszielen und das Portfolio möglicher Maßnahmen. Zweitens hilft sie bei Widerständen und Konflikten (und diese werden in großer Zahl auftreten), die Situation zu verstehen und Schwierigkeiten zu lösen oder zu umgehen. Alle zum System gehörigen Personen sind zu sehr Teil des Systems, als dass sie eine solche Rolle selbst wahrnehmen könnten.

5. Die Wurzeln des Modells

Umfassende Forschungsarbeiten

Die Wurzeln des Modells gehen auf den amerikanischen Professor Dr. Clare W. Graves zurück, der sein gesamtes berufliches Leben damit verbrachte, Gruppen von Menschen und Gesetzmäßigkeiten von Veränderungen zu erforschen.

Graves erforschte Verhaltensweisen in Bevölkerungsgruppen, Unternehmen, Vereinen, Familien etc. – also in allen Formen von sozialen Systemen. Er entdeckte, dass jedes soziale System sowohl über bestimmte Fähigkeiten als auch über gemeinsame Denk- und Verhaltensweisen verfügt, unabhängig davon, ob das System aus nur zwei Menschen oder aus Millionen besteht. Alle Individuen eines Systems sind natürlich völlig unterschiedlich, in der Summe zeigt ihr Verhalten dann jedoch eine erstaunliche Gleichförmigkeit.

Eine spezielle Ausprägung von Fähigkeiten mit zugehörigen Denk- und Verhaltensweisen bezeichnete er als *Meme*. Graves fand heraus, dass die sozialen Systeme bei Veränderungen – ganz natürlich – immer den gleichen Entwicklungspfad von einer Meme zur nächsten durchlaufen. Er bewies empirisch, dass die Memes streng aufeinander aufbauen, man kann somit von *Entwicklungsstufen* oder *Ebenen* sprechen, und dass bei Veränderungen keine Entwicklungsstufe übersprungen werden kann.

Beispiel: Gemeinsame Denk- und Verhaltensweisen

Den Mitarbeitern eines Unternehmens auf der Entwicklungsstufe „Erfolgssucher" ist es sehr wichtig, dass das Unternehmen am Markt erfolgreich ist. Die Mitarbeiter denken und handeln im wahrsten Sinne des Wortes erfolgsorientiert. Werte wie Arbeitsplatzsicherheit, Partnerschaftlichkeit und Loyalität existieren auch, stehen aber hinten an.

Um erfolgsorientiert zu arbeiten, muss das Unternehmen über bestimmte Fähigkeiten verfügen: Die Mitarbeiter müssen zum einen in der Lage sein, selbstständig zu arbeiten und zu planen, zum anderen muss ihnen vom Unternehmen auch der Raum dafür gegeben sein. Über diese Fähigkeiten verfügt ein System auf der vorangehenden Entwicklungsstufe, ein streng hierarchisch strukturiertes Unternehmen mit festen Regeln, nicht.

Veränderungsprozesse und Umwelt

Weiterer Inhalt seiner Forschung war die Mechanik von Veränderungsprozessen. Graves ordnete den Veränderungsprozess selbst als Reaktion des sozialen Systems auf Veränderungen der Umwelt ein.

Verändern sich die Bedingungen der Umwelt, wird ein System irgendwann einmal nicht mehr mit den Anforderungen aus der Umwelt fertig. Es muss Neues erlernen und passt sich in einem – oftmals schmerzhaften – Veränderungsprozess der Umwelt an. Damit entsteht ein deutlich verändertes soziales System mit zusätzlichen Fähigkeiten und neuen Denk- und Verhaltensweisen.

Für die entsprechenden Entwicklungsschritte müssen Unternehmen – wie alle sozialen Systeme – einerseits neue Fähigkeiten erwerben und andererseits ihre Denk- und Verhaltensweisen grundlegend verändern. Dabei liegt die Betonung auf *grundlegend*, denn eine Veränderung von einer Entwicklungsstufe zur nächsten bedeutet stets einen Quantensprung.

Nochmals zu unterstreichen ist hierbei, dass die Entwicklungspfade der Systeme von einer Entwicklungsstufe zur direkt folgenden dabei eingehalten werden. Der Versuch, Stufen zu überspringen, scheitert stets. Somit passt sich das soziale System zwar immer seiner Umwelt an, doch dies geschieht stets auf dem gleichen Entwicklungspfad. Dieses Phänomen führt Graves auf eine Rückkopplung der sozialen Systeme auf die Umwelt zurück. Die Ausgestaltung der sozialen Systeme beeinflusst die Umwelt, so dass sich die Umwelt verändert, was wiederum die Notwendigkeit der Veränderung der sozialen Systeme nach sich zieht.

Beispiel: Veränderung der Umwelt, „postindustrial society"

Seit geraumer Zeit beschäftigt sich die Forschung mit dem grundlegenden Wandel in unserer Wirtschaft und Gesellschaft. Bereits 1970 prägte der Harvard-Soziologe Daniel Bell den Begriff der „postindustrial society", einer postmodernen Industriegesellschaft, als einer Gesellschaft, die sich durch den Einfluss neuer Technologien grundlegend verändert.

Dieser Wandel wurde – und wird immer noch – durch die rasante Entwicklung in der Telekommunikation und der Computer-, Unterhaltungs- sowie Medienindustrie angetrieben. PC, Handy und E-Mail sind Beispiele für Neuerungen der letzten 20 Jahre, die in der Arbeitswelt und der Gesellschaft nicht nur Bestehendes verbessert, sondern auch grundlegend anderes Verhalten von Menschen und Organisationen bewirkt haben.

Insbesondere das Internet als Kristallisationspunkt dieser Entwicklung lässt den orts- und zeitunabhängigen Zugriff auf ein bisher ungeahntes Ausmaß an Informationen zu. Informationen in diesem Umfang waren in der postmodernen Industriegesellschaft zunächst nur verteilt vorhanden. Durch die Fülle und die Verfügbarkeit erfährt Information eine neue Qualität.

Weiterhin können Menschen durch die Vernetzung quasi in Echtzeit interagieren und sich nahezu reibungsfrei über elektronische Medien austauschen. Dies führt letztlich zu globalen Interaktionsmustern, die Restriktionen aus Geographie, Organisationen oder gesellschaftlichen Strukturen zum Teil aufheben. Aber z. B. auch zum Verlust von ordnenden Arbeitsweisen, wie die E-Mail-Flut anschaulich vor Augen führt.

Langfristige Systematik von Veränderungen

Bahnbrechend an Graves' Forschungen sind noch weitere Erkenntnisse, zum Beispiel bestimmte Muster im langfristigen Entwicklungsprozess der Systeme.

So alterniert die grundsätzliche Einstellung, ob ein Mensch stärker für die Gruppe oder für sich selbst lebt. Das heißt: Auf der einen Entwicklungsstufe sind die Menschen sehr stark *wir*-bezogen – das Wohl der Gruppe steht über dem eigenen Wohl. Auf der nächsten Entwicklungsstufe sind die Menschen stärker *ich*-bezogen – das eigene Wohl steht über dem der Gruppe. Auf der nächsten Ebene tritt wieder der *Wir*-Bezug hervor und so weiter.

Dies ist ein wichtiger Aspekt für die Veränderungsarbeit, da sich an dieser Entwicklung viele Themen festmachen lassen. Beim Aufbau eines erfolgsorientierten Systems muss beispielsweise ein hohes Maß an persönlicher Eigenverantwortung neu etabliert werden. Und das auf der Basis von stark wir-bezogenen, manchmal bürokratischen Denk- und Verhaltensweisen des Gesamtsystems.

Axiome des Graves-Value-Systems

Im Folgenden möchten wir Sie auf wichtige Axiome des Graves-Value-Systems hinweisen mit der Bitte, diese beim Lesen unseres Buches im Hinterkopf zu behalten.

- Das Graves-Value-System beschreibt, wie Menschen beziehungsweise Systeme denken und handeln, nicht wie sie *sind*. Es gibt Aufschluss darüber, *warum* Menschen und Systeme sich so verhalten, wie sie es tun.
- Es gibt keine *gute oder schlechte Entwicklungsstufe* eines sozialen Systems. Die Qualität einer Entwicklungsstufe hängt immer davon ab, wie gut sich das Unternehmen seiner Umgebung angepasst hat und auch, was das Unternehmen selbst aktuell leisten kann. Es gibt also kein gut und kein schlecht, sondern nur *passend und unpassend*.
- Jede Ebene entsteht aus den vorausgehenden Ebenen und als Reaktion auf Veränderungen in der Umwelt.
- Die Entwicklung geht strikt von Ebene zu Ebene – ein Überspringen von Ebenen ist nicht möglich.
- Die jeweiligen Ebenen beinhalten die Erfahrungen und Wertemuster der vorausgegangenen Ebenen.

Beachten Sie, dass auch Sie in Ihrer Denk- und Handlungsweise der einen oder anderen Entwicklungsstufe mehr oder weniger stark zuneigen. Seien Sie stets offen dafür, dass bestimmte Entwicklungsstufen notwendig sind, damit sich das Unternehmen weiterentwickeln kann, auch wenn Ihnen diese Entwicklungsstufe persönlich fremd oder nicht sympathisch ist.

6. Über dieses Buch

Unsere Intention war es, ein Buch für die Praxis zu schreiben, welches gut verständlich und anwendbar ist. Daher vertiefen wir die theoretische Beschreibung des Graves-Value-Systems erst im Anhang.

Im nachfolgenden Kapitel werden wir die wesentlichen Grundzüge des Modells erläutern. Wir haben dafür die bildhafte Darstellung eines „Hauses“ gewählt. Die einzelnen Ebenen in diesem Haus – die Entwicklungsstufen nach Graves – sind zentraler Bestandteil des Kapitels, ebenso die grundsätzlichen Voraussetzungen für Veränderungsprozesse.

Im darauf folgenden Kapitel betrachten wir die einzelnen Ebenen im Unternehmenskontext. Wir vertiefen hier, wie ein Unternehmen, das zu einer bestimmten Ebene des Graves-Value-Systems gehört, grundsätzlich ausgestaltet ist. So beschreiben wir die typischen Fähigkeiten und Denk- und Verhaltensweisen der Unternehmen sowie die dazu passenden Werte, die Unternehmenskultur und -politik sowie häufig zu beobachtende aufbau- und ablauforganisatorische Ausprägungen.

Das Kapitel „Veränderungsrahmen“ liefert konkrete Handlungsrahmen für den Veränderungsprozess:

- Wie gehen Sie vor, um ein Unternehmen durch den Veränderungsprozess zu führen?
- Wie schaffen Sie die Voraussetzungen für die Veränderung?
- Welche Begleitvarianten können Sie verwenden, um Organisationen durch die Veränderung zu führen?
- Welche Unternehmenskultur, welche Strukturen und Prozesse und welche Regeln der Unternehmenspolitik müssen geschaffen werden?

Das aktive Veränderungsmanagement steht hier im Fokus – maßgeschneidert für die Organisation.

Im letzten Kapitel zeigen wir in Fallstudien und Beispielen die praktische Anwendung des Graves-Value-Systems.

Das Graves-Value-System in der Praxis – ein Modell der Welt

Die Kapitelüberschrift „*ein Modell der Welt*" klingt sehr ambitioniert. Tatsächlich haben wir das so erlebt: Nachdem wir die theoretischen Grundlagen kennen gelernt und dann regelrecht „verschlungen" hatten, haben uns die im Modell beschriebenen Prinzipien nicht mehr losgelassen. Sie sind uns seither in sehr vielen Situationen begegnet und begegnen uns täglich wieder.

Das reicht von Wirtschaft und Politik über den konkreten beruflichen Kontext bis hin zu dem, was im Freundeskreis oder in der Familie zu beobachten ist. Alle sozialen Systeme verhalten sich tatsächlich nach den von Prof. Graves beschriebenen Grundsätzen. Dies gilt unabhängig davon, wie groß diese Systeme sind – also vom Zwei-Mann-Unternehmen bis hin zu einem Großunternehmen beziehungsweise dessen klar abgrenzbaren Teilen.

Nach dem Erkennen und Verstehen von Gesetzmäßigkeiten im System-Verhalten und in Veränderungsprozessen haben wir begonnen, das Modell und die Veränderungsarbeit mit dem Modell in der Praxis zu erproben. Unser besonderes Augenmerk lag und liegt dabei auf der Veränderung von Unternehmen. Bei dieser Arbeit ist das, was wir in diesem Buch als Kern des Modells vorstellen, einfacher, pragmatischer und griffiger geworden.

Wir möchten Ihnen das Modell in der Weise zugänglich machen, wie wir es selbst kennen gelernt haben. Wir beginnen mit einer Konkretisierung der schon angedeuteten Ebenen des Graves-Value-Systems und kommen darüber zu den Voraussetzungen für Veränderungen. Die Möglichkeiten für die Begleitung von Veränderungsprozessen runden unsere Erläuterungen dann ab.

In unseren Projekten, Trainings und Workshops hat sich für die einführenden Erläuterungen als Analogie, als bildhafte Darstellung, *das Haus* bewährt.

Das Haus besteht aus acht Etagen, die den Entwicklungsstufen beziehungsweise *Ebenen* nach dem Graves-Value-System entsprechen. Jede Ebene oder Etage im Haus steht für ganz bestimmte und nur hier zu findende Denk- und Verhaltensweisen:

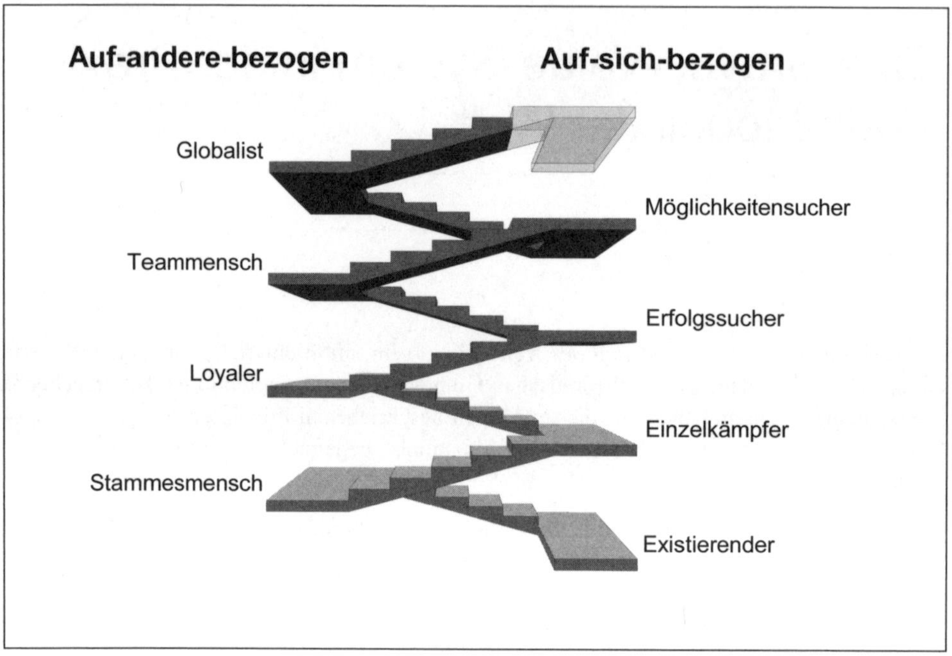

Quelle: Eigene Darstellung
***Abbildung 1**: Das Graves-Value-System Modellhaus*

So wie es in einem Haus keine objektiv *guten und schlechten* Etagen gibt, gibt es in unserem Modellhaus auch keine besseren oder schlechteren Ebenen. Das wird subjektiv natürlich anders erlebt – sowohl im Urteil über die Etage, auf der man selbst wohnt, als auch über andere Etagen. Es gibt objektiv dann allerdings *passend* und *unpassend.*

1. Entwicklungsstufen: Die Ebenen des Hauses

Die Ebenen des modellhaften Graves-Hauses bauen aufeinander auf. Sie sind im Lauf der Zeit Ebene für Ebene nacheinander entstanden und zeigen so eine Weiterentwicklung entsprechend der zunehmenden Umweltanforderungen auf. Wichtig ist das Verständnis, dass es in der Welt sehr viele soziale Systeme gibt. Und diese Systeme finden sich auf allen Ebenen – sie haben sich jeweils auf die äußeren Rahmenbedingungen bestmöglich eingestellt. Es gibt sogar außerordentlich viele soziale Systeme auf den „unteren“ Entwicklungsstufen – und sie funktionieren bestens, gerade weil sie sich gut angepasst haben. Das heißt, es geht nicht darum, möglichst weit oben im Haus zu wohnen. Vielmehr kommt es darauf an, in der für die jeweilige Situation und die jeweiligen Rahmenbedingungen (Umwelt, Wirtschaft, Branche, Tätigkeitsfeld) *passenden Ebene* zu sein.

Alternierender Ich- und Wir-Bezug der Ebenen

Bevor wir die einzelnen Ebenen beschreiben, ein wichtiges Prinzip vorab: Die aufeinander aufbauenden Entwicklungsstufen wechseln sich in ihrer Betonung des Einzelnen und der Gemeinschaft ab.

In einer Entwicklungsstufe kommt das *Ich/Mir/Mein* stärker zum Zug. Der Einzelne wird gestärkt. In den typischen Denk- und Verhaltensweisen ist es wichtig, die eignen Interessen durchzusetzen, diese werden über die Interessen der Gemeinschaft gestellt.

In der jeweils nächsten, direkt darauf folgenden Entwicklungsstufe rückt dann die Gemeinsamkeit in den Vordergrund. Das *Wir/Uns/Unser* wird deutlich stärker betont. Den Menschen dieser Entwicklungsstufe ist nun das Wohl der Gemeinschaft wichtiger als das eigene Wohl. Dies drückt sich dann wieder in den entsprechenden Denk- und Verhaltensweisen aus. Dieses Muster wiederholt sich nun – einer Ebene mit stärkerem *Wir*-Bezug folgt eine Ebene mit *Ich*-Bezug, dieser wieder eine Ebene mit *Wir*-Bezug und so weiter.

Überblick

Die Beschreibung der einzelnen Ebenen halten wir in diesem Kapitel zunächst so allgemein, wie sie von Professor Graves erforscht und definiert wurden. Wir beschreiben hier auch, wie sich einzelne Individuen auf den unterschiedlichen Ebenen verhalten – Denk- und Verhaltensweisen einzelner Menschen im jeweiligen sozialen Umfeld. Im Kapitel „Entwicklungsstufen in Unternehmen“ werden wir die Ebenen des Hauses in den Unternehmenskontext rücken und ausführlicher darstellen.

Die folgende Tabelle zeigt die wesentlichen Merkmale jeder Ebene. Als Raster für die schnelle Orientierung geben wir Ihnen einen kurzen Überblick über die Werte und die Fähigkeiten, über die ein soziales System der entsprechenden Ebene bereits verfügt. Zudem geben wir Ihnen prägnante Beispiele an die Hand, die zur Ausgestaltung von Unternehmen der entsprechenden Ebene gehören.

Am besten lesen Sie die Tabelle von unten nach oben, da die Ebenen aufeinander aufbauen. „Obere“ Ebenen beinhalten immer alle Fähigkeiten der „unteren“ Ebenen, genauso wie Werte der unteren Ebenen von den oberen integriert werden. Auf die Ebene des instinktgetriebenen Existierenden gehen wir nicht näher ein, da sie für das Verständnis des Gesamtsystems keine wesentliche Bedeutung hat.

Entwicklungsstufe	***Werte – was ist wichtig?***	***Können – über welche Fähigkeiten verfügt das soziale System?***	***Beispiele für Elemente der Ausgestaltung der Ebene – z. B. Struktur, Instrumente, Führung***
Globalist	Kurz- und langfristiges Wohlergehen aller	In Zusammenhängen einer gemeinsamen Welt denken, planen und handeln	Sinnorientierung auf das Höhere und Allgemeingültige
Möglichkeitensucher	Wissen, Unabhängigkeit, Individualität, Freiheit	Netzwerke organisieren und hochflexibel nutzen, Vorteile aller vorhergehenden Ebenen schätzen und einsetzen	Governance für die zielbezogene Arbeit schaffen, Kompetenzen herausstellen und würdigen, unterschiedliche Strukturen zielgerichtet einsetzen.
Teammensch	Toleranz, Gemeinsamkeit, Verantwortung für andere	Akzeptieren, dass Menschen anders sind, andere nutzen (im kooperativen Sinn), sich selbst zurücknehmen im Interesse aller, Fehler und Unzulänglichkeiten zugeben	Raum für Team-Findung und Team-Arbeit schaffen, Anreizsysteme an gemeinsamen Erfolg binden, Matrix-Organisation, Titel abschaffen
Erfolgssucher	Persönlicher Erfolg und Gesamterfolg, Verantwortung, Akzeptanz, Freiheit	Planung über Bereiche hinweg, Strategien entwickeln und umsetzen, eigenverantwortlich entscheiden, über den Tellerrand schauen („Win-win-Konstellationen“)	Variables Gehaltssystem, prozessorientierte Organisation, Key-Performance-Indicators (KPIs), Balanced-Score-Card (BSC), neue Rollen (End-To-End-Verantwortung)
Loyaler	Ordnung, Sicherheit, Klarheit, Gerechtigkeit, Status	Regeln einhalten, große Organisationen aufbauen und führen, Planung innerhalb der konkreten Zuständigkeiten	Feste Zuständigkeiten, funktionale Gliederung, Statussymbole (Ränge/Titel/Orden), Regeln schaffen, Urteilen über Recht und Unrecht
Einzelkämpfer	Macht, Respekt, persönlicher Erfolg, Freiheit	Kämpfen und siegen, selbst überleben, erobern, sich hocharbeiten	Trophäen, Machtinstrumente, viele Mitarbeiter, Ad-hoc-Belohnungen, hierarchische Ordnung
Stammesmensch	Zugehörigkeit, Schutz	Entscheidungen für eine Gruppe treffen, Zusammenarbeit organisieren	Gruppe zusammensetzen, Rituale schaffen, Welterklärung liefern
Existierender	Überleben	Nahrung finden etc.	-

Abbildung 2: *Übersicht der Ebenen im Graves-Value-System und wesentlicher Eigenschaften*

Die Ebene der Stammesmenschen

Auf der Ebene des Stammesmenschen bilden sich erste soziale Strukturen aus, die von der Größe her meist überschaubar bleiben. Rituale spielen eine große Rolle. Der Fokus liegt ganz klar auf der Gruppe: Man begegnet den Anforderungen der Umwelt *gemeinsam*. Während die ersten sozialen Systeme in diesem Verständnis als Sippen und Clans und später für den ersten Ackerbau organisiert waren, finden sich solche Strukturen in den Gesellschaften der heutigen Zeit in patriarchalisch geführten Kleinunternehmen, aber auch in (Groß-)Familien.

Auf der Ebene des Stammesmenschen gibt es ein klares Oberhaupt, häufig einen „Patriarchen". Dessen Nachfolge ergibt sich zumeist durch feste, als gegeben hingenommene Regeln, wie zum Beispiel die Erbfolge. Das Oberhaupt trägt die Verantwortung für das Wohlergehen der gesamten Gruppe. Jeder in der Sippe arbeitet in einer auf die Gruppe bezogenen Rolle. Die Mitglieder der Gruppe ordnen sich unter, nicht zuletzt aus dem intuitiven Verständnis, in der Gemeinschaft besser aufgehoben zu sein als in der existenzbedrohenden Situation des Einzelnen in einer feindlichen Umwelt. Die klassischen Rollenbilder von Mann und Frau haben ihren Ursprung auf dieser Ebene.

Zur Entscheidungsfindung werden in der Kultur der Stammesmenschen alle Mitglieder der Gruppe gefragt und auch ernsthaft angehört. Es wird auch ein großer Wert auf Konsensbildung gelegt, die Entscheidung wird dann jedoch durch das Oberhaupt getroffen. Spezialisierung gibt es in dieser Entwicklungsstufe kaum, die Komplexität der Aufgaben ist gering, und daher können die meisten Aufgaben von fast allen wahrgenommen werden.

Die Ebene des Stammesmenschen ist durch Werte wie Zugehörigkeit oder Schutz beschrieben. Verhaltensmuster, die man gut als Folgsamkeit und Unterordnung beschreiben kann, sind folglich sehr stark ausgeprägt.

Beispiele in unserer Gesellschaft sind patriarchalische Familienunternehmen oder Familien, in denen „klar ist, wer die Hosen an hat". Weiterhin sind hier auch heute die Stammeskulturen in Eingeborenenvölkern zu nennen – das legt ja der Name schon nahe. Viele nach dem Prinzip der Stammesmenschen funktionierende soziale Strukturen gibt es jedoch auch in den Gesellschaften der ersten Welt und insbesondere der Schwellenländer.

Die Ebene der Einzelkämpfer

Der Einzelkämpfer hebt sich durch Selbstständigkeit, Eroberungsgeist und Durchsetzungsvermögen vom Stammesmenschen ab. Bildlich kann man sich vorstellen, wie er aus der Stammeswelt heraustritt, sie regelrecht herausfordert. Er verlässt ihre Grenzen und Einschränkungen, erlebt sie in der Rückschau als unterdrückend und ungerecht. Jetzt vertraut er auf sein eigenes Glück, seine Stärke und seine Fähigkeiten. Das *Ich* tritt ganz stark in den Vordergrund. Die Eroberung neuer Welten ist hoch attraktiv für Einzelkämpfer – der Kampf ums tägliche Überleben im Ghetto am Rande der Stadt ist dagegen eine eher problematische Ausprägung der Einzelkämpfer.

In den Strukturen der Einzelkämpfer-Welt kristallisieren sich Führungsfiguren heraus, die durch Kraft, Geschicklichkeit, Cleverness oder Durchsetzungsvermögen hervorstechen. Praktisch jeder kann Oberhaupt sein oder werden. Dies drückt sich in entsprechenden Kämpfen um die Rangordnung beziehungsweise die Machtverteilung aus. Wenn es um Vorteile und Positionen geht, dann tritt das auf, was in der Arbeitswelt vielfach als Ellenbogen-Denken bezeichnet wird. Nachteile für die anderen werden billigend in Kauf genommen – oder zum eigenen Vorteil herbeigeführt.

Die hierarchischen Strukturen des Stammesmenschen werden von den Einzelkämpfern übernommen und stark erweitert. In der Rangordnung gibt es nicht nur den Anführer, sondern eine mehrstufige Hierarchie, die durch Stärke, Machtausübung und unterschiedliche Formen von Gewalt geprägt sein kann.

Im Unternehmenskontext heißt das: Wer in der Hierarchie weiter oben ist, hat mehr Macht und Einfluss. Er nutzt seine Mitarbeiter zu seinem eigenen Vorteil. Es ergibt sich dabei eine Mischung aus Ausbeutung und gemeinsamem Handeln. Basis des Gemeinsamen sind übereinstimmende Ziele des Anführers und seiner Untergebenen – gegenüber anderen Gruppen bzw. Bereichen im Unternehmen. Belohnung und Bestrafung erfolgen jeweils unmittelbar. Ein Schuldempfinden gegenüber Dritten gibt es nicht.

Die Mitglieder einer Gruppe kämpfen immer wieder gegeneinander um die Positionen innerhalb der Gruppe. Dies wird von den Führungsfiguren nicht nur geduldet, sondern auch – wenigstens unbewusst – gefördert. Dies entspricht dem Prinzip „teile und herrsche“ – und findet erst eine Grenze, wenn es um die Vormachtstellung des Anführers selbst geht. Das Wohl des Großen und Ganzen ist den Mitgliedern der Gruppe nur insofern wichtig, als dass die Gruppe das eigene Überleben sichert. Loyalität ist also nur vorübergehend gegeben, höchst brüchig und auch käuflich.

Beispiele in unserer Gesellschaft sind Unternehmen in aufstrebenden, erstmals erschlossenen Regionen und Märkten, die sich ihre Position erkämpfen. Einzelkämpfer gibt es auch als „Inseln“ in funktionalen Organisationen. Dort kämpfen sie um knappe Ressourcen, Macht und Einfluss, während die Welt um sie herum deutlich geordneter ist.

Die Ebene der Loyalen

Auf der Ebene der Loyalen suchen die Menschen nach Sicherheit, Ordnung und Gerechtigkeit – eine klare Differenzierung gegenüber dem Einzelkämpfertum, das als einseitig, ungerecht und aggressiv erlebt wird. Einzelinteressen werden in klare Schranken gewiesen und einem *höheren Ordnungsprinzip* unterworfen. Gemeinsam mit klaren Regeln und Absprachen stellt man sich den Herausforderungen der Welt. Dabei ist alles gut und arbeitsteilig organisiert.

Besonders wichtige Fähigkeiten, die auf dieser Ebene erworben werden, sind das Aufstellen und Einhalten von Regeln, ein ausgeprägter Gerechtigkeitssinn und auch die Verteilung von Aufgaben und Verantwortung („Zuständigkeiten“) auf mehrere Personen. Zentral ist auch die Bereitschaft, eine solche Ordnung zu akzeptieren und nicht gleich infrage zu stellen. Das ausgeprägte Zugehörigkeitsgefühl entspringt dem Wunsch, Sicherheit unter dem Dach einer großen Organisation zu finden. Dies entspricht der Überzeugung eines jeden, dass das loyale System und seine Werte von größter Bedeutung sind. Diese Haltung wird Dritten gegenüber bei Bedarf auch sehr stark vertreten.

Selbstverantwortung auf dieser Ebene bedeutet, dass jeder im Rahmen seines Zuständigkeitsbereichs und innerhalb der ihm gesetzten Grenzen und der bestehenden Regeln Entscheidungen treffen kann. Und natürlich zuverlässig dafür sorgt, dass die Aufgaben erledigt werden.

Hierarchien bleiben in der Ebene der Loyalen bestehen, werden allerdings deutlich anders als in der Ebene der Einzelkämpfer gestaltet. Der Weg geht zu Breite und Größe, hin zu funktionalen, zumeist großen und stark arbeitsteiligen Strukturen. Feste Zuständigkeiten und Verantwortlichkeiten werden formuliert, Positionen nach klaren Regeln vergeben. Alles läuft im definierten Rahmen, geleitet von Prinzipien und Vorschriften. In Bezug auf die Regeln sind alle gleich, für alle gelten die gleichen Rechte und auch die gleichen Pflichten. Im Grunde soll allen Menschen das ihrer Position Entsprechende zustehen.

Die Zugehörigkeit zu einer Hierarchieebene kann sich auch äußerlich ausdrücken. *Statussymbole* und z. B. *Uniformen* spiegeln nach außen die Zugehörigkeit zu einer bestimmten Gruppe und zeigen gleichzeitig den Status. An die Stelle einer Uniform kann zum Beispiel auch der Dienstwagen eines bestimmten, einheitlichen Typs treten. Die klassischen Statussymbole wie ein größeres Büro, die bessere Büroeinrichtung, die Sekretärin im Vorzimmer etc. stellen die Position klar heraus.

Da es auf dieser Graves-Ebene undenkbar ist, sich selbst zu bereichern, findet Belohnung *zeitlich versetzt* und oft in Form von Status und Titeln statt. Gehälter werden nach Position und Zugehörigkeit zum Unternehmen – also für die Treue – gezahlt.

Besonders repräsentativ für diese Graves-Ebene sind die klassisch funktional aufgestellten Unternehmen, also etwa die großen Industrieunternehmen oder große Verwaltungsapparate. Es wird einem hier auch das Bild des klassischen Beamtentums in den Sinn kommen – den Regeln verpflichtet und bedingungslos loyal. Ebenso die katholische Kirche, das Militär demokratischer Staaten und die meisten Bildungseinrichtungen befinden sich auf dieser Ebene.

Die Ebene der Erfolgssucher

Die Menschen auf dieser Ebene wollen vor allem eins: erfolgreich sein, die Besten sein. Sie sind damit wieder stärker auf sich selbst bezogen als jene auf der Ebene der Loyalen. Es steht nun der eigene Erfolg im Vordergrund, aber auch der Erfolg der gesamten Gruppe. Denn die Loyalität zur Gruppe, der hohe Stellenwert der Zugehörigkeit, findet sich auch bei den Erfolgssuchern wieder.

Wettbewerb ist das Credo dieser Ebene. Jeder will erfolgreich sein und das meiste herausholen. Anders als auf der Ebene der Einzelkämpfer bleibt hier jedoch der Blick für das große Ganze offen. Eigener Erfolg darf nicht zu Lasten der gesamten Gruppe gehen, sondern vielmehr fühlt sich jeder Einzelne dann erfolgreich, wenn er auch die Gruppe voranbringt. Denn man möchte Angehöriger einer erfolgreichen Gruppe sein. Im Gegensatz zum Einzelkämpfer ist für den Erfolgssucher auch nicht störend, dass es weitere erfolgreiche Mitarbeiter oder Unternehmen neben ihm gibt. Während es dem Einzelkämpfer noch darum ging, auf Kosten anderer zu gewinnen, zählt hier nur der eigene Erfolg – andere dürfen auch erfolgreich sein, soweit es den eigenen Erfolg nicht schmälert.

Ein wichtiges Prinzip dieser Ebene ist, dass dem Einzelnen eine sehr große Verantwortung übertragen wird. Jeder sieht dabei über den Tellerrand hinaus, da er das Ganze im Blick behält. Dies geht einher mit dem Vertrauen der Führungspersonen, dass jeder Einzelne sich für den Erfolg der Gesamtheit verantwortlich fühlt und sich auch voll dafür einsetzt. Auf dieser Ebene herrschen demnach große Freiheit und Flexibilität.

Hierfür brauchen die Menschen einen größeren Entscheidungsspielraum. Regeln, die zu starr sind, werden aufgebrochen. Ziel ist es, flexibler und schneller agieren zu können, in der jeweiligen Situation angemessen handeln zu können. Weniger Vorschriften, mehr Geschwindigkeit, mehr Ergebnis – das sind die damit verbundenen Wünsche. Strukturen, die Geschwindigkeit und Flexibilität verhindern, werden durch schlankere ersetzt und um zusätzliche Strukturen ergänzt.

So bilden sich auf dieser Ebene erstmals lineare Organisationen mit Prozessorientierung, Produktmanagement und Projektorganisationen heraus, teils auch mit dualem Berichtsweg (fachlich und disziplinarisch.) Das klassische „Silodenken" verschwindet. Insbesondere die Fähigkeit zum komplexen Planen und Steuern entsteht.

Für die eigene Leistung und den Erfolg möchten die Menschen dieser Ebene angemessen entlohnt werden. Materielles spielt also eine sehr große Rolle. Damit wird nach außen der eigene Erfolg gezeigt, verbunden mit Statussymbolen. Einen hohen Stellenwert hat nach wie vor die Zugehörigkeit zum Unternehmen. Man ist stolz, für ein Unternehmen mit einem guten Namen zu arbeiten – es wird gegenüber Dritten sehr betont, wo man arbeitet. Neu ist, dass man sich nicht mehr – loyal – sein Leben lang an ein Unternehmen bindet. Ist mehr persönlicher oder materieller Erfolg zu erwarten, wechselt man das Unternehmen.

Beispiele für Unternehmen auf dieser Ebene sind prozessual ausgerichtete Unternehmen mit einer an Effizienzkriterien angepassten Organisation, durchaus mit Verzahnungen der einzelnen Bereiche untereinander. Häufig haben sich diese Unternehmen klar auf ihre Kernkompetenzen fokussiert. Die Organisationen sind dadurch häufig wieder – bezüglich der Anzahl der Mitarbeiter – kleiner als loyale Unternehmen.

Viele Dienstleistungs- und Produktionsunternehmen finden sich auf dieser Ebene, Organisationen, die sich als „Lösungs- oder Prozess-Fabriken" aufgestellt haben.

Die Ebene der Teammenschen

Die Erkenntnis, dass eine heterogene Gruppe von Menschen mehr leisten kann als eine homogene, ist als wichtige Errungenschaft auf dieser Graves-Ebene zu nennen. Ebenso wird eine längerfristigere Sicht eingenommen: Erfolg wird nicht als etwas Kurzfristiges aus dem operativen Geschäft, sondern als das Ergebnis der richtigen Team-Konfiguration verstanden. Es wird verstanden, wie vorteilhaft es sein kann, wenn alle Mitglieder einer Gruppe wohltuend unterschiedlich sind, und alle benötigten Qualifikationen und Kapazitäten bereitstehen. Die zueinander komplementären Fähigkeiten werden folglich gefördert und zielgerichtet genutzt.

Wichtig ist dabei zu betonen, dass die Heterogenität *innerhalb* einer Gruppe besteht – denn verschiedenste, allerdings nebeneinander aufgestellte Qualifikationen und Zuständigkeiten finden sich natürlich auch schon in der loyalen Welt.

Bestehende hierarchische Strukturen werden auf der Ebene der Teammenschen weiter aufgelöst. Zusammenarbeit und Zusammensein sind geprägt durch noch stärkere Flexibilisierung, Wertschätzung für die Arbeit der anderen und ein hohes Maß an Integration.

Auf dieser Ebene ist Erfolg weiterhin ein hoher Wert, hinzu kommen Werte wie Toleranz, Gemeinsamkeit, Verantwortung für andere. Zudem entsteht die Haltung, dass man selbst auch einmal zurückstecken kann, wenn die gesamte Gruppe dann erfolgreicher wird. Dies entspricht dem Verständnis eines echten Teams, das weit mehr ist als die Summe aller seiner Teile.

Die Beispiele für diese Graves-Ebene müssen sehr genau angesehen werden, da der Begriff Team im allgemeinen Sprachgebrauch auch in anderen Zusammenhängen verwendet wird. Eine Mannschaft in einem Sportverein kann beispielsweise einzelkämpferisch, loyal, erfolgsausgerichtet oder teamorientiert sein. Die Mannschaften, welche die wenigsten „Helden" oder Stars haben, die eine hohe Konstanz in der Leistung aufweisen und eher unauffällig wirken – diese Mannschaften werden am ehesten auf der Ebene Team anzusiedeln sein.

Im beruflichen Umfeld findet man höchst selten ganze Unternehmen auf dieser Ebene des Graves-Value-Systems. Wenn es der Fall ist, dann sind es jedoch oft unangefochtene Marktführer, deren entspanntes Erfolgsrezept von der Konkurrenz zumeist nicht verstanden wird. Innerhalb von Unternehmen sind es häufig multifunktionale Teams oder Projektteams, die im Sinne von Graves als Team zusammenwirken.

Die Ebene der Möglichkeitensucher

Auf der Ebene der Möglichkeitensucher verändert sich das Verständnis der Welt und der Rolle der Menschen darin grundsätzlich. Ab der Ebene der Möglichkeitensucher beginnt nach Graves eine neue Gruppe von Ebenen. In dieser zweiten Gruppe von Ebenen – „Second Tier" – herrscht erstmals ein Verständnis darüber, dass alle anderen vorhergehenden Ebenen ihre Vorzüge haben. Die Menschen aller vorherigen Ebenen – vom Existierenden bis zum Teammenschen – glauben, ihre eigenen Denk- und Verhaltensweisen seien die einzig wahren. Dies geht typischerweise so weit, dass sie die Denk- und Verhaltensweisen der anderen Ebenen regelrecht verurteilen.

Ab der Ebene der Möglichkeitensucher beginnen die Menschen nun, die besten Aspekte der vorherigen Ebenen zu nutzen und miteinander zu kombinieren. Dennoch verfügen auch die sozialen Systeme dieser Second Tier-Ebenen über klar fassbare Denk- und Verhaltensweisen.

Auf der Ebene der Möglichkeitensucher ergibt sich eine Öffnung hin zu mehr Flexibilität und Individualität. Die Frage des Sich-ausdrücken-Könnens tritt sehr viel stärker hervor.

Hohe Werte sind Kompetenz, Wissen, Unabhängigkeit und Individualität. Die Ebene der Möglichkeitensucher hat ein solides Verständnis der Arbeitsmodelle aus der loyalen, der erfolgsorientierten und der Team-Welt. Man kennt die Vor- und Nachteile und kann Strukturen, Prozesse und Regeln so kombinieren, dass das gegebene Ziel am besten erreicht werden kann. Das gezielte, vorübergehende Arbeiten in Arbeitsmodellen anderer Ebenen gehört also zu den Fähigkeiten, die auf der Ebene der Möglichkeitensucher entwickelt werden.

Die festen Strukturen der vorherigen Ebenen werden weniger wichtig. Man fühlt sich in losen Netzwerken und auch in virtuellen Teams wohl. Auf der Ebene der Möglichkeitensucher tritt deswegen eine veränderte Form der Steuerung hervor. Diese erfolgt fast nur noch durch Zielvorgaben und gut definierte Regeln. Eine Gruppe bekommt ein Ziel gesetzt oder definiert es selbst, je nach Kontext der Gruppe. Benötigte Ressourcen werden entsprechend organisiert.

Die Gruppe stellt sich so auf, wie sie das gesetzte Ziel am besten erreichen kann. Dabei werden unterschiedliche Individuen aber auch Gruppen integriert. Wichtig ist es, dass die einzelnen Individuen und Teilgruppen gut miteinander arbeiten bzw. das gesteckte Ziel erreichen können.

Beispiele für diese Ebene des Graves-Value-Systems sind selten zu finden. Think Tanks oder auch Wissensnetzwerke sind manchmal entsprechend dieser Ebene ausgeprägt.

Die Ebene der Globalisten

Die Ebene der Globalisten wird erreicht, wenn die Perspektive einer wirklich ganzheitlich zu sehenden Welt eingenommen wird – alles wird in diesen Kontext gestellt und bewertet. Große Zusammenhänge werden hergestellt, die möglichen Auswirkungen auf andere, auch irgendwo auf der Welt, und die Umwelt spielen eine große Rolle. Man versteht die Welt als „globales Team“. Direkte Konkurrenz gibt es nicht mehr – die Erwartung ist allerdings, dass diese Haltung einen langfristig hohen Gesamtnutzen für alle ergibt.

Die Globalisten denken also sehr stark an das Ganze, weit über ihren Arbeitskontext hinaus. Da wir sie als Unternehmensform noch nicht gesehen haben, gehen wir hier nicht näher darauf ein.

Sehr wichtig ist an dieser Stelle der Hinweis, dass unser Verständnis von Globalisten nichts zu tun hat mit dem heutigen Wirtschafts-Sprachgebrauch der „Globalisierung“ – diese ist im Sinne des Graves-Value-Systems von Einzelkämpfern bis zu Erfolgsorientierten geprägt.

Fazit

Wir haben die Ebenen des Graves-Value-Systems vorgestellt und wesentliche ihrer Eigenschaften gezeigt. Dabei haben wir auch deutlich gemacht, wie sie Schritt für Schritt aus einander hervorgegangen sind – eine Gesetzmäßigkeit, die sich weltweit in allen Kulturen und Zeiten findet. Die jeweiligen gesellschaftlichen, wirtschaftlichen und organisatorischen Rahmenbedingungen werden integriert. Deshalb wirken die sozialen Systeme äußerlich manchmal recht unterschiedlich, auch wenn sie sich auf der gleichen Stufe des Graves-Value-Systems befinden.

2. Individuen auf den unterschiedlichen Ebenen

Ausgehend von den Beschreibungen der Graves-Ebenen werden Sie sich möglicherweise sagen, dass soziale Systeme doch hauptsächlich durch die Menschen geprägt sind, die zu ihnen gehören. Und Menschen – auch die, die beispielsweise zusammen in ein und demselben Unternehmen arbeiten – sind nun einmal sehr unterschiedlich.

Wir geben Ihnen Recht und gehen sogar noch weiter: Nicht einmal ein einzelner Mensch kann ausschließlich einer bestimmten Ebene des Graves-Value-Systems zugeordnet werden. Denn all unsere unterschiedlichen Lebensbereiche finden sich in sozialen Systemen, die verschiedener nicht sein könnten und auch unterschiedlichen Ebenen zuzuordnen sind – Familien, Unternehmen, Vereine etc. Jeder von uns hat eine unterschiedliche Nähe und Vertrautheit mit den jeweiligen Graves-Ebenen. Und auch unser Verhalten ändert sich entsprechend des umgebenden Systems.

Zudem befinden sich auch Teile sozialer Systeme meist auf unterschiedlichen Ebenen des Graves-Value-Systems. In einem Unternehmen kann beispielsweise eine Abteilung oder ein Standort auf einer Ebene sein, eine andere Abteilung oder ein anderer Standort ist vielleicht einer anderen Ebene zuzuordnen.

Auch die Denk- und Verhaltensweisen einzelner Individuen weichen häufig von der Ausprägung des gesamten sozialen Systems ab. Wer kennt sie nicht, die Einzelkämpfer im – eigentlich ganz klar strukturierten, loyalen – Unternehmen, die sich an keine Regeln halten und sich selbst unter Einsatz ihrer Ellenbogen klare Vorteile verschaffen möchten?

Im Folgenden wollen wir die unterschiedlichen Graves-Ebenen auf einzelne Individuen übertragen. Dies hilft, das Modell noch besser verstehen und anwenden zu können. Es macht den Transfer auf ein Unternehmen, eine Abteilung oder ein Team leichter, denn dadurch wird erkennbar, wie Individuen jeweils einzuordnen sind.

Der Stammesmensch als Individuum

Der Stammesmensch ist ein Mensch, der sich im sozialen System stets wie in einer Familie sieht.

Die Führungsperson agiert als Patriarch und sorgt wie ein Vater für die anderen Mitglieder der Gruppe – mit gewisser Sorgsamkeit, aber auch mit entsprechender Autorität. Er sieht seine Vormachtstellung als etwas, was ihm „natürlich" zusteht – und würde sie niemals selbst infrage stellen. Die Mitglieder der Gruppe sind dem Patriarchen emotional stark verbunden, aber auch Existenzängste und Abhängigkeit prägen die Zugehörigkeit zur Gruppe.

Der Einzelkämpfer als Individuum

Der Einzelkämpfer ist ein Macher und Machtmensch, der sich gut gegen andere durchsetzen kann – wenn nötig, auch ohne vereinbarte Regeln zu befolgen. Im Unternehmen sind Einzelkämpfer häufig sehr wertvolle Mitarbeiter, wenn es um Spezialprojekte, wie Task Forces, oder um die Eroberung neuer Märkte geht.

Einzelkämpfer wissen, was sie wollen, und geben alles daran, ihre Vorhaben zu erreichen. Das Handeln des Einzelkämpfers erfolgt eher situativ als geplant. Problematisch wird dies durch die sich daraus ergebende eingeschränkte Sichtweise: Er sieht häufig nur seinen Teil einer Gruppe, will sich mit aller Macht durchsetzen und nimmt nicht wahr, dass er Teil eines Großen und Ganzen ist. Er kennt keine Loyalität und kooperiert mit anderen nur so lange, wie sie ihm nützlich sind. Sieht der Einzelkämpfer persönlich keinen Vorteil mehr in der Kooperation mit einem anderen, lässt er diesen sofort fallen.

Der Loyale als Individuum

Der Loyale als Individuum ist seiner Gruppe gegenüber treu und loyal eingestellt und sieht sich als Teil derselben. Als Mitarbeiter eines Unternehmens bevorzugt er klar geregelte Arbeitszeiten und genau definierte Aufgaben. Dieser Mitarbeiter ist positionsbewusst und hält sich an die Berichtshierarchien. Er bearbeitet vorzugsweise Aufgaben, die in seinen Kompetenzbereich fallen.

Der Loyale als Individuum respektiert, dass andere in der Rangordnung einer Gruppe über ihm stehen, und unterstützt diese vorbehaltlos. Er hält gern an vorgegebenen Strukturen fest. Wertvoll ist dieser Mensch insbesondere in Krisenzeiten, denn er befolgt „Befehle" ohne große Diskussionen.

Das Verhalten von Führungspersonen auf der Loyalen Ebene zeichnet sich durch zielbewusste Autorität aus. Alles muss sein Recht und seine Ordnung haben, dieses wird von der Führungsperson eingefordert – nötigenfalls mit der entsprechenden Autorität.

Der Erfolgssucher als Individuum

Der Erfolgssucher will sich in einer Gruppe als wichtiges Element – im Unternehmen als wertschöpfend – beweisen. Er bringt Ehrgeiz in die Gruppe ein und sucht das konstruktive Miteinander mit anderen Teilen der Gruppe.

Der Erfolgssucher braucht immer klare Ziele, denen er folgen kann, ohne diese Ziele ist es für ihn sinnlos, Teil der Gruppe zu sein. Die Ziele dürfen gerne anspruchsvoll sein. Wichtig ist dem Erfolgssucher die Anerkennung seiner Leistung.

Als Mitarbeiter oder Führungskraft eines Unternehmens sucht er den Kontakt zu anderen Bereichen und versucht Schnittstellen transparent zu gestalten. Er hat das Unternehmen als Ganzes im Blick. Der Erfolgssucher übernimmt gerne Verantwortung für eine Sache, ein konkretes Ziel. Dabei sind ihm Status und Titel nicht wichtig, wohl aber die Zielerreichung und entsprechende Anerkennung.

Der Teammensch als Individuum

Auch dem Teammenschen sind Ziele wichtig. Er sucht für ihre Erfüllung jedoch viel enger gebundene Partner, mit denen er gemeinsam am selben Strang ziehen kann. Der Teammensch lebt im Verständnis, dass man gemeinsam Verantwortung für eine Sache übernehmen muss und gemeinsam auch mehr erreichen kann, als dies alleine möglich wäre. Diese Form der Zusammenarbeit geht weit über die des Erfolgssuchers hinaus.

Die Arbeit in der Gruppe mit vielen unterschiedlichen Menschen spornt den Teammenschen an, Einzeltätigkeiten mag er nicht. Der Teammensch erkennt den Mehrwert in der heterogenen Zusammenarbeit, wenn unterschiedliche Typen und Kompetenzen zu einer Lösung kommen. Der Erfolg ist auch ihm wichtig. Er stellt jedoch den persönlichen Erfolg auch problemlos einmal hinten an, wenn dies besser für den Gesamterfolg ist.

Der Möglichkeitensucher als Individuum

Der Möglichkeitensucher engagiert sich gerne in unterschiedlichen Projekten und Aufgaben, je nachdem, wo er seine Fähigkeiten und Interessen gut einbringen kann. Flexibilität und Freiheit sind ihm wichtig. Sein Engagement für eine Gruppe macht für den Möglichkeitensucher nur dann Sinn, wenn er darin einen persönlichen Mehrwert erkennen kann. Dieser persönliche Mehrwert kann zwar auch finanzieller Art sein, viel mehr geht es dem Möglichkeitensucher aber um intellektuelle Aufgaben, darum sein Wissen zu erweitern oder auch einfach nur Spaß an der Arbeit zu haben.

Langfristige Engagements und feste Strukturen sind für den Möglichkeitensucher eher schwerer vorstellbar. Er arbeitet gerne allein oder auch in unterschiedlichen Teams, je nachdem, welche Konstellation die Lösung einer Aufgabe verlangt. Der Möglichkeitensucher kann gut mit den Denk- und Verhaltensweisen der einzelnen Graves-Ebenen umgehen und sich diese flexibel nutzbar machen.

Der Globalist als Individuum

Der Globalist möchte mit seinem Beitrag zu einer Gruppe etwas Gutes für alle tun. Dies kann im gemeinnützigen Bereich oder in einer Organisation auch über den – global gesehen – passenden Unternehmenszweck erreicht werden. In Gruppen, die seiner Ansicht nach für die Menschheit als Ganzes Gefahrenpotenziale bergen, fühlt er sich folglich ganz und gar nicht zu Hause. Globalisten als Mitarbeiter haben hohe Ideale, vermitteln anderen aber teilweise den Anschein von Naivität und grenzenlosem Idealismus.

Beispiel: Win-lose, Win, Win-win: Wer verfolgt was?

Verhandlungstechniken gehen davon aus, dass Verhandlungspartner in Verhandlungen ein bestimmtes Muster verfolgen. Diese Verhandlungsmuster spiegeln die grundsätzliche Einstellung eines Menschen im Umgang mit anderen Menschen wider – passend zur Einordnung im Graves-Value-System:

- Win-lose: Ein Mensch möchte auf jeden Fall gewinnen, und er möchte auch, dass der andere verliert, nimmt das zumindest billigend in Kauf. Gibt der andere nicht nach und kann man selbst nicht gewinnen, führt dies unweigerlich zu einer Lose-lose-Situation: Beide Partner verlieren.
- Win: Der Mensch möchte auf jeden Fall gewinnen, ihm ist es egal, ob der andere auch gewinnt oder nicht.
- Win-win: Der Mensch möchte gewinnen beziehungsweise für sich das Maximum aus einer Sache herausholen und möchte auch, dass der andere Mensch genauso viel gewinnt.

3. Der Veränderungsprozess: Die Analogie eines Umzugs

Wir kommen zurück zu unserer Analogie, dem Haus, und ordnen den einzelnen Ebenen des Graves-Value-Systems Stockwerke in unserem Modell-Haus zu.

Im Veränderungsprozess ist dann die Frage zentral, wie Veränderungen stattfinden, wann eine Veränderung innerhalb einer Ebene angelegt ist und wie die Entwicklung von einer Ebene auf die nächste erfolgt. Denn Veränderungen brauchen erfahrungsgemäß Zeit, sie sind sehr anstrengend und mit großen Unwälzungen und daher oft viel Widerstand verbunden. Insbesondere ein Umzug – eine Veränderung in eine andere Ebene – ist immer ein Kraftakt.

Bemühen wir also weiter die Analogie unseres Modell-Hauses: Es geht darum, eine Wohnung zu renovieren oder umzubauen oder in eine Wohnung in einer der unmittelbar benachbarten Ebenen – zumeist ein Stockwerk nach oben – umzuziehen und dann dort zu leben. Wie entsteht das Bedürfnis dazu, und wie wird der Umzug selbst angestoßen und umgesetzt?

Die Bewohner unseres Modell-Hauses erfahren aus dem eigenen Leben oder aus der Umwelt heraus Veränderungen. Entweder wird die Wohnung für die sich wandelnden eigenen Bedürfnisse unpassend oder es ergeben sich von außen neue oder modifizierte Anforderungen, welche die gleiche Empfindung entstehen lassen.

Aus vielerlei Gründen beginnen die Bewohner also, sich in ihrer Ebene nicht mehr wohl zu fühlen. Eine Veränderung der Wohnung oder ein Umzug steht ins Haus. Letzteres rückt dann ins Bewusstsein, wenn eine andere Wohnung deutlich attraktiver erscheint. Ob man den Umzug dann tatsächlich angeht, hängt davon ab, ob man sich zur endgültigen Erkenntnis und zu einer Entscheidung tatsächlich durchringen kann. Allzu viele Menschen leben ja in unpassenden Wohnungen und klagen darüber, verändern aber nichts.

Gehen wir davon aus, dass der Umzugsgedanke wirklich heranreift. Ein Umzug führt durch das Treppenhaus. Jedes Erklimmen der Treppe erfordert Initiative und Kraft. In unserem Modellhaus gibt es keinen Fahrstuhl und keine Möbelpacker. Und ein Umzug in die übernächste Ebene ist unmöglich. Dies folgt aus der Gesetzmäßigkeit, dass sich im Graves-Value-System Veränderungen immer nur von einer Ebene zur nächsten ergeben. Nur langfristig und mit mehreren Umzügen sind weitergehende Entwicklungen möglich.

Wie ein Umzug von einer zur anderen Etage können große Veränderungen in Unternehmen, Organisationen und Systemen sehr unterschiedlich ablaufen. Ist ein Umzug gut organisiert, weiß jeder, was zu tun ist; und kennen alle das Ziel (und identifizieren sich damit), dann laufen auch solche schwierigen Veränderungen fast wie von selbst. Ist alles schlecht verpackt, das Ziel unklar, sind die Kartons zu schwer, dann zieht sich ein Umzug hin. Die Motivation lässt irgendwann nach, vielleicht bleibt der Umzug ganz stecken und man sitzt weiterhin in der alten Wohnung.

Das entspricht den Change-Projekten, die Sie vielleicht aus Ihrer Erfahrung kennen. Die einen gehen relativ problemlos – vielleicht mit Muskelkater, aber dennoch gut. Andere Projekte gleichen eher der Hölle auf Erden, nichts klappt, schließlich scheitern sie.

Es ist also wichtig, einen Umzug gut zu organisieren, ein realistisches und passendes Ziel zu setzen und die nötigen Voraussetzungen zu schaffen. Und es ist zentral zu verstehen, ob es um einen Umzug, einen Umbau oder „nur" eine Renovierung geht. Mit den Voraussetzungen für Veränderungen – gleich welchen Umfangs – wollen wir uns nun näher beschäftigen.

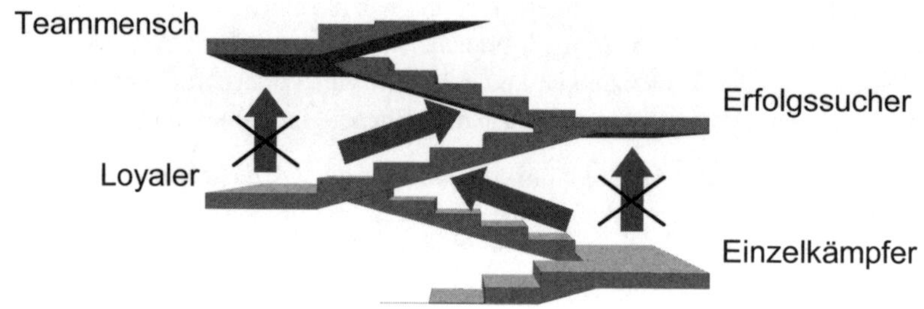

Quelle: Eigene Darstellung
Abbildung 3: *Es gibt keinen Aufzug im Graves-Value-System Modellhaus*

4. Die Voraussetzungen für Veränderungen: Können und Wollen

Damit der Umzug, also die Veränderung von einer Ebene des Graves-Value-Systems zur nächsten, reibungslos vonstattengehen kann, muss eine ganze Reihe von Voraussetzungen erfüllt sein, die sich wie folgt zusammenfassen lassen:

- Verfügen die Bewohner der Wohnung über die notwendigen Fähigkeiten? Also: *Können* sie sich überhaupt auf der nächsten Etage des Hauses einrichten und werden sie dort leben können? Haben sie schon jetzt alle ihre Aufgaben gut gelöst, so dass sie ihre Aufmerksamkeit auf die Anforderungen der nächsten Ebene richten können? Können die Hindernisse umgangen oder beseitigt werden, die bei einem Umzug und in der neuen Wohnung auftreten?
- Besitzen die Bewohner auch die entsprechende Motivation? Also: *Wollen* sie überhaupt umziehen? Fühlen sie sich auf der bisherigen Ebene wirklich dementsprechend unwohl? Erkennen sie, dass ein Umzug eine Lösung für das aktuelle Unwohlsein ist und eine attraktive Zukunft bringt? Sind sie bereit, sich einem Umzug als Prozess zu stellen?

All diese Voraussetzungen für die Veränderung müssen erfüllt sein, um die nächste Entwicklungsstufe erreichen zu können. Für weniger anspruchsvolle Veränderungen, also Renovierung, Umnutzung oder Umbau der Wohnung, müssen sie wenigstens teilweise erfüllt sein. Wir haben die Voraussetzungen zusammengefasst zu den Betrachtungsdimensionen *Können* und *Wollen,* in anderen Zusammenhängen wird auch von Veränderungsfähigkeit und Veränderungsbereitschaft gesprochen. Ein wesentlicher Teil der Veränderungsarbeit ist, die Voraussetzungen im jeweils erforderlichen Umfang zu schaffen.

Unter den Überschriften *Können* und *Wollen* gehen wir detaillierter auf die verschiedenen Voraussetzungen ein, die für eine Organisationsveränderung erfüllt sein müssen.

Können/Veränderungsfähigkeit	Wollen/Veränderungsbereitschaft
▪ **Potenzial** für Veränderungen (Fähigkeiten und Fertigkeiten, das inhaltliche Vorbereitet-Sein) ▪ **Souveräne Lösungen** für die aktuelle Ebene des Graves-Value-Systems ▪ **Geeigneter Umgang mit Hindernissen**, die im Veränderungsprozess auftreten ▪ Konsolidierung, **Integration des Gelernten**	▪ **Offenheit** für die Notwendigkeit von Veränderungen und einen Veränderungsprozess ▪ **Dissonanz**, also das Unbehagen in der jetzigen Stufe des Graves-Value-Systems bzw. in der gegebenen Situation ▪ **Einsicht** in die Vorteile der Veränderung, den durch die Veränderung erreichbaren Nutzen und die Tatsache, dass eine Veränderung als Prozess abläuft

Abbildung 4: *Dimensionen des Könnens und Wollens*

4.1 Können

Das Verständnis von *Können* bezieht sich schwerpunktmäßig auf die für das Leben in einer neuen oder veränderten Wohnung erforderlichen Fähigkeiten und Fertigkeiten – und natürlich das entsprechende Wissen. Als Grundlage dafür dient das Können in der aktuellen Ebene, denn nur, wenn die „Welt, aus der man kommt,“ gut beherrscht wird, kann man sich später in einer noch anspruchsvolleren bewegen.

Potenzial für Veränderungen, inhaltlich vorbereitet sein

Ganz am Anfang steht die Frage, ob tatsächlich ausreichend *Potenzial* vorhanden ist, sich in einer höheren Ebene des Graves-Value-Systems einrichten und dort leben zu können – oder auch „nur“ auf der aktuellen Ebene einen höheren Reifegrad zu entwickeln. Dies hat sehr viel mit der Fähigkeit zu tun, sich so zu organisieren, dass man mit höheren Ansprüchen und einer höheren Komplexität wird umgehen können. Welche relevanten Fertigkeiten können also erworben werden? Oder werden zum Beispiel zusätzliche Mitbewohner benötigt, die sich in einer veränderten oder neuen Wohnung schon auskennen?

Potenzial beschreibt die Summe von individuellen und kollektiven Fähigkeiten und Fertigkeiten. Es drückt sich in der Frage aus: Mit welchem Maß an zusätzlicher Komplexität kann jeder Einzelne in einer Organisation umgehen – und wie geht die Organisation als Ganzes mit Komplexität und veränderten Anforderungen um?

Viele Organisationen verfügen über ein hohes Entwicklungspotenzial, das nicht genutzt wird. Oft liegen Können und Wissen Einzelner brach oder kommen nur außerhalb des beruflichen Umfelds zum Einsatz.

In der Entwicklung über die Ebenen des Graves-Value-Systems hinweg wird vom Mitarbeiter immer mehr Eigenverantwortung und Flexibilität verlangt. Dieses Potenzial besitzen viele, setzen es im beruflichen Umfeld jedoch nicht ein, weil dies entweder nicht notwendig oder sogar nicht gewollt ist.

Souveräne Lösungen für die aktuelle Ebene des Graves-Value-Systems

Natürlich müssen die Menschen auch in der aktuellen Wohnung zurechtkommen. Das heißt, dass *souveräne Lösungen* im aktuellen Umfeld bestehen. Wer nicht mit Waschmaschine, Fernseher und Mikrowelle umgehen kann, wird nicht in eine Wohnung umziehen können, in der vieles noch komplexer ist – in der Backofen und Mikrowelle integriert sind oder Fernsehen, Videorecorder, DVD-System und Internet eine nahtlose Einheit darstellen. Wichtig ist also, dass souveräne Lösungen für das Leben in der aktuellen Wohnung gefunden sind beziehungsweise erst einmal geschaffen werden.

Die Kernfrage ist hier: Kann die Organisation das leisten, was bisher von ihr erwartet wird, und wo sind noch Verbesserungen erforderlich? Dies ist wesentlich, weil die Fähigkeiten auf der nächsten Ebene auch gebraucht werden.

Wenn die aktuellen Probleme der Organisation über den Kopf wachsen, ohne dass Veränderungen aus der Umwelt oder neue Anforderungen etwas damit zu tun hätten, ist an eine Veränderung auf eine höhere Ebene des Graves-Value-Systems nicht zu denken.

Beispiel: Handelsunternehmen

> Ein Handelsunternehmen, das wesentliche Grundfunktionen der Lagerlogistik und Auslieferung nicht zuverlässig beherrscht, wird den Wechsel zu einer differenzierten Belieferung der Kunden mit 24-Stunden-Service und garantierten Lieferzeiten nicht schaffen.

Es muss also zum Beispiel erst gelernt werden, Arbeit effizient zu teilen und interne Regeln einzuhalten. Oder die Planungs- und Managementfähigkeiten müssen soweit wachsen, dass die aktuell nötige Arbeitsqualität wirklich erreicht ist. Immer muss erst die Basis gelegt und wirklich beherrscht werden, dann ist ein Angehen höherer Komplexität möglich.

Beispiel: Regeln in loyalen Unternehmen

Ein Unternehmen auf der loyalen Ebene muss Regeln einhalten können und feste Verantwortlichkeiten akzeptieren. Tut es dies nicht, dann verhält es sich analog zur Ebene der Einzelkämpfer. Dann wird beispielsweise um Ressourcen gekämpft, dann machen manche Bereiche einem anderen Verantwortlichkeiten streitig, und es bekommt nur der Aufmerksamkeit der Geschäftsleitung, der am lautesten „schreit". Dann kann sich dieses Unternehmen auch nicht in ein erfolgsorientiertes Unternehmen entwickeln, in dem Verantwortlichkeiten sehr stark delegiert werden, in dem sehr kooperativ und eng miteinander verzahnt gearbeitet wird. Für einen Veränderungsprozess heißt dies: erst Loyalität (wieder) herstellen und dann das Unternehmen weiterentwickeln.

Geeigneter Umgang mit Hindernissen

Der veränderte und konstruktive *Umgang mit Hindernissen* ist weiteres zentrales Thema. Im Verlauf eines Umbaus oder einer Nutzungsveränderung der aktuellen Wohnung oder eines Umzugs werden Schwierigkeiten auftreten, die es so noch nicht gegeben hat. Diese werden die Bewohner während des Veränderungsprozesses lösen oder umgehen müssen.

Wenn bei den Vorbereitungen etwa deutlich wird, dass der Schrank nicht mehr nur verschoben werden kann, wie man es vom Renovieren gewohnt ist, dann müssen andere Wege gefunden werden. Zum Beispiel kann man den Schrank zerlegen. Man braucht dafür dann aber Aufbewahrungsmöglichkeiten für die Kleinteile und einen Plan für den erneuten Zusammenbau.

Alle Organisationen und Unternehmen kennen aus der täglichen Arbeit verschiedenste Hindernisse. In Veränderungsprozessen mehren sich die Schwierigkeiten, vor allem sind sie dann meist deutlich komplexer als die bisher gekannten.

Zu Veränderungsprozessen gehört, dass eine Organisation lernen muss, mit solchen veränderten Aufgabenstellungen geeignet umzugehen. Und es geht hier um die gesamte Organisation. Eine Veränderung kann nicht stattfinden, wenn ausschließlich das Management oder externe Berater mit Hindernissen umgehen können.

Dabei ist das Management, das ja selbst auch dem Veränderungsprozess unterliegt, ganz wesentlich vom Umlernen bezüglich neuartiger Hindernisse betroffen. Die Hindernisse dürfen als solche weder negiert noch klein geredet werden. Ihrem Wesen nach sind sie die fundamentalen neuen Herausforderungen, Vorboten der künftigen Unternehmenswelt. Daher müssen sie gelöst, umgangen oder neutralisiert werden.

Beispiel: Handelsunternehmen

> Wenn sich das oben angesprochene Handelsunternehmen entschließt, eine neue Logistik-Software einzuführen, dann wird es mit allen Themenstellungen großer, prozessverändernder Projekte konfrontiert werden – vollkommen unabhängig von der Softwareeinführung selbst.

Beispiel: Loyales Unternehmen

> Genauso werden unserem loyalen Unternehmen auf dem Weg zur Erfolgsorientierung Hindernisse begegnen. Die neue Arbeitsteilung wird an der einen oder anderen Stelle nicht funktionieren, ein „unfähiger" Leiter wird einen Bereich verantworten und nicht zielorientiert genug arbeiten können. Das Unternehmen muss dann – entgegen der bisherigen loyalen Verfahrensweise – lernen, Verantwortung geeignet umzuverteilen, Schwachpunkte nicht mehr zu verstecken und auch Mitarbeiter in gewissen Positionen zu ersetzen.

Integration von Gelerntem

Zentral ist, aus der Lösung von Problemen zu lernen und das Gelernte dann allen zugänglich zu machen. Dann werden Lösungen künftig schneller gefunden oder Probleme treten erst gar nicht auf. Es geht darum, *Gelerntes zu sichern* und wieder zugänglich zu machen.

Mittel und Wege dafür gibt es prinzipiell viele, sie müssen jedoch der gegebenen Situation und den zu erwartenden Aufgaben angemessen sein. Zum Beispiel kann sich neues Spezialistentum für das Zerlegen und Wiederzusammenbauen von Möbeln herausbilden. Es kann auch allein das Wissen über Spezialkenntnisse und den Zugang zu ihnen sein. Wer einen guten Umzugsspediteur, einen Installateur und einen Schreiner kennt und weiß, wie er mit ihnen zusammenarbeiten kann, tut sich leichter beim Umbau oder Umzug. Natürlich muss die Wohnungsgemeinschaft verstehen oder auch erst lernen, was die Anforderungen solcher externer Partner sind, damit diese ihre Aufgaben bestmöglich erledigen können.

Vielleicht wird Wesentliches auch aufgeschrieben, um Wissen für alle zugänglich zu machen: Ein zentrales Archiv für Aufbauanleitungen wird angelegt. Oder es wird beschlossen, nur noch Möbel eines bestimmten Herstellers anzuschaffen, die dann alle leicht auf- und abbauen können.

Hinter der Konsolidierung, der Notwendigkeit, Gelerntes zu integrieren, steht die Frage nach der künftigen Problemlösungs- und Lerngeschwindigkeit. Muss eine Lösung jeweils komplett neu erfunden werden oder kommt Bewährtes wieder zum Einsatz? Werden Analogieschlüsse gezogen, Muster erkannt und für ähnliche Aufgaben wieder verwendet? Im Unternehmenskontext steckt darin zum Beispiel die Frage, ob Methoden einer zügigen Prozessoptimierung wieder eingesetzt werden – oder ob die Anpassung eines Prozesses jedes Mal wieder ein Kraftakt ganz eigener Art ist.

Wichtig ist dann, wie die Erhaltung des Gelernten organisiert wird – das gilt für Wissen und Können. Ebenso bedeutsam ist, dass erkannt wird, was überhaupt ein wesentlicher Lern-Erfolg ist, der entsprechend gewürdigt werden muss.

Beispiel: Handelsunternehmen

> Vielleicht wird bei der Einführung einer neuen Logistiksoftware verstanden, dass in der Vereinheitlichung der Lager-Systematik und in der Anpassung der Prozesse an die Markterfordernisse der Schlüssel für die Veränderung liegt. Dann wird man sich in allen Punkten der Lagerung und Auslieferung entsprechende Gedanken machen und die passenden Schlussfolgerungen ziehen. Gelingt das nicht, wird jede Einzelfrage neu diskutiert und kompliziert, meist individuell gelöst werden.

Die Anforderungen an das *Können*, als Teil davon auch das Fakten- und Methoden-Wissen, sind also recht breit. In der Vorbereitung und Begleitung von Veränderungen ist der Aufbau eines hinreichenden Könnens ein zentraler Erfolgsfaktor, aber auch das entsprechende Wollen, die Veränderungsbereitschaft, muss erreicht werden.

4.2 Wollen

Die Menschen müssen motiviert sein, die Wohnung deutlich zu verändern oder umzuziehen. Zum einen muss der Druck, umzubauen oder die aktuelle Wohnung zu verlassen, groß genug sein, das heißt die aktuelle Situation muss unangenehm genug sein, damit eine Veränderung angestrebt wird. Zum Zweiten muss ein attraktives Ziel verfolgt werden, das die Veränderung bedingt. Diese beiden Motivationsfaktoren wirken zusammen.

Wir wissen nicht wirklich, was uns in der neuen Wohnung erwarten wird. Unsicherheit – vielleicht auch Sorge – macht sich breit. Wir versuchen die Notwendigkeit des Umzugs zu verdrängen oder zu relativieren. Eigentlich fühlen wir uns in der Wohnung doch ganz wohl, wir haben jahrelang äußerst zufrieden dort gewohnt. Also liegen zunächst kleinere Veränderungen näher. Dieses Zweifeln kann sich bis hin zu Blockaden gegen Veränderungen steigern. Um Veränderung herbeizuführen, muss grundsätzlich Offenheit gegenüber einer Veränderung gegeben sein.

Das *Wollen* im Zusammenhang mit Veränderungen ist ebenso wichtig wie das *Können*. Alles Wissen und Können hilft nichts, wenn sich Menschen gegen das Umräumen, den Umbau oder Umzug sperren – die Veränderungsbereitschaft fehlt.

Offenheit für Veränderungen

Für einen Umbau oder Umzug ist grundsätzlich eine große *Offenheit* erforderlich. Aber auch schon kleine Veränderungen in einer Wohnung können zu größtem Widerstand führen. Der Haushaltsvorstand, wenn es denn einen im direkten Sinne gibt, wird noch so sehr auf den Umzug in eine andere Wohnung drängen können – wenn alle anderen überhaupt keine Bereitschaft zur Veränderung haben, wird nichts passieren. Selbst externe Umzugshelfer, die Kisten und Mobiliar in die andere Wohnung schaffen sollen, werden keine Hilfe sein: Die Menschen bleiben in der alten Wohnung, richten sich auf Apfelsinenkisten und schnell organisierten Möbeln – von Nachbarn und Freunden, aus der Zeitung, ein paar neue, ein paar vom Sperrmüll – schnell wieder ein. Schneller, als sich Mobiliar durch Dritte oder vom Haushaltsvorstand aus der Wohnung schaffen ließe. Es fehlt die Vorstellung, dass es einmal anders sein könnte, dass sich überhaupt etwas verändern kann.

Druck alleine genügt beileibe nicht, um das erforderliche *Wollen* zu erreichen. Druck kann helfen, das Unbehagen zu fördern. Am Anfang steht aber immer die grundsätzliche Offenheit, die Bereitschaft zu Veränderungen.

Beispiel: Handelsunternehmen

> Eine neue Logistiksoftware bliebe ohne Offenheit für ihren Einsatz und die Prozessveränderungen unbenutzt, die Waren würden weiterhin mit Zettelwirtschaft aus den Regalen gesucht, und die Daten im System würden unvollständig nachgepflegt werden – wenn überhaupt. Denn man fragt sich ja, was so eine Software überhaupt soll, es geht doch auch so. Wenn dann neue Anforderungen an Lagerhaltung und Auslieferung kommen, bricht der Betrieb zusammen: Die Lagerbestände sind nicht bekannt, Lieferungen sind unvollständig und können im System nicht verfolgt werden. Der gewünschte Kundenservice ist nicht möglich.

Zu viel Druck erzeugt jedoch zumeist noch mehr Widerwillen und Widerstand. Offenheit hat auf der einen Seite etwas mit der Grundeinstellung der Menschen zu tun, auf der anderen Seite aber auch mit dem Eingehen auf sie und ihre Bedürfnisse.

Bezüglich der Offenheit lassen sich drei Ausprägungen wie folgt darstellen:

- *Offen*, bereit für Veränderungen: Der Einzelne möchte Hindernisse beseitigen, hält dabei Veränderungen für unvermeidlich. Dabei besteht große Flexibilität im Handeln – ohne gleich auf jeden fahrenden Zug aufspringen zu wollen. Neues wird gern angenommen und umgesetzt. Offene Menschen sind in der Regel gute Zuhörer und tolerieren in starkem Maße Unterschiede.
- *Blockiert, feststeckend* oder auch „eingeschränkt“ beziehungsweise „gehemmt“: Diese Charakterisierung bezüglich Veränderungen trifft auf viele Menschen zu. Das Leben wird im gegebenen Rahmen gemeistert, man versucht, seinen Platz im Leben zu finden. Das

meiste wird aus den gegebenen Umständen heraus gemacht, „härter und besser arbeiten", das ist oft die Devise, wenn man sich verbessern will. Folglich widmet man sich auch eher einer Verfeinerung der Arbeitsweise und macht seinen Frieden mit den Gegebenheiten, statt nachhaltige Veränderungen anzugehen. Das Gleichgewicht hat einen hohen Stellenwert, neue Lebensumstände erzeugen daher eher Angst und Unsicherheit als das Gefühl neuer Möglichkeiten. Vieles wird als nicht änderbar gesehen, was dann über die Zeit zu Stress, Ärger und Frustration führt, mitunter sogar zu Aggression.

- *Verschlossen* ist, wer glaubt, dass es andere Wege als die aktuell benutzten nicht gibt. Alternativen werden offen abgelehnt. Oft stehen dahinter blockierende Erfahrungen, auch fehlen bisweilen die intellektuellen Voraussetzungen für entsprechende Einsichten. Die Folge ist oft unangemessenes Verhalten, alles wird in gleicher Weise bewertet, „über einen Kamm geschoren", das Benehmen mag mitunter renitent oder gar künstlich sein. Bei anstehenden Veränderungen ergibt sich eine Form von Unersättlichkeit: Es wird immer mehr vom Gleichen gefordert. Erläuterungen oder Vorgaben sind nie genug gegeben, nie ist der Betreffende zufrieden damit. Bei Frustrationen, schon bei kleineren Problemen, sind dann oft Ausbrüche zu beobachten. Andere Spielarten sind übertriebener Perfektionismus oder das immerwährende Prüfen von Arbeitsergebnissen. Oder auch das „Sich-Einmauern": Alle Informationen werden gefiltert und umgedeutet, quasi einer Zensur unterworfen. Man lässt nichts an sich heran, was Veränderungen erfordern könnte. In gewachsenen Organisationen finden sich die entsprechenden Strukturen: Es gibt so etwas wie einen „inneren Kreis", zu dem nur sehr wenige gehören und der praktisch unerreichbar ist. Eine etwas schwächere Ausprägung ist die „Inzucht" bei der Besetzung von Management-Positionen – das Prinzip der Selbstähnlichkeit herrscht vor, Neubesetzungen erfolgen immer wieder mit Kandidaten, die den bisher managenden Persönlichkeiten sehr ähnlich sind und sich in deren Zusammenspiel nahtlos einfügen.

Dissonanz, Unbehagen in der gegebenen Situation

Ausreichendes Unbehagen – *Dissonanz* – über die aktuelle Wohnsituation muss als Voraussetzung für Veränderungen ebenfalls gegeben sein: Die Wohnung ist zu klein, schlecht geschnitten und die Wasserflecken stören. Mit der zunehmenden Auseinandersetzung mit diesen Themen wird deutlich, dass die Wohnung den Ansprüchen nicht mehr genügt.

Die zum Teil sogar mit etablierten Verfahren gut messbaren Ausprägungen der Dissonanz in Unternehmen sind eine sinkende Zufriedenheit der Mitarbeiter, eine Verschlechterung der Produktivität und der Qualität sowie eine messbare Verschlechterung der Verkaufszahlen. Auch werden viele Manager und Personalverantwortliche erleben, dass Probleme in den Arbeitsbeziehungen ihrer Mitarbeiter zunehmen und in verstärktem Maße ihre Aufmerksamkeit und Energie verlangen. Sichtbare Zeichen sind auch häufiger geschlossene Türen, mehr „Flurgespräche" hinter vorgehaltener Hand oder Gruppen von Mitarbeitern, die öffentlich ihrem Ärger Ausdruck verleihen.

In der Veränderungsarbeit führt dies zu einer scheinbar paradoxen Folgerung: Die Betroffenen müssen unzufrieden sein, es ist in Kauf zu nehmen – und sogar erforderlich –, dass sie im Lauf der Veränderung unzufrieden werden. Nur müssen die Maßnahmen, die gewollt zu Unbehagen und Dissonanz führen, in direktem Zusammenhang mit den veränderten Herausforderungen und dem Ziel des Veränderungsprozesses stehen. Das bloße Erzeugen von Druck würde nicht verstanden werden, den erforderlichen Lern- und Veränderungsprozess sogar stören und damit das Ergebnis infrage stellen.

Die Erkenntnis ist also, dass sinkende Zufriedenheit und die Verschlechterung von Kennzahlen durchaus normal sind für den Zustand einer Unternehmung im Umbruch. Es wird dann kontraproduktiv sein, ausschließlich gegen diese Kennzahlen zu managen.

Dissonanz kann in der Praxis zum Beispiel gezielt erzeugt werden, indem die Mitarbeiter aus der Zeitung oder über andere externe Kanäle erfahren, dass ein Unternehmensteil geschlossen oder verkauft werden muss. Oder man greift zum „Klassiker“ und entlässt, im richtigen Zusammenhang dargestellt, eine zentrale Figur des Unternehmens.

Einsicht in die Vorteile der Veränderung

Für eine erfolgreiche Veränderung muss verstanden werden, dass eine andere Nutzung, ein Umbau der Wohnung oder gar ein Umzug eine gute Lösung bringen. Wir meinen also die *Einsicht*, dass die Lösung des Problems nicht darin liegt, nur einmal die Wände neu zu streichen (diesmal in einer anderen Farbe), dem Hauswirt einen bösen Brief zu schreiben oder einen Rechtsanwalt einzuschalten.

Wesentlich ist zudem die Einsicht, dass es sich um einen Veränderungs*prozess* handelt. Der Umbau oder Umzug wird zu planen und durchzuführen sein. Es wird eine Reihe neuer Möbel brauchen, manch Liebgewonnenes wird man zurücklassen oder aufgeben müssen.

Die Einsicht in die Vorteile der Veränderung, den durch die Veränderung erreichbaren Nutzen zu fördern – das ist die zentrale Aufgabe. Dabei geht es weniger um das abstrakte Ziel der Veränderung, vielmehr sprechen wir von den konkreten Vorteilen, die sich durch die veränderte Situation erreichen lassen.

In einem Unternehmen kann das sehr anspruchsvoll sein. Die Idee, aus der Transformation eines bürokratischen Apparats in ein schnelles und agiles Dienstleistungsunternehmen kämen Vorteile, will für die Betroffenen erst einmal aufgebaut sein. Die Chancen – das Mehr an Gestaltungsfreiheit und Verantwortung, an persönlicher Entwicklungsmöglichkeit – werden oft nicht gesehen, wohl aber mehr Arbeit, mehr Tempo, weniger Ruhe, weniger Sicherheit. Die einzelnen Unternehmensfunktionen wie auch die Mitarbeiter müssen ihren Beitrag zum künftigen Unternehmenserfolg kennen und einschätzen können.

4.3 Die Voraussetzungen im Kontext von Unternehmensveränderungen

Wenn die Geschäftsleitung größere Veränderungen in ihrem Unternehmen wünscht, dann muss sie das Vorhandensein der genannten Voraussetzungen gut prüfen und zu einer realistischen Einschätzung kommen. Dabei wird es auch darum gehen, die Rahmenbedingungen zu betrachten. Manche Veränderung ist zunächst gar nicht denkbar, weil sie eine Konzern-Mutter gar nicht zulassen würde.

Das Schaffen der genannten Voraussetzungen ist längerfristig gesehen ein zentraler Kern der Veränderungsarbeit. Natürlich wird man sich immer Zwischenziele definieren, um abhängig von den Möglichkeiten kleinere Veränderungen zu erreichen. Viele Themen der Ausgestaltung von Veränderungen, also zum Beispiel die schrittweise Anpassung der Organisation, lassen sich bearbeiten.

Und: Gewisse Abstriche sind bei den Voraussetzungen durchaus möglich, aus Beschleunigungsgründen vielleicht auch unvermeidlich. Wir werden später darstellen, welche Varianten für die Begleitung von Veränderungen dem Rechnung tragen (Kapitel „Der Veränderungsrahmen“). Sind die Voraussetzungen jedoch nicht vollständig erfüllt, verlangt dies deutlich aufwändigere Veränderungsimpulse und Interventionen – und das Risiko des Scheiterns wächst überproportional.

Der klare Wille einer Unternehmensleitung zur Veränderung und zum Herbeiführen der erforderlichen Voraussetzungen ist ebenso unabdingbar. Alle Veränderungserfordernisse müssen von der Management-Seite getragen werden. Veränderungsprozesse finden sonst natürlich auch statt, lassen sich ohne das verantwortliche Management aber nur deutlich schwieriger oder gar nicht gestalten. Am Beginn großer Veränderungsprozesse liegt also vielfach die Veränderung, die Neuausrichtung des Managements selbst – damit es dann die entsprechenden Impulse im Unternehmen setzen kann.

5. Die Richtung der Veränderung

Veränderungen können grundsätzlich in drei Richtungen stattfinden: innerhalb der aktuellen Ebene, eine Ebene nach „oben“ oder aber eine oder mehrere Ebenen nach „unten“. Neben der anderen Nutzung oder dem Umbau der aktuellen Wohnung kann man also in beide Richtungen umziehen, nach oben und nach unten. Die Richtung eine Veränderung ist dabei stark von den Umweltbedingungen abhängig, denn ein System verändert sich ja, um sich seiner Umwelt anzupassen.

Veränderungen auf einer bestehenden Ebene

Veränderungen müssen nicht immer gleich auf die nächste Ebene des Graves-Value-Systems führen. Die meisten Veränderungen finden innerhalb einer Ebene statt.

Dies geht so lange gut und ist auch richtig, bis sich die Umwelt grundlegend verändert hat und eine Optimierung der aktuellen Situation nicht mehr ausreicht, um ein dauerhaft stabiles System zu erhalten.

Veränderungsprozesse auf der gleichen Ebene sind für die Menschen häufig nicht so schmerzhaft wie Veränderungen über Ebenen hinweg. Dennoch, auch sie können ins Stocken geraten oder von den betroffenen Personen blockiert werden.

Nach oben

Die größte Herausforderung der Veränderungsarbeit ist, ein Unternehmen um eine Ebene im Graves-Value-System nach oben zu entwickeln. Denn diese Veränderung bedeutet einen Quantensprung für das Unternehmen. Es wird neue Fähigkeiten erlernen müssen, neue Denk- und Verhaltensweisen werden Einzug erhalten. Nach der Entwicklung „nach oben" wird das Unternehmen ein grundsätzlich neues, verändertes sein.

Es sei daran erinnert, dass Veränderungen immer von einer Ebene des Graves-Value-Systems zur unmittelbar nächsten stattfinden. Nie werden Ebenen übersprungen: Ein loyales System verwandelt sich beispielsweise in ein erfolgssuchendes, aber nie direkt in einem Schritt in ein teamorientiertes.

Das liegt daran, dass eine obere Ebene immer alles Wissen und Können der unteren Ebenen integriert. Erst wenn ein stabiler Stand an Fähigkeiten sowie Denk- und Verhaltensweisen erreicht ist, kann sich das System auf die nächsthöhere Ebene weiterentwickeln. Im Kontext unseres Hauses bedeutet dies: Es gibt keinen Fahrstuhl. Ein Umzug findet immer von einer Etage des Hauses zur nächsten statt.

Auf diese Richtung der Veränderung werden wir im Kapitel „Der Veränderungsrahmen" umfassend eingehen und die erforderlichen Begleitvarianten vorstellen.

Nach unten

Eine Veränderung nach unten kann gewollt sein. Wenn sich beispielsweise die gesamte Umwelt einen Schritt zurück bewegt, dann muss sich das System eben entsprechend der neuen Situation nach unten anpassen. Eine Veränderung nach unten kann aber auch ungewollt in Folge eines nicht souverän durchgeführten Veränderungsprozesses erfolgen.

Sinnvoll ist ein Umzug nach unten, wenn man in der aktuellen Wohnung nicht zurechtkommt. Wer mit Waschmaschinen, Fernseher und Mikrowelle nicht umgehen konnte, wird nicht in einer Wohnung leben können, in der vieles komplexer ist. Dann wäre die Wohnung eine Ebene niedriger die passende – die mit dem vertrauten Waschzuber und dem Röhrenradio. Die Richtung eines Umzugs ginge hier also intuitiv in die andere, zumeist nicht gewünschte Richtung.

Wenn die Umweltbedingungen aber so sind, dass der Strom nicht mehr bezahlbar ist und es kein Fernsehangebot mehr gibt, dann ist der Weg auf die Ebene mit Waschzuber und dem Röhrenradio genau der richtige. Er entspricht dann einfach den veränderten Anforderungen und schafft einen stabilen Zustand.

Ein weiterer wichtiger Aspekt sind die zuvor besprochenen Voraussetzungen für eine Veränderung. Sind sie nicht erfüllt, wird sich ein System nicht auf eine höhere Ebene entwickeln können. Es besteht dann vielmehr die Gefahr, dass es in eine schlimme Krise gerät und dann unvermittelt nach unten absteigt. Solche Krisen können eine Eigendynamik bis hin zur Zerstörung des Systems entwickeln.

Ist mehr als eine der Voraussetzungen für Veränderungen nicht erfüllt, ist die Gesamtsituation also potenziell gefährlich: Das System kann unter Druck eine Veränderung auch in die unerwünschte Richtung machen. Eine *Regression* auf eine frühere Ebene tritt ein, beispielsweise wird eine funktionale (loyale) Organisation nicht wie gewünscht prozessorientiert (Erfolgssucher), sondern fällt in den Zustand des „Einzelkämpfers“ zurück. Konkret zerfiele das Unternehmen in Machtbereiche, die von wenigen mit harter Hand gesteuert werden – mit Blick auf den eigenen, persönlichen Vorteil und nicht auf die Entwicklung des ganzen Unternehmens.

Dies beruht dann auf dem Hervorholen „alter Rezepte“, sobald sich größere Herausforderungen zeigen oder erste Veränderungsschritte eingeleitet werden. In der Konsequenz muss man sich vor Veränderungen gegebenenfalls von Managern trennen, die ein unerwünschtes Verhalten zeigen könnten.

Entwicklungsstufen in Unternehmen

In diesem Kapitel wenden wir uns der Anwendung des Graves-Value-Systems im Unternehmenskontext zu und verlassen die Analogie des Hauses. Wir beschreiben ausführlich die Ausgestaltung von Unternehmen auf den Entwicklungsstufen nach Graves und die dazu passenden Rahmenbedingungen.

Organisationen auf einer Ebene des Graves-Value-Systems verfügen über bestimmte Fähigkeiten und über spezifische Denk- und Verhaltensweisen, die auf den im Unternehmen besonders ausgeprägten Werten beruhen. Diese zentralen Werte sind das jeweils bestimmende Element der Ebenen im Graves-Value-System – daher auch die Namensgebung für das Modell.

Aufgrund dieser Fähigkeiten sowie Denk- und Verhaltensweisen bildet sich auf jeder Entwicklungsstufe des Graves-Value-Systems eine ganz spezifische Unternehmenskultur heraus – mit ihren ungeschriebenen Gesetzen und Regeln, die vorgeben, wie die Menschen innerhalb des Unternehmens miteinander umgehen. Zur Kultur und den Werten des Unternehmens passen dann spezifische Organisationsstrukturen und Prozesse. Einher gehen diese mit einer passenden Unternehmenspolitik, die wiederum alle formellen, geschriebenen Regeln und Vereinbarungen definiert – beispielsweise Vergütungssysteme, Arbeitszeiten, Zusammenarbeitsmodelle.

Natürlich lassen sich nicht alle Menschen, die in einem Unternehmen arbeiten, über einen Kamm scheren. Genauso, wie sie über individuell unterschiedliche Fähigkeiten sowie Denk- und Verhaltensweisen verfügen, sind auch verschiedene Bereiche eines Unternehmens oft in unterschiedlichen Ebenen angesiedelt. Es lässt sich jedoch in den meisten Unternehmen eine dominante Ebene erkennen.

Beispiel: Unterschiedliche Ebenen in einem Unternehmen

> Ein konzernzugehöriges Shared Service Center hat, historisch gewachsen, eine grundsätzlich loyale Ausrichtung. Es ist verantwortlich dafür, alle ihm übertragenen Leistungen zuverlässig und in höchster Qualität zu erbringen. Dies ist für das Geschäftsmodell des Mutterunternehmens unabdingbar.
>
> Ursprünglich war das Shared Service Center eine Hauptabteilung des Mutterunternehmens und wurde vor einigen Jahren als selbstständige Gesellschaft ausgegründet. Faktisch blieb die loyale Konzern-Anbindung jedoch erhalten, da die Anforderungen unverändert waren. Dies zieht sich beobachtbar durch die gesamte Organisation, die auch in

schweren Zeiten und bei schlechten Nachrichten ihre hohe Qualität aufrechterhält. Eine Vielzahl von Aufträgen nehmen die Mitarbeiter direkt von Konzernstellen an – und dies im natürlichen Verständnis, dass es ein klarer Auftrag, gar eine Anweisung ist, den Auftrag umzusetzen. Die gewünschte unternehmerische Steuerung durch die Geschäftsleitung des Shared Service Centers fällt hier natürlich schwer.

Die Intention zum Aufbau des Shared Service Centers war ganz klar die Senkung von Kosten. Und so haben sich einige Geschäftsbereiche des Centers bereits erfolgsorientiert aufgestellt. Das Unternehmen weist einzelne Erfolgssucher auf, die überwiegend Nachwuchsmanager oder von außen geholte Führungskräfte sind. Diese finden sich zum Beispiel im Kundenmanagement und in der Serviceorganisation – und sie verzweifeln oft an der vermeintlichen Trägheit der Gesamtorganisation. Zum Teil entstehen um diese Erfolgssucher herum Zellen, die als wendige Einheiten eine enorme Leistungsfähigkeit entstehen lassen. Dabei streifen sie nicht selten bürokratische Hemmnisse ab und erbringen Leistungen außerhalb des eigentlichen Aufgabenbereichs wesentlich schneller und effektiver, als die eigentlich „zuständigen" Unternehmenseinheiten es tun können – oft zu deren großer Verärgerung.

Auf der anderen Seite gibt es innerhalb der Organisation einige Manager auf der Projekt- oder Abteilungsleiterebene, die in verschiedensten Kontexten beauftragt werden, Sonderaufgaben als „Task Force" durchzusetzen. Diese agieren dabei – im „loyalen Auftrag" – als Einzelkämpfer und sind so in der Lage, vieles schnell umzusetzen. Natürlich entstehen dabei viele Reibungspunkte in der Organisation, da die loyale Gesamtheit das Handeln dieser Einzelkämpfer oft als hart und vorbei an Vorschriften und kollegialen Vorstellungen erlebt.

Fazit: Das Unternehmen befindet sich auf drei unterschiedlichen Ebenen des Graves-Value-Systems. Um es den Erfordernissen der Zukunft anzupassen, müssten sich zumindest weite Teile des Unternehmens in Richtung Erfolgssucher entwickeln. Das Shared Service Center wird dauerhaft nur dann Bestand haben, wenn die Einzelkämpfer-Kultur vollständig aufgelöst wird und – speziell im Projektkontext – Verhaltensweisen der Erfolgssucher angenommen werden.

Im Folgenden werden wir nun der Einfachheit halber Unternehmen skizzieren, die sich auf genau einer der Ebenen des Graves-Value-Systems befinden. Dabei beschreiben wir die zur Graves-Ebene passenden *Werte* sowie die daraus abgeleiteten *Strukturen* (Aufbauorganistion) und *Prozesse* (Ablauforganisation). Zur weiteren Beschreibung stellen wir die *Regeln* – aus *Unternehmenskultur* (ungeschriebene, informelle Regeln) und *Unternehmenspolitik* (geschriebene, formelle Regeln) – vor. Hierbei gehen wir insbesondere auf die üblichen Arbeits- und Entscheidungsprozesse ein, arbeiten Führungsthemen heraus und beschreiben typische Infrastrukturen in den Unternehmen.

Ganz zentral dabei ist, dass wir vom *Ist-Zustand* und nicht vom formalen *Soll-Zustand* sprechen. Die beschriebenen Strukturen und Organisationen sind also die gelebten und erlebten, nicht die aufgeschriebenen oder gewünschten. In vielen Unternehmen gibt es offizielle Regeln mit Organigrammen und Strukturen oder auch vermeintliche Team-Events, die Tagespraxis der Zusammenarbeit sieht jedoch ganz anders aus.

Wenn wir Beispiele von Unternehmen auf den jeweiligen Entwicklungsstufen nennen, heißt das nicht, dass sich alle Unternehmen mit dem gleichen Geschäftsmodell in dieser Branche auf der vorgestellten Entwicklungsstufe befinden. Ebenso erheben die Beispiele keinen Anspruch auf Vollständigkeit.

Da die Unternehmensformen immer als Reaktion auf die Rahmenbedingungen der Umwelt entstehen, beschreiben wir nun zunächst diese und die dazu passenden Unternehmensformen. Anschließend gehen wir dann auf die konkrete Ausgestaltung der Unternehmen ein.

1. Die erste Unternehmensform: Das Stammesmensch-Unternehmen

Rahmenbedingungen der Umwelt

Die ersten Unternehmen der Ebene der *Stammesmenschen* haben sich mit den frühen zivilisatorischen Strukturen der Agrarwirtschaft herausgebildet. Bis heute sind sie weit verbreitet und in den verschiedensten Branchen als kleinere, gut funktionierende Familienunternehmen zu finden.

Die erste Form waren Bauernhöfe, die – einfach formuliert – auch einmal den Nachbarn aushalfen, zum Beispiel mit Schmiedearbeiten. Mit der weiteren Spezialisierung und Arbeitsteilung sowie dem Einsetzen des Handels entstanden dann Familienbetriebe, die als solche auch klar erkennbar waren. Mit der engeren Besiedlung und der Bildung von Ortschaften haben sich weitere Unternehmen dieser Struktur herausgebildet, die wir uns aus der heutigen Perspektive noch gut vorstellen können: Bäckereien, Müllereien, lokale Handelsgeschäfte, Handwerker. Die Form des Stammesmensch-Unternehmens findet sich heute noch weltweit in allen Kulturen, besonders stark dort, wo Landwirtschaft und bodenständiges Handwerk die Gesellschaft prägen.

Charakteristik des Unternehmens

Werte: In diesem Unternehmen stehen Harmonie und Einklang mit dem Umfeld im Vordergrund. Das Unternehmen sorgt wie eine Familie für die Angestellten und bietet Versorgung und Schutz. So ist ein wesentlicher Aspekt fast immer auch eine starke familiäre Bindung zwischen den einzelnen Mitgliedern des Unternehmens. Im Austausch zu Versorgung und Schutz wird eine hundertprozentige Treue und Ergebenheit der Mitglieder zur Organisation, bis hin zur Aufopferung, erwartet.

Unternehmensziele manifestieren sich hauptsächlich in Sicherheit für die Angestellten und Absicherung der Grundbedürfnisse. Wachstumsabsichten bestehen im Allgemeinen nicht. Die Stabilität des Systems beziehungsweise das Nebeneinander ähnlich aufgebauter Systeme ist der Normalfall.

Neue Angestellte kommen nicht selten nur deswegen hinzu, weil sie in den quasi-familiären Zusammenhang des Unternehmens passen oder sogar familiär bedingt aufgenommen werden, also etwa der Schwiegersohn, der den kleinen Familienbetrieb verstärkt. Eine als entsprechend großes Unglück erlebte Ausnahme ist, dass es keinen Nachfolger gibt. Dann bricht das System in vielen Fällen mit dem Ausscheiden oder Tod des Familienoberhauptes zusammen.

Struktur und Prozesse: Die Aufbauorganisation ist immer eine einfache, klare Hierarchie. Es gibt eine Führungspersönlichkeit an der Spitze des Unternehmens – das Familienoberhaupt – und eine Reihe von Mitarbeitern auf der zweiten Hierarchiestufe, die in eine feste Rangfolge eingeordnet werden können. Es gibt jedoch formal keine weiteren Hierarchieebenen. Obwohl Mitarbeiter zumeist entsprechend ihrer Fähigkeiten eingesetzt werden, gibt es keine klar definierten Zuständigkeiten. Das Unternehmen ist in der Konsequenz all dieser Gestaltungsmerkmale meist ein sehr kleiner Betrieb, mit zehn bis maximal 20 Mitarbeitern.

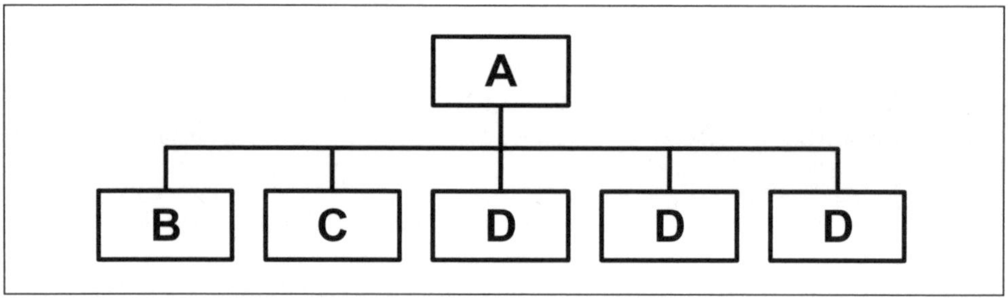

Quelle: Eigene Darstellung
Abbildung 5: *Aufbauorganisation Stammesmensch-Unternehmen*

Es wird sehr kollaborativ ohne definierte Prozesse nach den Anweisungen des Patriarchen gearbeitet. Nur die Kernprozesse, die wenig komplex sind, sind klar strukturiert und definiert. Diese Prozesse gehen Schritt für Schritt immer den gleichen Weg. Somit gibt es einige wenige Prozesse im mittleren Reifegrad. Steuernde Prozesse sind praktisch nicht vorhanden.

Kultur und Politik: Die Ebene des Stammesmenschen reagiert und agiert stark bezogen auf das *Wir*. Dies kann als Grundregel betrachtet werden. Die Arbeitsumgebung ist geprägt durch einen eigenen, abgegrenzten Raum für den Patriarchen. Alle anderen arbeiten gemeinsam. Es gibt keine geregelten Arbeitszeiten, da man immer für die „Familie“ da ist.

Die Entscheidungsprozesse sind entsprechend durch eine starke Kommunikation geprägt. Jeder hat das Recht, seine Meinung frei zu äußern und sie allen mitzuteilen. Der Patriarch bildet anschließend den Konsens – diesem folgen alle.

Das Führungsverhalten ist stark patriarchalisch geprägt. Der Führungsstil des Patriarchen ist sehr eng und direkt und wird zuweilen als autoritär erlebt. Die Mitarbeitermotivation funktioniert über Sicherheit und Schutz vor existenziellen Ängsten. Der Patriarch appelliert oft an Tradition und Verbundenheit. Letztere besteht insbesondere auch im Gegensatz der Gruppe beziehungsweise Familie zu den „Gefahren der Außenwelt".

Eigenes Denken und Kreativität sind nicht erforderlich und auch nicht erwünscht. Die Lernkurve lehnt sich stark an die Erfahrung von hierarchisch Höherstehenden sowie an das Lernen aus Ritualen und Routinen. Personalentwicklungsmaßnahmen gibt es faktisch nicht. „Beförderungen" folgen eingeführten Ritualen entsprechend Herkunft und Seniorität. Allein dem Patriarchen stehen Statussymbole zu; dies wird von den Mitarbeitern auch regelrecht eingefordert.

Beispiele für Unternehmen auf dieser Ebene können kleine Familienbetriebe wie Bäckereien, Lebensmittelläden und Metzgereien sein. Auch landwirtschaftliche Betriebe und die Hotellerie sind häufig in dieser Ebene zu finden.

Beispiel: Wenn der Juniorchef das falsche Auto fährt

Ein kleines schwäbisches Bauunternehmen, das seit Generationen immer an den Sohn oder die Söhne weitergegeben wird, hat seit jeher eine quasi familiäre Bindung zu seinen Angestellten. Die langjährigen Mitarbeiter haben teilweise noch unter der Führung des Großvaters eine Maurerlehre absolviert und sind seither dem Unternehmen treu geblieben. Man ging gemeinsam durch dick und dünn. Als der Juniorchef die Leitung des Betriebs übernahm, fuhr er einen italienischen Kleinwagen, den er sich während des Studiums gekauft hatte. Einer der Maurermeister, der eben schon den Großvater und den Vater des Juniorchefs erlebt hatte, bat ihn eines Tages um ein Gespräch. Dabei legte er dem Juniorchef nahe, sich endlich einmal ein „Chefauto" anzuschaffen.

Inzwischen fährt dieser ein Mittelklasseauto und die patriarchalische Welt des Stammesmenschen-Unternehmens ist wieder in Ordnung ...

Überblick Stammesmensch-Unternehmen

Werte:	Harmonie und Einklang, Sicherung der Existenz, Tradition, Zugehörigkeit, Gewohnheit
Struktur:	Einfache Hierarchie; ein Patriarch, viele Mitglieder mit fester Rangfolge auf der zweiten Ebene, keine fest definierten Zuständigkeiten
Prozesse/Reife:	Wenige definierte Prozesse, keine steuernden Prozesse
Kultur und Politik:	Kollaboratives Arbeiten und Entscheidungen, Patriarch bildet Konsens, Statussymbole stehen ausschließlich dem Patriarchen zu, Stellung und Position des Patriarchen werden nicht infrage gestellt
Lernen:	Klassische Konditionierung, Routinen; Schritt für Schritt
Unternehmensbeispiele:	landwirtschaftliche Betriebe, kleinere Familienunternehmen

2. Die Eroberung neuer Märkte: Vom Stammesmensch- zum Einzelkämpfer-Unternehmen

Rahmenbedingungen der Umwelt

Das System der Stammesmenschen kann aufgrund innerer oder äußerer Konflikte an Grenzen stoßen. Die Ordnung wird zum Beispiel dann gestört, wenn der Patriarch seine Rolle nicht mehr an einen geeigneten Nachfolger übergeben kann. Dann gerät das System ins Wanken – in Familienunternehmen kennen wir dieses Thema bis zum heutigen Tage.

Kritischer für das „Zusammenleben" in der Stammesmensch-Organisation ist es, wenn die Ressourcen knapp werden, also etwa das nutzbare Land nicht mehr genügt, um weiterhin alle zu ernähren. Oder aber – der häufigste Grund für eine Weiterentenwicklung vom Stammesmenschen zum Einzelkämpfer: Expansion. Das Unternehmen will wachsen, und Streitigkeiten führen dann zu einer zuvor nicht gekannten Form der Auseinandersetzung.

Der Schlauere, Schnellere oder Stärkere sichert sich knappe Ressourcen bzw. neue Kunden und Regionen. Ein deutlicher Verdrängungswettbewerb ist dabei die Regel. Wer schneller vorankommt, beherzt die Ellenbogen einsetzt oder über bessere Werkzeuge verfügt, hat einen besseren Zugang zu Ressourcen und verschafft sich Vorteile. Nachteile für den oder die anderen werden dabei billigend in Kauf genommen. Entscheidungen werden aus der Situation heraus getroffen, ein Empfinden von Schuld anderen gegenüber gibt es nicht.

Diese Haltung und diese Vorgehensweise haben sich stets bewährt, wenn es darum ging, neue Märkte zu erschließen oder auch neue Länder zu erkunden, zu erschließen und auch zu unterwerfen. Die Abenteurer und die Goldsucher, die Eroberer – die „Helden" früherer Zeiten – waren alle auf der Ebene der Einzelkämpfer zu finden. Sie wurden dabei als stark, rau und sehr energisch erlebt.

Heute finden wir bei der aggressiven Erschließung neuer Märke oft Unternehmen, die im Stil der Einzelkämpfer agieren. Der schnelle Vorteil „ohne Rücksicht auf Verluste" prägt dabei das Vorgehen. Schließlich bestätigt die wirtschaftswissenschaftliche Lehre, dass die Ersten in den Märkten lange Zeit Marktführer bleiben können.

Einzelkämpfer-Unternehmen oder -Abteilungen agieren heute häufig in einem loyalen Umfeld. In einer Behörde nimmt sich ein Abteilungsleiter einfach, was er an Entscheidungsbefugnissen und Ressourcen zur Verfügung hat. Ein einzelkämpferischer Projektleiter drückt die gewünschten Maßnahmen mit großer Kraft durch. Die Task Force, die am energischsten agiert, setzt sich durch und bekommt die erforderlichen Kapazitäten ohnehin überlasteter Mitarbeiter zugesagt. Jeder ist für sich in der besten Absicht unterwegs, seine Aufgaben zu erledigen und seine Ziele zu erreichen.

Die Grundannahme der Einzelkämpfer-Ebene im Graves-Value-System ist, dass sich im Prinzip jeder aufmachen kann, um sein Glück zu versuchen. Das aufstrebende Unternehmertum war also kennzeichnend für diese Ebene. Es geht für den Unternehmer dabei hauptsächlich darum, etwas grundsätzlich Neues aufzubauen und sich gegen andere mit dem gleichen Anliegen durchzusetzen. Und gegen alle, die sich ihm in den Weg stellen.

Einzelkämpfer-Rahmenbedingungen finden wir in unserer jüngeren Vergangenheit und in der Gegenwart, beispielsweise nach der Öffnung der Grenzen nach Ost-Europa.

Charakteristik des Unternehmens

Werte: Das Leitbild eines Einzelkämpferunternehmens drückt sich in etwa folgendermaßen aus: „Wir sind die ungeschlagene Nummer eins. Wir wachsen schnell in neue Märkte hinein und setzen uns gegen unsere Wettbewerber erfolgreich durch." Ziele wie Marktmacht und die unbedingte Wahrung der Unabhängigkeit leiten sich daraus ab.

Die Mitarbeiter beziehen einen Großteil ihrer Motivation aus dem Respekt gegenüber der erfolgreichen Führungskraft und aus der Bewunderung für den „Helden". Wichtig ist ebenso das Dazugehören-Wollen zu seinem Herrschaftsbereich, aber auch die eigene Position auszubauen und Macht über andere ausüben zu können.

Struktur und Prozesse: Das Unternehmen ist in strengen Hierarchien gegliedert. Jeder Vorgesetzte hat eine Führungspanne von 6 bis 15 Mitarbeitern, die für ihn arbeiten. Das Unternehmen beschäftigt eine breite Masse an „Arbeitern", die möglichst austauschbar sind. In dieser Unternehmensform gibt es noch keine funktionale Ausrichtung. Die unterschiedlichen Arbeitsgruppen üben die gleichen oder sehr ähnliche Tätigkeiten aus.

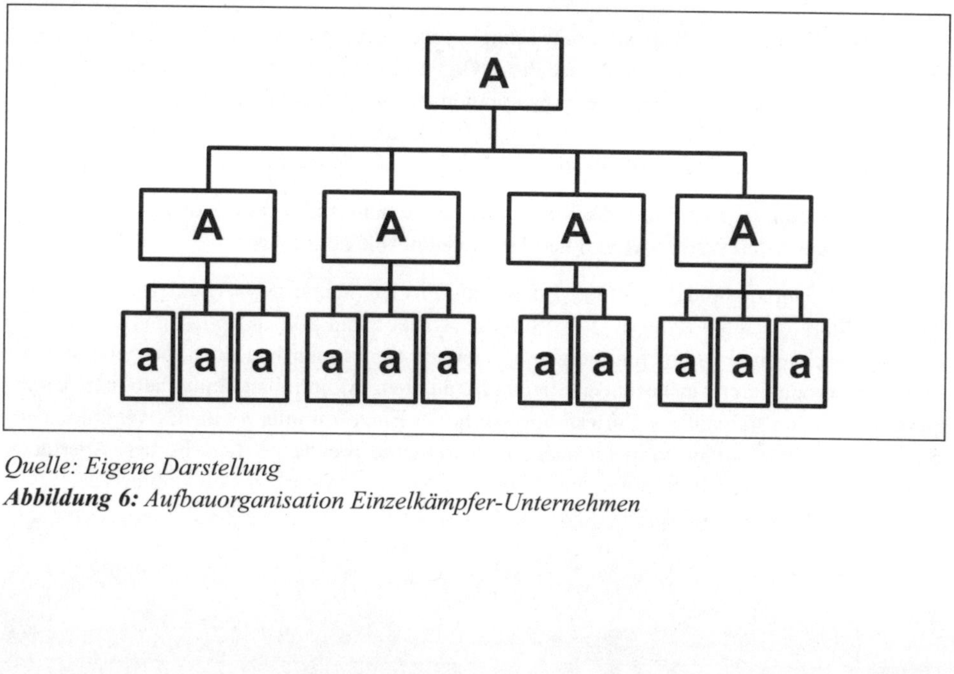

Quelle: Eigene Darstellung
Abbildung 6: *Aufbauorganisation Einzelkämpfer-Unternehmen*

Die wenig komplexen Routineprozesse sind beschrieben und werden stets gleich ausgeführt. Dabei ist ihre Gestaltung geprägt durch die Interessen des Vorgesetzten. Dieser erteilt Anweisungen und Vorschriften, die Arbeiter führen sie aus. Auch auf dieser Ebene gibt es noch keine planenden und steuernden Prozesse. Vorgesetzte auf gleicher Ebene kämpfen häufig um knappe Ressourcen – wer stärker ist, setzt sich durch.

Kultur und Politik: Entscheidungen trifft allein der Vorgesetzte. Autokratische und autoritäre Führungsstile sind häufig ein gut erkennbares Ausprägungsmerkmal dieser Ebene. Der Fokus der Führungs- und Mitarbeiterstruktur ist: Es muss funktionieren. Organisierte Zusammenarbeit in Form von Kooperationen ist als solche nicht präsent. Die Kommunikation läuft von oben nach unten, um Anweisungen zu geben, und von unten nach oben zur Berichterstattung.

Handeln und Lernen sind stark durch das Nachahmen der Chefs geprägt. Allerdings geht es auch darum, für seinen Chef und sich selbst Fehler, Misserfolge und damit „Schande" zu vermeiden. Schande wird bestraft, von der Bloßstellung (Pranger) über den Hinauswurf (hier wird mit der Existenzangst der Untergebenen der Druck gehalten) bis zur verschärften Form der persönlichen Vernichtung. In Umfeldern, die von starken persönlichen Bindungen geprägt sind – also beispielsweise Familien –, wird zusätzlich noch der Hebel emotionaler Erpressung benutzt. Wer nicht „pariert", wird mit der subtilen Androhung des Zuwendungs- beziehungsweise Liebesentzugs bestraft. Sinngemäß: Bist du nicht folgsam, dann mag ich dich nicht mehr. Das Spielen mit der Existenzangst der anderen, ob physisch oder psychisch, ist also ganz zentral.

Andererseits kann in der Kultur der Einzelkämpfer im Prinzip jeder alles erreichen, wenn er stark genug ist und das System durchschaut. Quereinstiege und Machtübernahmen sind möglich. Führungspersonen werden nach Dominanz und Durchsetzungskraft beurteilt, diese wiederum bewerten die Mitarbeiter danach, ob und wie gut sie für die eigenen Zwecke einsetzbar sind.

Unternehmen auf dieser Ebene sind sehr schnell, schlagkräftig und durchsetzungsstark. Wenn es auf diese Fähigkeiten ankommt, ist diese Organisationsform unschlagbar. Es gibt keine geregelten Arbeitszeiten. Konkrete Anwesenheitszeiten, Feierabend, Pausen etc. werden häufig durch den Chef bestimmt. Oft erfolgt die Bezahlung nach der produzierten Menge, wobei das Ergebnis nach der Arbeitsleistung des einzelnen Mitarbeiters bewertet wird.

Jeder Chef hat ein eigenes Büro, die Masse arbeitet gemeinsam. Informationssysteme werden von den Vorgesetzten verwendet, um verbesserte Kontrolle auszuüben.

Beispiele für Unternehmen auf dieser Ebene sind Firmen, zuerst meist Handelsunternehmen, die neue Märkte schnell erobern, etwa Strukturvertriebe und alle anderen Unternehmen, die nach dem Schneeballsystem funktionieren. Vielfach findet man hier auch Betriebe, die per Fließband produzieren, insbesondere bei individuellem Akkordlohn. Innerhalb von Unternehmen befinden sich auf der Entwicklungsstufe der Einzelkämpfer vielfach (wenig kundenorientierte) Vertriebsorganisationen oder die schon angesprochenen Task Forces. Aber auch viele Führungskräfte in loyalen Organisationen verhalten sich stark einzelkämpferisch.

Beispiel: Die rote Laterne

> Die berühmte rote Laterne für den Letzten in der Tabelle oder der Vertriebsmannschaft wird immer wieder in Unternehmen an die Gruppen oder die Einzelpersonen verliehen, die das schlechteste Ergebnis erzielt haben – und das im großen Rahmen. Dies führt zu starkem Wettbewerb, denn als Zweitletzter kann man ungeschoren davonkommen, aber die Blamage der roten Laterne vor versammelter Kollegenschar ist schmerzlich. Speziell in einer Kultur, in der man sich überwiegend durch Erfolg und Status definiert.

Überblick Einzelkämpfer-Unternehmen

Werte:	Marktmacht, Unabhängigkeit, Gewinnen um jeden Preis, Bewunderung und Respekt, der eigene Vorteil (Macht bei der Führungskraft/das pure Überleben auf der Ebene der Mitarbeiter); Vermeidung von „Schande“
Struktur:	Strenge Hierarchien; klassische Führungsspanne von 6 bis 15 Mitarbeitern pro Vorgesetztem; keine funktionale Gliederung
Prozesse/Reife:	Wenige definierte Prozesse, insbesondere keine planenden und steuernden Prozesse
Kultur und Politik:	Ringen um knappe Ressourcen, Entscheidungen von oben nach unten, alles Tun und Handeln zentral um die Führungsperson, eine Führungsperson macht sich selbst unverzichtbar (nahezu alles ist „Chefsache“)
Lernen:	Operante Konditionierung mit sofortiger Belohnung oder Bestrafung; Vermeidungslernen
Unternehmensbeispiele:	Strukturvertriebe (Schneeballprinzip); schnell expandierende Handelsunternehmen; Unternehmen, die nach dem Akkord-Lohn-Prinzip (für den Einzelnen) arbeiten

3. Es entsteht die funktionale Organisation: Das loyale Unternehmen

Rahmenbedingungen der Umwelt

Ein Einzelkämpferunternehmen stößt an verschiedene Grenzen, wenn es eine gewisse Größe überschreitet. Zum einen nimmt die Konkurrenz innerhalb des Unternehmens zu, so dass schlicht Transparenz und Ordnung geschaffen werden müssen, um dem drohenden Chaos abzuhelfen und das Unternehmen steuerbar zu machen. Regeln werden aufgestellt – und die Stellen, welche die Regeln überwachen und fortentwickeln.

Ein weiterer Treiber für die Veränderung ist die Reifung der Märkte. Wenn es nicht mehr zentral ist, sich in einem „feindlichen“ Markt neu zu behaupten, ist eine neue Unternehmensform angezeigt. Man hat sich im Markt etabliert und kann nun in der Expansion deutlich langsamer vorgehen. Vorrangig geboten ist die korrekte Erfüllung der Aufgaben.

Es gibt noch eine weitere Herausforderung: Das Geschäft oder die Aufgabe wird komplexer und kann nicht mehr nach dem Prinzip von mehr, schneller, größer und stärker bewältigt werden. Dieses Thema war zuerst in der Produktion von hochwertigen Gütern zu finden, aber auch bei anspruchsvollen Dienstleistungen – von der Eisenbahn über die Versicherung bis hin zur öffentlichen Verwaltung.

Die Verantwortung wird dann in kleine Teilbereiche geteilt. Für die unterschiedlichen Verantwortungsbereiche werden Regeln geschaffen und durchgesetzt. Die Teilbereiche bilden sich zunächst funktional aus, d. h., ein leitender Mitarbeiter mit Spezialisierung in einem gewissen Themengebiet übernimmt die Leitung desselben: Produktionsbereich, Vertriebsbereich, Finanzbereich etc.

Regeln und entsprechende Stabs- oder Unterstützungseinheiten werden nun aus Gründen von Handhabbarkeit und Sicherheit geschaffen. Beispiele hierfür sind Controlling, Rechnungswesen, Lohnbuchhaltung – und natürlich qualitätssichernde Abteilungen und das Risikomanagement. Je stärker die Umfeldanforderungen sind, insbesondere aufgrund von Regularien und Vorschriften, desto ausgeprägter werden diese Funktionen.

Ein weiterer Aspekt des Übergangs vom Einzelkämpferunternehmen zum loyalen Unternehmen ist die zunehmende Organisation der Mitarbeiter, die seit der Industrialisierung greifbar ist. Die Mitarbeiter erkennen, dass auch sie Macht haben, wenn sie sich nur alle einig sind und gemeinsam um ihre Interessen und Rechte kämpfen. Mit dem Einzug der loyalen Organisationen werden Regeln zum Schutz der Arbeitnehmer geschaffen: Tarifsysteme, Sozialversicherung, Arbeitszeitregelungen, Kündigungsschutz.

Die genannten Einflüsse führen dazu, dass das gesamte neue beziehungsweise veränderte Umfeld von Regeln geprägt ist. Klare Bereiche und feste Zuständigkeiten werden geschaffen: Das funktional hierarchisch strukturierte Unternehmen ist geboren.

Traditionsreiche deutsche Unternehmen sind bis heute stark loyal ausgeprägt. Insbesondere auch die staatlichen Unternehmen, Ämter und Behörden sind auf dieser Ebene des Graves-Value-Systems zu finden.

Charakteristik des Unternehmens

Werte: Die höchsten Werte sind Loyalität, Sicherheit und Gerechtigkeit. Ziel ist es, die Existenz des Unternehmens zu sichern und die Aufgaben zuverlässig zu erledigen, die einem übertragen wurden.

Sicherheit ist für alle Beteiligten so wichtig, dass man versucht, möglichst viel zu regulieren und zu dokumentieren. Wie im Stammesmensch-Unternehmen und im Einzelkämpfertum bleiben auch auf dieser Ebene die Mitarbeiter zumeist während ihres gesamten Berufslebens beim gleichen Unternehmen beschäftigt. Diese Tatsache folgt hier aber nicht mehr der Not, sondern einer hohen Loyalität zum Unternehmen. So kommt es zu einer großen Identifikation der Mitarbeiter mit ihrem Unternehmen. Arbeitsplatzsicherheit, kontinuierliche Steigerung der Löhne und Kündigungsschutz sind Ausdruck der Loyalität des Unternehmens zu seinen Mitarbeitern und tragen zu lebenslanger Treue bei. Auch hier ist es selbstverständlich, dass die Söhne ihren Vätern in das gleiche Unternehmen folgen.

Struktur und Prozesse: Eine streng hierarchische ***Aufbauorganisation*** sorgt für Klarheit und Gerechtigkeit. Die Organisation ist stark funktional aufgebaut. Es gibt eindeutige Verantwortlichkeiten sowie ein fest definiertes Oben und Unten. Titel und Ränge spielen in dieser Welt eine große Rolle.

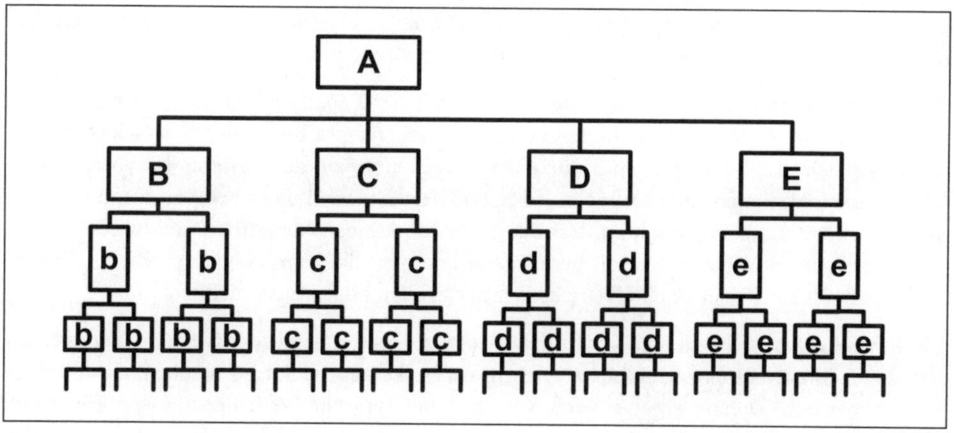

Quelle: Eigene Darstellung
Abbildung 7: *Aufbauorganisation loyales Unternehmen*

Arbeitsprozesse sind klar geregelt. Alle arbeiten nach einem festgeschriebenen Verfahren: sequenziell und vorhersehbar. Dabei ist das Vorgehen oft stark zergliedert und bezieht alle Zuständigkeiten ein. Die Prozesse sind dann nicht notwendigerweise an der Wertschöpfungskette des Unternehmens ausgerichtet, sondern laufen innerhalb der Sparten. D. h., die Mitarbeiter orientieren sich mehr an der Hierarchie als an den Abläufen. Die Prozesse sind also definiert und wiederholbar, sie sind aber zum größten Teil nicht optimiert. Auf dieser Graves-Ebene werden erstmalig planende und steuernde Prozesse beschrieben und implementiert. Prozesskostenrechnung und die Messung der Prozessgüte anhand von Kennzahlen gibt es auf dieser Ebene allerdings noch nicht.

Kultur und Politik: Kompetenzen sind klar definiert und Entscheidungen werden innerhalb des definierten Rahmens im eigenen Zuständigkeitsbereich getroffen. Macht, ausschließlich im Sinne von Entscheidungskompetenz, kann auch in der Linie weiter unten verankert sein. Wichtig ist jedoch, dass der „Obere" immer größere Macht oder Entscheidungsbefugnisse hat als der „Untere".

Auch die Kommunikation läuft streng hierarchisch ab. Mitarbeiter auf der gleichen Hierarchiestufe unterschiedlicher Abteilungen kommunizieren praktisch nicht. Sätze wie „das fällt (nicht) in meine Zuständigkeit", „immer schön der Reihe nach" und „es gibt keine Ausnahmen" sind Beispiele für negative Ausprägungen dieser Graves-Ebene. Informell gibt es eine solche Kommunikation aber sehr wohl. Insbesondere funktionieren Kommunikation und „Verdrahtung" zwischen ehemaligen Mitarbeitern einer Abteilung sehr gut, auch wenn sie nun nicht mehr zusammen arbeiten.

Die Führung der Mitarbeiter ist ein Stück weiter entwickelt als auf der Einzelkämpfer-Ebene. Die Führungskräfte geben nicht nur Arbeit ab, sondern auch Entscheidungsbefugnis im kleinen Rahmen. Der Führungsstil ist jedoch weiterhin autoritär. Eigenes Denken und Handeln wird von den Mitarbeitern nicht erwartet und zumeist auch nicht gewünscht. Die Zusammenarbeit gleicht Arbeitsgruppen, die in gleichen Arbeitsbereichen tätig sind. Die festen Zuständigkeitsbereiche sind prägend, deren Verletzung irritiert entsprechend.

Beförderungen und Gehaltssteigerungen hängen mit der Zugehörigkeit, der Ausbildung und dem Lebensalter zusammen – weniger mit der Leistung. Es gibt keine variablen Gehaltsanteile, denn hier steht die Sicherheit im Sinne einer Berechenbarkeit des Systems im Vordergrund. Motivation funktioniert über Disziplin, Ehre und Titel; es wird nicht belohnt, wenn ein Mitarbeiter mehr tut, als es üblich ist. Bei den Kollegen können Mehrarbeit und ungewöhnlich hohes Engagement sogar zu Skepsis und Missbilligung bis hin zum Mobbing-Verhalten führen. Stattdessen ist ein Ritual zu den Betriebszugehörigkeitsjubiläen unverzichtbar.

Die Einhaltung der Regeln und Konformität werden erwartet, sind selbstverständlich, werden aber nicht direkt belohnt. Besonders wichtig ist es, keinen Fehler zu machen, denn Fehler werden bestraft. Daraus ergeben sich verschiedene typische Verhaltensmuster: Einerseits übernimmt man ungern persönliche Verantwortung, da die Schuld für Fehler dann personalisiert ist. Andererseits werden Risiken vermieden, auch durch Unterlassen, egal ob es sich dabei um persönliche oder kollektive Risiken handelt. Eine weitere Spielart ist, dass für aufgetretene Fehler Zusammenhänge und „Schuldige", aber nicht Lösungen und Verbesserungsmöglichkeiten gesucht werden.

Natürlich sind in der loyalen Arbeitswelt auch die Arbeitszeiten fest geregelt, pünktliche Anfangs- und Endzeiten sind oberstes Gebot. Wenn möglich, erhalten die Mitarbeiter Einzelbüros. Die Größe des Büros – und, falls notwendig, die Anzahl der Mitarbeiter im Büro – ist abhängig von der Position des Mitarbeiters.

Bürokratische Organisationen und sehr konservative Unternehmensstrukturen sind klassische *Beispiele* für die loyale Ebene. Öffentliche Ämter, die von Zuverlässigkeit und klaren Verwaltungsabläufen gekennzeichnet sind, erfordern von ihren Mitarbeitern das akkurate Einhalten von Verwaltungsrichtlinien. Genauso Systeme, die loyale und treue Mitglieder zur Bewältigung ihrer Aufgaben benötigen, wie z. B. die Polizei, Finanzämter etc. In Unternehmen sind Abteilungen wie die Rechtsabteilung und das Rechnungswesen aufgrund ihrer Aufgabengebiete häufig in der loyalen Ebene zu finden.

Überblick loyales Unternehmen

Werte:	Loyalität, Ordnung, Sicherheit und Klarheit, Gerechtigkeit, Disziplin, Ehre und Titel, Status
Struktur:	Funktional, streng hierarchisch
Prozess/Reife:	Klar geregelte Prozesse, sequenziell und geordnet, Prozesse zumeist nicht funktionsübergreifend und nicht optimiert (mittlerer Prozessreifegrad); erstmalig planende und steuernde Prozesse innerhalb der Sparten
Kultur und Politik:	Viele geschriebene Regeln, die unbedingt einzuhalten sind / Hang zur Überreglementierung und Bürokratie. Führung eher autoritär, keine Förderung von selbstständigem Denken und Handeln, Vermeidung von Fehlern und Schuld, langjährige Mitarbeit im Unternehmen, unbedingte Loyalität
Lernen:	Vermeidungslernen
Unternehmensbeispiele:	Ämter und Behörden wie Polizei und Finanzämter; viele deutsche Großunternehmen, traditionell Banken und Versicherungen, das Militär demokratischer Staaten

4. Schlank, schnell und viele Entfaltungsmöglichkeiten: Das Erfolgssucher-Unternehmen

Rahmenbedingungen der Umwelt

Die festen Strukturen des loyalen Unternehmens sowie ein gesichertes Einkommen durch einen für lange Zeit gesicherten Absatz führen häufig zu Bequemlichkeit. Hinzu kommt noch eine Neigung zu Bürokratie, die dann zum Selbstzweck wird, wodurch der eigentliche Unternehmenszweck aus den Augen verloren geht. Loyale Unternehmen setzen durch ihren Mangel an Bewegung im wahrsten Sinne des Wortes „Speck" an. Mit viel Speck auf den Rippen ist man bekanntlich nicht mehr so leistungsfähig, die Effizienz leidet. Hinzu kommt die mangelnde Zusammenarbeit zwischen den Sparten eines loyalen Unternehmens, unter der auch die Fähigkeit leidet, neue Produkte und Leistungen zu kreieren. Abhilfe kann nur eine strikte Abmagerungskur und danach eine veränderte, neue Vorgehensweise schaffen.

Der Markt erzwingt häufig Veränderungen hin zu mehr Leistungsfähigkeit und Flexibilität. Immer wieder ergibt sich durch das Zusammenwachsen von Märkten und eine zunehmende Sättigung des Binnenmarkts eine Wandlung vom Anbieter- zum Nachfragermarkt. Die Unternehmen müssen dann schneller und anpassungsfähiger sein, um dauerhaft überleben zu können. Die wohlgeordneten und manchmal gemütlichen Zeiten loyaler Märkte sind also vorbei. Das Geld ist nicht mehr so einfach zu verdienen wie bisher.

Natürlich kann ein Unternehmen nicht einfach „umschalten" und dann effektiver und effizienter arbeiten. Die Schlankheitskur alleine bringt ja keinen Erfolg – einer der zentralen Irrtümer aller Wiederholungsversuche von Kosteneinsparungsprogrammen. Die Neugestaltung zentraler Prozesse, die Definition von klaren Zielen, das Schaffen von Strategien und die übergreifende Planung – all diese Elemente werden benötigt, insbesondere aber auch völlig neue Denk- und Verhaltensweisen der Mitarbeiter. Und sie greifen nur, wenn die Möglichkeit zum Handeln und die Verantwortung dafür gleichermaßen gegeben sind – und das auf allen Ebenen.

Es muss also jeder mit anpacken und zum Erfolg des Unternehmens beitragen. „Die Extrameile" und viel Eigenverantwortung werden von jedem einzelnen Arbeitnehmer erwartet. Wer viel leistet, wird belohnt. Das gesamte Unternehmen wird zuerst auf „Geld sparen" ausgerichtet, dann auf den sinnvollen Ressourceneinsatz. Prozesse werden effizienter gestaltet, mehr Arbeit wird auf weniger Arbeitnehmer verteilt, die das dann auch tatsächlich leisten können und wollen. Von allen wird erwartet, über den eigenen Tellerrand hinauszusehen.

In Deutschland stecken zurzeit viele Unternehmen im Übergang vom loyalen Unternehmen zum Erfolgssucher-Unternehmen. Dieser Übergang ist für viele Mitarbeiter sehr schmerzvoll; andere empfinden ihn als regelrechte Befreiung, da ihre persönliche Leistungsbereitschaft endlich belohnt wird.

Charakteristik des Unternehmens

Werte: „Wir sind erfolgreich und profitabel. Wir wollen zu den führenden Unternehmen in unserem Markt gehören und in drei Jahren die Nummer eins sein. Wir erfüllen die Wünsche aller unserer Stakeholder!" So in etwa lautet das Leitbild der Erfolgssucher. Die Ziele sind ganz eindeutig: erfolgreich zu sein, den Umsatz zu steigern und die Kosten zu senken, um mittel- und langfristig den Unternehmenswert zu steigern.

Das Erfolgssucher-Unternehmen hat weiterhin viele Werte der loyalen Welt verinnerlicht: Die Mitarbeiter tun alles zum Besten des Unternehmens. Erfolgreich ist, wer für ein erfolgreiches Unternehmen arbeitet. Neu ist, dass Kunden- und Marktorientierung im Denken der Mitarbeiter fest verankert sind und sich stark in den Prozessen niederschlagen. Diese sollen schlank, bereichsübergreifend und effizient sein. Ebenso neu sind die unbedingte Zielorientierung und der Wille zur Verantwortungsübernahme auf allen Hierarchieebenen des Unternehmens. In den Hintergrund treten das Sicherheitsbedürfnis der Mitarbeiter und die lebenslange Treue zum Unternehmen. Freiheit und Flexibilität sind nun wichtiger.

Struktur und Prozesse: Unternehmen der Ebene Erfolgssucher sind gekennzeichnet durch flache (schlanke) Hierarchien. Hier ist im Vergleich zu den vorherigen Ebenen des Graves-Value-Systems der Übergang zu einer prozessualen Struktur zu finden. Verantwortungsbereiche umfassen nun gesamte Prozesse der Wertschöpfungskette. Der funktionalen Struktur werden dabei auch weitere prozessorientierte und verantwortungsbereichsübergreifende Berichtswege hinzugefügt. Funktionierende Projektorganisationen und Produktmanagement entstehen,

Stabsfunktionen erhalten Durchgriff zur Prozess- und Organisationsveränderung. Da alles auf die Steigerung des Unternehmenswertes ausgerichtet ist, gibt es nur wenige Mitarbeiter in der Administration.

Prägend für ein Erfolgssucher-Unternehmen ist auch eine Konzentration auf die Kernkompetenzen. Die Reduktion der Wertschöpfungstiefe (das Outsourcen ganzer Bereiche) oder die Fremdvergabe bestimmter Funktionen (Outtasking) passt zu dieser Ebene des Graves-Value-Systems. Somit werden die Unternehmen bezüglich ihrer Mitarbeiterzahlen kleiner, nicht dagegen im Umsatzvolumen.

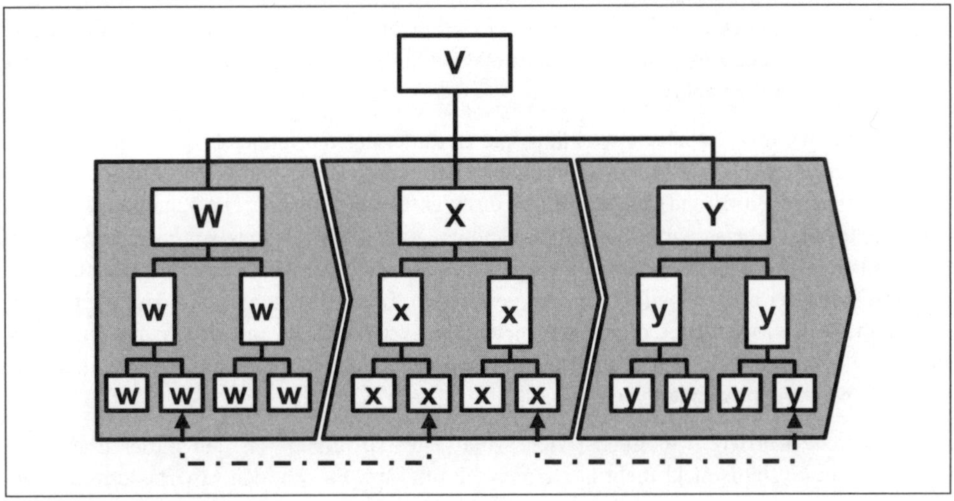

Quelle: Eigene Darstellung
Abbildung 8: *Aufbauorganisation Erfolgssucher-Unternehmen*

Prozessdesign nach dafür geeigneten Prinzipien hat Hochkonjunktur. Ein Beispiel dafür ist das zunehmende Vordringen von SixSigma als Philosophie, das aus der Fertigungsindustrie nun auch in den Dienstleistungssektor erfolgt.

Effizienz und Effektivität sind Entscheidungskriterien für das Prozessdesign. Prozesskennzahlen werden definiert und gemessen, Prozesse werden laufend verbessert. Im Erfolgssucher-Unternehmen kommen erstmals Prozesse in hohem Prozessreifegrad vor. Auch aufgrund des vermehrten Outsourcings gewinnen die planenden und steuernden Prozesse immer mehr an Bedeutung. Zudem ist es auch hierfür essenziell, Wertschöpfungsprozesse und Schnittstellen klar zu beschreiben und zu messen.

Die Geschäftsprozesse werden durchgängig mit IT unterstützt. Die Einführung von ERP-Systemen (ERP = Enterprise Ressource Planning) mit ihrer prozessorientierten Ausrichtung ist häufig der erste Schritt vom loyalen, also funktional organisierten, Unternehmen zum prozessorientierten Erfolgssucher-Unternehmen. In den tatsächlich prozessorientierten Unternehmen haben die Prozesse und deren Unterstützungssysteme dann eine herausragende Bedeutung. Der Ausfall von SAP etwa bringt die Produktion innerhalb von kurzer Zeit zum Stillstand.

Kultur und Politik: Während im loyalen Unternehmen Entscheidungen noch relativ weit oben in der Hierarchie getroffen wurden, wird nun viel Entscheidungskompetenz weiter unten in der Organisation angesiedelt. Dies ist zum einen effizienter, zum anderen wird vom Mitarbeiter erwartet, dass er „unternehmerisch denken und handeln kann". Es wird auch im täglichen Arbeitsablauf viel delegiert, Verantwortung und Handlungskompetenz gleichermaßen. Das Führen über Ziele erhält Einzug.

Entsprechend der flachen Strukturen und Verzahnung der Einheiten ist die Kommunikation sehr offen und funktioniert bereichsübergreifend. Jedem Mitarbeiter stehen jederzeit faktisch die erforderlichen Informationen zur Verfügung. Mauern zwischen Bereichen werden weitestgehend eingerissen. Es herrscht jedoch im Unternehmen keine große Disziplin, Informationen wirklich proaktiv für andere bereitzustellen – dafür ist der Ich-Bezug der Mitarbeiter zu stark in den Werten verankert.

Personalentwicklung, Gehaltsentwicklung und Beförderungen orientieren sich an den zumeist jährlich neu gesetzten, messbaren Mitarbeiterzielen. Diese Ziele sind überwiegend abhängig von Umsatz und Profit und den jeweiligen direkten Beiträgen dazu. Die Zugehörigkeitsprämie der loyalen Ebene wird somit in Leistungs- und Zielerreichungsprämien transferiert. Dem Leistungsprinzip entsprechend werden zur Motivation der Mitarbeiter erfolgsabhängige Gehaltsanteile der unterschiedlichsten Art geschaffen. Es wird sichergestellt, dass die persönlichen Ziele der Mitarbeiter durch geeignete Zielvereinbarungen mit denen des Unternehmens direkt verknüpft werden. Kennzahlen haben somit auch hier eine große Bedeutung. Sie sind transparent und jederzeit verfügbar.

Die klassische Karriere – möglichst viele Mitarbeiter zu führen – ist auf dieser Ebene des Graves-Value-Systems nicht mehr ausschließlich relevant. Es geht den Mitarbeitern um Verantwortung für ein Budget und für eine Aufgabe. Das „Managed Volume" wird zum Treiber für Erfolg und Einfluss.

Um den Zusammenhalt der Mitarbeiter und auch deren Zusammenarbeit zu fördern, werden Maßnahmen großgeschrieben, die dem gemeinsamen Erleben der Mitarbeiter dienen. Hierzu werden spielerische oder sportliche Wettbewerbe veranstaltet. Dies geschieht auch zur Belohnung der Mitarbeiter, die vom Unternehmen stark beansprucht werden. Die erfolgsorientierte Haltung der Mitarbeiter findet natürlich auch Ausdruck in den Arbeitszeitmodellen, die entsprechend flexibel sind. Die Arbeitszeiten sind zwar faktisch geregelt, die Mitarbeiter halten diese jedoch für die Erfolgserreichung nicht ein und arbeiten ohne weitere Umschweife entsprechend länger.

Es ist klar, dass es in diesem System nicht nur Gewinner geben kann. Während im loyalen Unternehmen z. B. die Arbeitsplätze sicher waren, ist bei den Erfolgssuchern der Abbau von Arbeitsplätzen oder ganzen Unternehmensteilen legitim und wird auch konsequent umgesetzt. Dabei sucht man zumeist nach Lösungen, um Kompetenz und Einsatzbereitschaft für das Unternehmen zu erhalten – die betroffenen Mitarbeiter finden oft attraktive Alternativen im Unternehmen. Eine extreme Ausprägung ist das „Up or Out"-Prinzip, das aus Unternehmensberatungen bekannt ist. Entweder man bringt die für das Erreichen der nächsten Stufe erforderliche Leistung oder man muss das Unternehmen verlassen.

Die loyale Haltung der Mitarbeiter dem Unternehmen gegenüber wandelt sich in den Stolz, für ein gutes Unternehmen zu arbeiten. Ein Mitarbeiter ist seinem Unternehmen so lange treu, wie es dem Mitarbeiter persönlichen und finanziellen Erfolg bietet. Kann dies ein anderes Unternehmen besser, verlässt der Mitarbeiter seinen Arbeitgeber (ohne Groll).

Durch die vermehrte Einbindung von Partnerunternehmen (durch Outsourcing) ist die Kooperationsbereitschaft mit anderen Unternehmen wesentlich höher als noch im loyalen Unternehmen. Dort wurde weder der „Lieferant" noch die „Fremdfirma" jemals integriert oder zumindest auf gleicher Augenhöhe betrachtet.

Die Infrastruktur ist geprägt durch große prestigeträchtige Bauten mit engen, unpersönlichen kleinen Einzelbüros (Extremausprägung: „Cubicals") oder auch durch Arbeitsplätze, bei denen sich die Mitarbeiter am Morgen mit einem Rollcontainer auf die Suche nach einem freien Schreibtisch machen. Die Büros sind ausschließlich zum Arbeiten da, Status und Erfolg werden mit entsprechenden Gebäuden, der Einrichtung und den persönlichen Statussymbolen herausgestellt.

Beispiele: Viele der heutigen Marktführer in der Fertigungsindustrie und Dienstleistung, oft Unternehmen mit stark ausgeprägtem Produktmanagement.

Überblick Erfolgssucher

Werte:	Erfolg, Wertschöpfung, Zielorientierung, Konzentration, Wachstum (Managed Volume)
Struktur:	Prozessorientiert, teilweise mit mehrfachen Berichtswegen, Vernetzung zwischen Verantwortungsbereichen, temporäre Projektorganisationen
Prozesse/Reife:	Reife, übergreifende Prozesse, Fokus auf planende und steuernde Prozesse
Kultur und Politik:	Prinzip hoher Selbstverantwortung, Freiheit und Herausforderung, Steuerung und Führung anhand von Zielen, unternehmerische Verantwortung, Kundenorientierung, Integration von Partnern, verantwortungsbereichsübergreifende Vernetzung
Lernen:	Wettbewerb mit Belohnung (Prämien, Incentives)
Unternehmensbeispiele:	Viele Marktführer in der Fertigungsindustrie und Dienstleistung, vielfach Unternehmen mit stark ausgeprägtem Produktmanagement

5. Langfristige Innovationskraft durch multifunktionale Teams: Das Teammensch-Unternehmen

Rahmenbedingungen der Umwelt

Die Globalisierung und das weltweite Wissensmanagement stellen zusätzliche Anforderungen an Unternehmen und Gesellschaften. In diesen Zeiten stehen praktisch jedes publizierte Know-how, jede grundsätzlich bekannte Technik, jeder Produktionsstandort und vielfach auch der Absatzmarkt grundsätzlich jedem Wettbewerber in gleicher Weise zur Verfügung. Differenzierung und Leistungssteigerung müssen also auf andere Weise erfolgen.

Wichtiger noch ist, dass sich die Erfolgssucher-Unternehmen und vor allem die Mitarbeiter vielfach langfristig überlasten, was sich bei den Mitarbeitern dann im „Burn-out-Syndrom", der seelischen und körperlichen Überbeanspruchung, niederschlägt. Daneben kommt der Wunsch nach einem sinnvollen gemeinsamen Ganzen auf. Dies geschieht teils aus Überlastung heraus, teils auch aus einem Gefühl wie „materieller Erfolg ist nicht alles".

Der Mitarbeiter als Person rückt im Teammensch-Unternehmen also wieder in den Mittelpunkt. Das Unternehmen wird „menschlicher", die übergreifende Zusammenarbeit wird noch weiter entwickelt und bekommt eine ganz eigene Qualität. Dies hat zwei wesentliche Motive:

- Die Erfahrung, dass die Motivation von Mitarbeitern durch im Wesentlichen einen einzigen Incentivierungsmechanismus (Geld) nicht befriedigend ist – Motivation muss dauerhaft von innen kommen. Ausreichende Bezahlung wird zum „Hygienefaktor", mehr Geld wird in der Erfolgssucher-Welt bald mit dem Zwiespalt wahrgenommen, dann auch bis ans Ende aller Tage noch mehr leisten zu müssen. Regelmäßig Gehaltssteigerungen und die Entlohnung durch Incentives haben sich also abgenutzt und verlieren ihren Zweck der Motivation und Mitarbeiterbindung. Eine unzureichende Motivation bremst dann aber die Ziele Effektivität und Effizienz aus. Dem Unternehmen geht gegenüber den erkennbaren Möglichkeiten Geld verloren.

- Die Verkürzung der Innovationszyklen und komplexere Aufgaben fordern vom Unternehmen wachsende Kreativität und Innovationskraft. Dies setzt voraus, dass ganz unterschiedliche Menschen reibungslos im Alltag zusammenarbeiten und in ihrer komplementären Ergänzung voneinander profitieren. Damit wird eine vollkommen neue Leistungsfähigkeit für die Einzelnen und für das Unternehmen erreicht. Insbesondere auch dadurch, dass einzelne Interessen selbstverständlich hinter dem langfristigen Gesamtinteresse zurücktreten. Verzicht auf das „persönliche Optimum" wird zu einem zentralen Element – dies unterscheidet sich aber fundamental von den Verzichts-Szenarien aus der Stammes-, Einzelkämpfer- oder der loyalen Kultur. Das Streben nach individuellem Erfolg und persönlicher Freiheit und Entfaltungsmöglichkeit ist beim Teammenschen im Grundsatz unverändert. Durchgesetzt hat sich jedoch ein besseres Verständnis von größeren Zusammenhängen und längeren Zeitabläufen.

Erreicht wird also der Übergang zum echten Team im Sinne des Graves-Value-Systems. Die Mitarbeiter haben keineswegs vergessen, dass sie effizient sein müssen – ganz im Gegenteil. Sie lernen neu hinzu, dass unterschiedlich sein zwar anstrengend sein kann, aber auch eine echte Stärke ist. Gemeinsamkeit führt zu mehr Erfolg. Gemeinsamkeit bezieht sich dabei keineswegs nur auf die komplementären Kompetenzen, mit denen man eine Aufgabe besonders gut lösen kann. Man begegnet sich vielmehr in der *Arbeitsweise* mit dem Verständnis, nur gemeinsam die Aufgabe wirklich lösen und dabei für alle ein gutes Vorgehen und Ergebnis erzielen zu können.

Peter F. Drucker formulierte sinngemäß die (für Teammensch-Organisationen passende) Aussage: „Die fundmentale Managementaufgabe ist, Menschen in die Lage zu versetzen, als Gruppe Leistungen zu erbringen, indem man ihnen gemeinsame Ziele und Werte, Organisationsstrukturen sowie kontinuierliche Lern- und Entwicklungsmöglichkeiten gibt." Der letzte Halbsatz bringt dabei die fundamentalen Unterschiede zur Welt der Erfolgssucher-Unternehmen zum Ausdruck.

In Deutschland haben einige wenige Unternehmen die Brücke vom loyalen Unternehmen über das Erfolgssucher-Unternehmen hin zum teamorientierten beschritten, zumeist in ausgesuchten Unternehmensbereichen oder längerfristig angelegten Projektteams. Die Projektarbeit schafft oft einen guten Rahmen für die Herausbildung eines Team-Systems im Graves'schen Verständnis. Zumeist ist die Aufgabe dann exzeptionell schwierig, und die Beteiligten sind erfahren und persönlich reif genug für eine Arbeitsweise, die über die Anforderungen der Erfolgssucher-Welt hinausgeht. Die zeitliche und inhaltliche Begrenzung eines Projekts erspart den Beteiligten zudem, gleich das ganze Unternehmen zu verändern.

Es gibt klare Zeichen und Vorboten der Teammensch-Welt: Moderne Entlohnungs-Modelle in der Industrie haben bestehende Tarifstrukturen aufgebrochen. Es wurde erkannt, dass man mit teamorientierten Strukturen sowohl wettbewerbsfähig sein als auch Arbeitsplätze sichern kann. Ein erst hintergründig verständliches Beispiel ist der Gruppen-Akkord. Für den Loyalen ist ein solches Modell eine vollkommen verdrehte Zuordnung von Verantwortlichkeit und Entlohnung. Für den Erfolgsorientierten stellt es die persönliche Leistung zu wenig in den Vordergrund. Für den Teammenschen ist klar: ein guter Weg, um die Interessen des Unternehmens und der Mitarbeiter und die jeweiligen Möglichkeiten und Fähigkeiten unter einen Hut zu bringen. Alle achten darauf, dass die Produktion läuft, arbeiten fieberhaft an der Fehlerbehebung, wenn das Band steht – und profitieren vom Gesamtergebnis. Und nur davon.

Charakteristik des Unternehmens

Werte: Das Leitbild eines Teammensch-Unternehmens könnte lauten: „Als starke Gemeinschaft unterschiedlichster Menschen können wir unsere Ziele erreichen, wovon alle im Unternehmen profitieren." Ziel ist es, als Unternehmen sehr profitabel zu sein, unter der Prämisse des Wohlbefindens und Wohlergehens aller Mitarbeiter. Dabei werden alle Möglichkeiten ausgenutzt, damit sich die Mitarbeiter vielfältig weiterentwickeln und persönlich wachsen können. Die Grundannahme ist, dass dies für das gemeinsame Ziel von existenzieller Bedeutung ist.

Die Motivation der Mitarbeiter funktioniert dementsprechend über eine gemeinschaftsorientierte Sinngebung und gemeinsamen, langfristigen Erfolg. Das Team ist geprägt durch ein gemeinsames Ziel, die wechselseitige Wertschätzung der Fähigkeiten und des Beitrags zum gemeinsamen Erfolg sowie persönlichen Respekt. Der Gerechtigkeitssinn ist sehr ausgeprägt.

Struktur und Prozesse: Matrixorganisationen mit mehrfachen Berichtswegen und multifunktionale, in ihren Fähigkeiten komplementäre Arbeitsteams, die für bestimmte Aufgaben immer wieder neu zusammengestellt werden, bilden sich heraus. Auch Kompetenzpools, kombiniert mit einer echten Projektorganisation, sind eine Errungenschaft dieser Ebene. Die Kompetenzpools bieten den Mitarbeitern eine „Heimat", sie fördern darüber hinaus die Weiterentwicklung von spezifischem Wissen und Kompetenzen. Um gemeinsam ein Projekt erfolgreich durchführen zu können, werden die richtigen und kompetenten Mitarbeiter in einem Projektteam zusammengeführt. Innerhalb dieses Teams gelten neue, auf die Rollen und konkreten Aufgaben im Team bezogene Entscheidungskompetenzen.

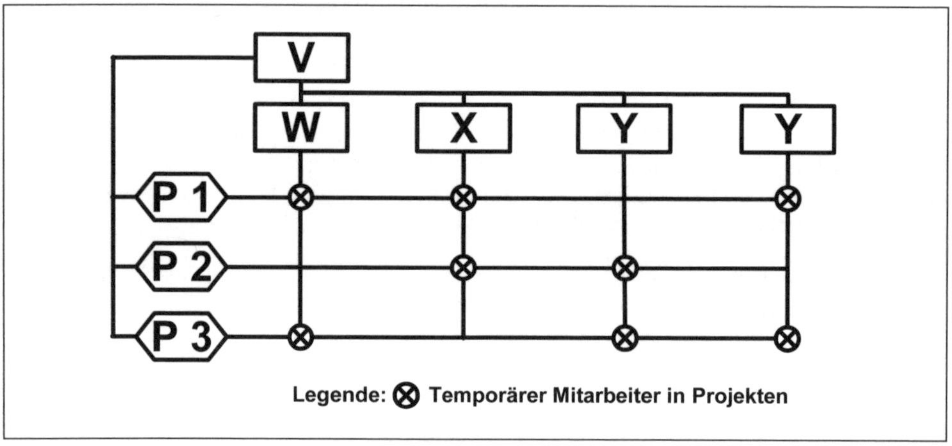

Quelle: Eigene Darstellung
Abbildung 9: *Aufbauorganisation Teammensch-Unternehmen*

Die Prozesse sind, wie auch schon im Erfolgssucher-Unternehmen, sehr reif. Neu hinzukommen ein effizientes Projektmanagement und Prozesse, die vorhandene Ressourcen (Mitarbeiter und Geld) flexibel und zielgerichtet steuern können. Die Prozesse sind stark kollaborativ, damit jeder sein Bestes für die gemeinsamen Ziele einbringen kann. Brainstormings, Meetings und multi-funktionale Zusammenarbeit sind an der Tagesordnung.

Regeln: Bei der Entscheidungsfindung kann und soll jeder seine Meinung sagen. Die Entscheidungen werden im Konsens gebildet. Die Verantwortung gegenüber dem Unternehmen liegt, bedingt durch seine Rolle, beim Teamleiter. Die eigentliche Verantwortung liegt beim Team, die Entscheidungsfindung ist ein Prozess im Team. Der Teamleiter trägt das Ergebnis weiter in die Organisation. Würde der Teamleiter sich dabei längerfristig über die Einschätzung des Teams oder auch nur einzelner Teammitglieder hinwegsetzen, käme es unweigerlich zu Eskalationen, welche die ungelösten oder streitigen Themen auf den Tisch bringen würden. Hierin liegt der fundamentale Unterschied in der Entscheidungsfindung zu den vorherigen Ebenen des Graves-Value-Systems, in denen sich der Hierarch über die Mitarbeiter dauerhaft folgenlos hinwegsetzen kann. Eine offene Kommunikation ist weiterhin einer der wesentlichen Faktoren.

Waren bei der Erfolgssucher-Ebene noch keine Teamprämien vorhanden, finden diese hier Einzug. Die individuellen Prämien entfallen – oder es gibt zumindest individuelle Zielvereinbarungen auf Aufgabenstellungen, die der langfristigen Entwicklung des Ganzen dienen.

Die Führungskraft ist gefordert, aus Individuen ein echtes Team zu bilden. Der Führungsstil in der Ebene der Teammenschen ist kooperativ und partizipativ. Die Beteiligung der Mitarbeiter wird wirklich gelebt. Teams werden gebildet, übernehmen Aufgaben und führen diese in einem klar abgestimmten Auftragsverständnis in eigener Kompetenz zu Ende. Die Führungskräfte akzeptieren die Ergebnisse, ohne dass es der formellen Genehmigung durch sie bedurft hätte. Sie bringen sich vielmehr als Ratgeber ein und schaffen insbesondere die Rahmenbedingungen, damit ein Team erfolgreich arbeiten kann. Dies reicht von der Bereitstellung der erforderlichen Ressourcen über die Behandlung von Eskalationsfällen bis zu Entscheidungsbedarf außerhalb der Kompetenz des Teams.

Karrierewege haben in der Teammensch-Welt eine ähnliche Ausprägung wie in der Erfolgsorientierung. Eine „klassische" Karriere zählt hier nur noch wenig. Es geht den Mitarbeitern um die Wichtigkeit und Größe der Aufgabe, nicht um die Anzahl geführter Mitarbeiter. Verantwortlich für eine solche – große – Aufgabe aufgrund von transparenten Beurteilungssystemen zu sein, ist das Ziel. Die Beurteilung eines einzelnen Mitarbeiters erfolgt anhand seines Beitrags zum Gesamtergebnis und seiner sozialen Kompetenz. Wer von der Gemeinschaft am besten akzeptiert wird und erfolgreich ist, kommt „weiter". Ein gutes Abschneiden im 360°-Feedback ist z. B. immer eine Voraussetzung für einen Karriereschritt. Ein Quereinstieg in das Unternehmen ist jederzeit möglich, Job-Rotation ist hoch angesehen.

Die Gehaltsstrukturen sind möglichst homogen, für jeden verständlich und vielfach transparent für alle.

Die Arbeitszeiten sind nicht unbedingt fest geregelt, müssen aber sozial verträglich sein. Jeder gibt so viel er geben will und kann. Diese Unterschiedlichkeit ist allgemein akzeptiert und wird integriert.

Der Austausch von Erfolgsrezepten und anderen Erfahrungen wird z. B. in Best-Practice- oder Qualitäts-Zirkeln gelebt. Man hält mit Tipps, Tricks, Methoden und Tools nicht hinter dem Berg – man teilt das Wissen und unterstützt sich gegenseitig. Wissensmanagement-Konzepte kommen hier zum Leben.

Wichtig ist auch, dass auf der Ebene der Teammenschen eine neue Fehlerkultur entsteht. Bis zur Ebene der Loyalen herrscht die Kultur, für Fehler bestraft zu werden und deshalb Fehler möglichst zu vertuschen. Bei den Erfolgssuchern werden Fehler prinzipiell akzeptiert, sie stehen aber im Widerspruch zum Erfolgs-Ziel. Die Teammenschen hingegen sehen Fehler als etwas Natürliches an, wollen die Zusammenhänge und Hintergründe verstehen und dann Abhilfe schaffen – und vorher hilft man gemeinsam bei der Lösung akuter Probleme. Fehler können und müssen offen gelegt werden und sind dann im Team dauerhaft zu beheben. Dabei ist es nicht wichtig, *wer* den Fehler gemacht hat, sondern *wie* er zu lösen ist.

Man findet auf dieser Graves-Ebene häufig Großraumbüros – oder zumindest Team-Büros, in denen alle Team-Mitglieder zusammensitzen. Eventuell gibt es eine abgetrennte Besprechungsecke, um die Privatsphäre bei Personalgesprächen und Vergleichbarem zu wahren.

Man setzt auf eine starke technologische Unterstützung. Diese wird hauptsächlich zur Verbesserung der Kommunikation und inhaltlichen Zusammenarbeit eingesetzt. Konkreter Ausdruck davon sind Dokumentenmanagement-Systeme und andere, internetbasierte Zusammenarbeitswerkzeuge wie Blogs und Wikis.

Beispiele für Organisationen auf der Teammensch-Ebene sind Unternehmen, die von der Einzelproduktion auf Gruppenproduktion umgestellt haben – vorrangig erkennen wir hier innovative Modelle in der Automobil- und der Fertigungsindustrie. Ebenso sind durchgängige Projektorganisationen mit multifunktionalen Projektteams zu nennen sowie Dienstleistungsunternehmen, die Kompetenzpools eingeführt haben. Insgesamt gibt es wenige Unternehmen, die sich vollständig auf dieser Ebene bewegen. Das würde häufig auch nicht zum Geschäftszweck und zum Umfeld des Unternehmens passen. Daher finden wir häufiger Unternehmensteile, die auf dieser Entwicklungsstufe angesiedelt sind.

Überblick Teammensch-Unternehmen

Werte:	Gemeinschaft, langfristige Erfolgssicherung, Flexibilität, persönlich und menschlich wachsen
Struktur:	Matrix-Organisation, multifunktionale Projektteams
Prozesse/Reife:	Reife Planungs-, Steuerungs- und Wertschöpfungsprozesse, besonderer Fokus auf Projektmanagement und Prozesse zur Ressourcenplanung
Kultur und Politik:	Gemeinsam mehr erreichen, als es jeder Einzelne könnte; Wertschätzung erleben für die eigenen Fähigkeiten; kollaborative und Konsens bildende Arbeit, reife Fehlerkultur zur Verbesserung der Qualität
Lernen:	Beobachtungslernen, Erfahrungslernen, Reflexion und Austausch
Unternehmensbeispiele:	Innovative Modelle in der Automobil- und Fertigungsindustrie, Dienstleistungsunternehmen, die Kompetenzpools eingeführt haben, multifunktionale Projektteams

Exkurs: Was heißt eigentlich Team?

Der Begriff Team wird in der heutigen (Wirtschafts-)Welt inflationär verwendet und unabhängig von der Ebene im Graves-Value-System gerne als Allheilmittel propagiert. An dieser Stelle ist zu unterstreichen, dass in der Perspektive des Graves-Value-Systems die Herausforderungen der Umwelt und der Zustand des Systems zur „Form der Zusammenarbeit“ als Team passen müssen. Viele als Team bezeichnete Strukturen sind in diesem Verständnis also eher „Gruppen von Menschen“ – und man muss genau hinsehen, ob eine Gruppe mit tatsächlichen oder vermeintlichen Elementen aus der Teammenschen-Ebene wirklich ein Team ist.

Zum besseren Verständnis beziehen wir uns hier auf Katzenbach/Smith (1993, S. 70), die eine sehr bekannte Definition des Begriffs Team liefern:

„*Ein Team ist eine kleine Gruppe von Personen, deren Fähigkeiten einander ergänzen und die sich für eine gemeinsame Sache, gemeinsame Leistungsziele und einen gemeinsamen Arbeitseinsatz engagieren und gegenseitig zur Verantwortung ziehen.*“

„Teamarbeit kann sich lohnen, muss es aber nicht.“ Es gibt auch solche Meinungen, die dann auch vom „Mythos Team“ sprechen. Teams müssen sich rechnen und effektiv sein – so die Forderung. Diese Meinungen haben Recht. Denn aus unserer Sicht hat ein echtes Team die Fähigkeiten der Ebene „Erfolgssucher“ integriert und sich aufgrund noch größerer Umweltanforderungen entwickelt.

Häufig wird der Begriff Team auch von loyalen Strukturen verwendet – man möchte gerne die Teamarbeit einführen, vergisst aber dabei, dass die Werte Erfolgsorientierung und Leistungsorientierung eine Grundvoraussetzung hierfür sind. Die Mitarbeiter loyaler Unternehmen bezeichnen sich gerne als Team – sind aber weder leistungsorientiert noch wirklich teamorientiert im Sinne von Graves. Dies geht im verzerrten Selbstverständnis dann so weit, dass einzelkämpferische oder Stammesmensch-Gruppen sich gerne als Team bezeichnen.

Wichtig ist nochmals die Feststellung, dass alle zentralen Fähigkeiten insbesondere der Erfolgssucher-Ebene bei den Teammenschen integriert und stark genutzt werden. Die Entwicklung und Umsetzung von Strategien, das Planungsverständnis, einfache und schnelle Prozesse – alles das gehört selbstverständlich zur Welt der Teammenschen. Eine klare Abgrenzung zur Welt der Stammesmenschen, welche die Ausrichtung am Gemeinsamen und an der Konsensbildung auch sehr stark in den Vordergrund stellen, ist uns hier wichtig.

Einige beliebte Akronyme zeigen die Verzerrungen im Umgang mit dem Begriff *Team* deutlich. In einer loyalen Welt versteckt man sich gerne hinter dem Team-Begriff im Sinne von „*T*oll, *e*in *a*nderer *m*acht’s“.

Für echte Teammenschen steht eher das englische Akronym „*T*ogether *E*veryone *A*chieves *M*ore“. Denn in der Ebene der Teammenschen steht die Lösung der langfristigen Herausforderungen aller im Vordergrund.

6. Hohe Flexibilität in der Vernetzung: Das Möglichkeitensucher-Unternehmen

Rahmenbedingungen der Umwelt

Was zunächst die Innovationszyklen beschleunigt hatte, das Entstehen von multifunktionalen Teams, hat bei weiterer Veränderung und Verschärfung der Umweltanforderungen dann auch einschränkende Auswirkungen – durch lange Diskussionen und Entscheidungsfindungsprozesse verlangsamen sich fast alle Prozesse, vielfach fühlen sich die Menschen dadurch behindert und gebremst. Auch kann Wachstum dann nur eingeschränkt stattfinden.

Zudem gilt das im vorherigen Abschnitt Gesagte: Die Team-Struktur passt nicht zu allen Unternehmensprozessen. Solange aber das Verständnis im Unternehmen vorherrscht, dass die Teammensch-Organisation die einzig wahre ist, schränkt sich das Unternehmen stark ein. Die Erkenntnis, dass alle vorherigen Ebenen geeignet genutzt und vernetzt werden können, kommt auf der Möglichkeitensucher-Ebene neu hinzu. Bei den vorangegangenen Ebenen im Graves-Value-System findet sich diese Haltung nicht – man glaubt jeweils, im „besten" Weltverständnis angekommen zu sein.

Das neue Verständnis – dass die Stammesmenschen, die Einzelkämpfer, die Loyalen, die Erfolgssucher und die Teammenschen alle ihre Berechtigung haben und dass all diese Systemzustände abhängig von den Umfeldbedingungen auch sinnvoll sind – geht Hand in Hand mit einer deutlichen Erweiterung des Weltverständnisses und damit der Handlungsmöglichkeiten. Im Möglichkeitensucher-Unternehmen werden nun die Ideen und Verhaltensweisen der vorhergehenden Ebenen miteinander verwoben und situativ optimal eingesetzt.

Charakteristik des Unternehmens

Werte: Das Leitbild eines Unternehmens (eines Unternehmensverbundes, eines Netzwerks) auf dieser Ebene könnte lauten: „Wir sind ein innovatives Unternehmen. Wir denken in großen Zusammenhängen und handeln zusammen mit unseren Partnern flexibel und schnell – unter Beachtung aller inneren und äußeren Rahmenbedingungen." Ziele sind, Innovationen zu schaffen und schnell und flexibel zu handeln. Dabei spielt die individuelle Entfaltungs- und insbesondere Wachstumsmöglichkeit eine große Rolle. Die Mitarbeiter auf der Graves-Ebene der Möglichkeitensucher fördern die Produktivität und die Innovationskraft eines Unternehmens. Sie suchen nach Freiheit und Autonomie, um ihre Fertigkeiten ausspielen zu können – zum Wohle des Unternehmens.

Integrationsfähigkeit ist entscheidend, basierend auf dem Verständnis, offen und partnerschaftlich mit anderen zusammenarbeiten zu können. Flexibilität und der Wille, das eigene Wissen bestmöglich einzubringen, prägen das Grundverständnis der Mitarbeiter und wirken als Motivatoren.

Die *Struktur* formt sich als Netzwerk, auch „virtuelle Unternehmen" können sich hier bilden. Ein Netzwerk ist somit das das Zusammenarbeitsmodell prägende Element – innerhalb des Unternehmens und zwischen Unternehmen. Dieses Netzwerk koppelt die verschiedensten Arbeitsmodelle der anderen Ebenen des Graves-Value-Systems an oder kreiert sie gezielt. So werden etwa Projektteams aufgestellt, die dann als Team im direkten Graves-Verständnis konfiguriert sind – oder es werden beispielsweise eine erfolgsorientierte Vertriebseinheit und eine loyale Qualitätssicherung aufgebaut.

Ein gängiges Arbeitsmodell dieser Ebene ist auch die so genannte Real-Time-Organisation, in der funktionale Strukturen mit temporären Projektstrukturen kombiniert werden. Zur Erfüllung einer bestimmten Aufgabe wird in „Echtzeit" ein temporäres Team aufgesetzt und ebenso schnell auch rekonfiguriert und nach Beendigung der Aufgabe aufgelöst. Dies kann so weit gehen, dass sich die funktional aufgestellten Teile eines Unternehmens auf die administrativen und logistischen Unterstützungsfunktionen reduzieren.

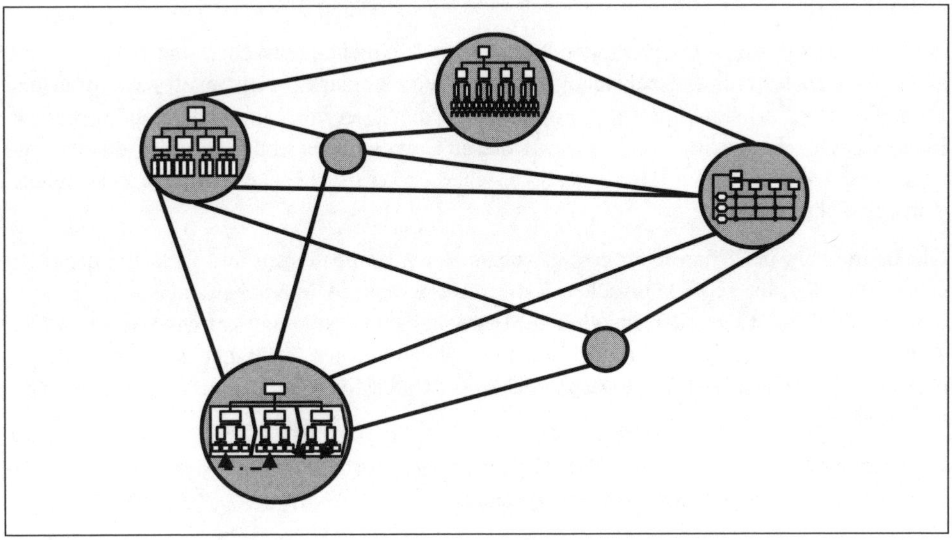

Quelle: Eigene Darstellung
Abbildung 10: *Aufbauorganisation Möglichkeitensucher-Unternehmen*

Die *Prozesse* sind sehr reif und unterliegen einer ständigen Optimierung, so dass sie schnell und flexibel an die aktuelle Situation angepasst werden können. Es können immer wieder bessere, innovativere Wege gefunden werden, um eine Aufgabe zu erledigen. Die Steuerung dieses sehr offenen Systems erfolgt über stringent definierte Unternehmensziele, die in Teilziele heruntergebrochen werden. In Abhängigkeit der Ziele werden Ressourcen verteilt, Einheiten geschaffen und aufgelöst. Gesteuert wird über Zielvorgaben und ein verbindliches und sehr klares Regelwerk. Funktionierende Corporate-Governance-Prozesse müssen also im Unternehmen verankert sein. Sie sind das existenzielle Element, das ein Unternehmen als solches greifbar macht und eine hinreichend einheitliche Arbeitsweise sichert.

Regeln: Mitarbeiter werden wie in der Ebene des Teammenschen entsprechend ihrer natürlichen Veranlagungen eingesetzt. Jeder Mitarbeiter bringt das ein, was ihm entspricht und er auch am besten beherrscht. Hier hat jedoch das Individuum als solches wieder eine sehr hohe Eigenverantwortung, da das ganze Umfeld einer permanenten Veränderung unterliegt. Jeder arbeitet selbstverantwortlich im Rahmen der Governance und trifft viele Entscheidungen in eigener Verantwortung. So suchen sich Mitarbeiter ihre Aufgaben ein gutes Stück weit selbst – alle im Verständnis, ihren Beitrag zu einem großen gemeinsamen Ziel zu bringen.

Die offene Kommunikation ist sehr wichtig, vor allem der Austausch von Wissen. Den klassischen Dienstweg als definierten Kommunikationsweg im Unternehmen nutzt der Möglichkeitensucher jedoch nur, wenn er ihm sinnvoll erscheint. Gerade seine Kreativität in der Optimierung der Kommunikationswege gilt es für ein Unternehmen zu nutzen.

Die Arbeitszeiten sind flexibel, jeder kann selbst entscheiden, wann, wo und wie er arbeiten möchte. Natürlich richtet er sich dabei nach den gewählten Arbeitsmodellen auf die jeweiligen Anforderungen ein und unterwirft sich dann auch strengeren Regularien.

Selbstverantwortung ist ein wichtiger Wert für die Möglichkeitensucher, und so werden die Mitarbeiter auch geführt. Unabhängigkeit und Freiheit spiegeln sich in oft sehr losen und freien Führungsverhältnissen wider. Ein „Heimathafen", der den Mitarbeitern auf vorherigen Ebenen noch sehr wichtig war, kann auf dieser Graves-Ebene entfallen. Individualität und Eigenverantwortung mit all ihren – auch Unsicherheit verursachenden – Begleiterscheinungen werden bejaht.

Die Beurteilung der Mitarbeiter erfolgt anhand ihrer Kompetenzen und ihres Beitrags zum Gesamtziel. Es gibt keine klassischen Karrierewege mehr. Alle arbeiten situativ zusammen, jeder kann einmal Teamleiter und einmal Mitarbeiter sein. Es kommt auf das Wissen und die Kompetenz des Mitarbeiters an, die Situation, die Rolle, den Zeitpunkt und die Dauer. Es herrscht dabei jedoch eine hohe Verbindlichkeit, da die Mitstreiter und Kollegen als kompetent angesehen werden.

Informationssysteme sind sehr wichtig. Es überwiegen Kollaborationssysteme, Kommunikationssysteme und Wissensmanagement-Systeme.

Als konkretes *Beispiel* für diese Graves-Ebene kennen wir ein Pharma-Unternehmen, das im Rahmen eines enormen Wachstums viele kleine Unternehmen gekauft hat. Diese Unternehmen wurden nicht im klassischen Sinne integriert, sondern „lediglich" miteinander vernetzt. Die ursprünglichen Unternehmen wurden als Inseln mit allen ihren Strukturen, Prozessen und auch in ihrer eigenen Kultur erhalten. Steuerung und Vernetzung der einzelnen Unternehmen erfolgen dann anhand ganz klar definierter und einvernehmlich abgestimmter Ziele und deren Nachhalten. So konnte das Pharma-Unternehmen schnell wachsen, die Effizienz und Innovationskraft seiner Tochterunternehmen integrieren und dennoch das gemeinsame Wachstumsziel erreichen.

Gängige Beispiele für Unternehmensteile auf dieser Ebene des Graves-Value-Systems sind auch die so genannten Think Tanks, die als Inseln innerhalb von Unternehmen etabliert werden, um die Suche nach neuen Möglichkeiten für das Unternehmen zu fördern. Große Netzwerke aus Unternehmen und Freiberuflern, die auf der Basis von Vertrauen und „Geben und Nehmen“ arbeiten, können in Einzelfällen als Möglichkeitensucher eingeordnet werden (zumeist sind sie jedoch erfolgsorientiert).

Überblick Möglichkeitensucher-Unternehmen

Werte:	Innovation, Wachstum, Integration, Flexibilität, Offenheit, Eigenverantwortung, Wissen, Kompetenz
Struktur:	Netzwerk, situatives Einsetzen aller Strukturen der vorhergehenden Graves-Ebenen
Prozesse/Reife:	Sehr reife, optimierte Prozesse, Fokus auf Governance (Regularien, Strukturen und Prozesse schaffen, so dass alle verfügbaren Ressourcen mit höchstem Mehrwert eingesetzt werden können)
Kultur und Politik:	In großen Zusammenhängen denken und handeln; Vorhandenes unter Nutzung aller positiven Aspekte integrieren, ohne es „gleichmachen“ zu wollen; Förderung von Innovationskraft, Flexibilität, Wissen und Kompetenz
Lernen:	Selbstgesteuert, Information und Ressourcen bereitstellen, neue Lernkontexte
Unternehmensbeispiele:	Schnell (anorganisch) wachsende Unternehmen, die ihre Tochterunternehmen in Netzwerken organisieren, Think Tanks, Wissensnetzwerke

7. Das Globalisten-Unternehmen

Unternehmen auf dieser Ebene sind sehr selten. Meist sind es Organisationen, die sich einem hoch stehenden ethischen Wert verpflichtet fühlen und ihm dienen. Wirtschaftlich orientierte Unternehmen auf dieser Ebene haben wir noch nicht angetroffen.

Die Handlungsfähigkeit und das Verständnis von Selbstverantwortung der Möglichkeitensucher werden bei den Globalisten in einen größeren, allumfassenden, eben globalen Zusammenhang gestellt. Das Individualziel muss in einen gesellschaftlichen und ökologischen Sinn- und Gesamtzusammenhang eingeordnet werden. Dieser geht deutlich über die Ideen und Prinzipien der loyalen Welt hinaus und speist sich aus dem Verständnis sehr großer, eben globaler Wirkungszusammenhänge.

8. Bedeutung der Führung in der Veränderung

Im Verständnis des Graves-Value-Systems ist es wichtig, Führung bezogen auf die jeweiligen Ebenen zu adaptieren. Graves nennt dies „The Congruent Management Strategy" (vgl. Graves et al., 1970). Die Ausprägung der Führung muss zur Ebene des Geführten passen (kongruent sein), sonst kann sie nicht wirksam sein und erzeugt eher zusätzlichen Widerstand.

Führung ist auch ein zentrales Steuerungselement im Veränderungsprozess. Das bloße Einrichten von Abläufen, Strukturen und Ähnlichem bringt die Menschen zumeist nicht dazu, sich anders zu verhalten. Das Einsteuern von Veränderungsimpulsen geht deutlich darüber hinaus – und in Veränderungsprozessen treten, wie schon beschrieben, Irritation und Instabilität auf, die die gute Führung der Menschen besonders wichtig machen. Um durch geeignete Führung den Veränderungsprozess zu unterstützen, lassen sich nach Graves folgende Voraussetzungen skizzieren:

- kongruenter Führungsstil, der zur zu führenden Ebene passt,
- Dissonanz und Unzufriedenheit in der gegebenen Situation auf der aktuellen Ebene aufzeigen und wenn nötig erzeugen,
- die neue gewünschte Verhaltensweise und deren Nutzen zeigen, gegebenenfalls demonstrieren und sehr klar einfordern.

Die Führungskräfte-Entwicklung muss die Gedankenwelt einer Führungskraft erweitern, damit diese aus ihrem eigenen Welt-Verständnis heraustreten und in die Welt des Unternehmens, der Kunden und vor allem die der Mitarbeiter eintauchen kann. In der Praxis mangelt es daran – und so werden viele Mitarbeiter nicht adäquat geführt. Die Führungskräfte denken oft ausschließlich in ihrem eigenen Weltverständnis und wundern sich, dass Mitarbeiter nicht so reagieren und agieren, wie sie sich das wünschen. Oder neue Führungskräfte kommen mit dem Verhaltensrepertoire von einem Arbeitgeber in ein neues Tätigkeitsfeld eines anderen Unternehmens und sind überrascht, dass ihre bisher erfolgreiche Verhaltensweise plötzlich nicht mehr funktioniert.

Für eine Führungssituation nach Graves (vgl. Graves, 1971) müssen vier Aspekte in Bezug auf die „Graves-Ebenen" betrachtet werden:

- Welcher Ebene liegen die Management-Richtlinien oder Führungsleitlinien des Unternehmens zu Grunde?
- Auf welcher Ebene befindet sich die Führungskraft?
- Auf welcher Ebene denkt und agiert der zu führende Mitarbeiter?
- Welche Art von Arbeit ist zu tun, welchen Charakter besitzt/erfordert diese Tätigkeit?

Um diese Aspekte nun in konkrete Führungsarbeit umzusetzen, muss die Führungskraft sehen, dass jeder Mitarbeiter auf seine Weise einzigartig ist. Jeder Mitarbeiter befindet sich mit seinen Handlungen, seinen Gefühlen, seiner Motivation, seinen Werten und seinem Denken auf einer speziellen Ebene des Graves-Value-Systems – und natürlich auch mit seinen Fähigkeiten. Mitarbeiter können also grundsätzlich unabhängig von ihrer spezifischen Graves-Ebene motiviert werden. Es geht jedoch darum, die Rahmenbedingungen und das Führungsverhalten so auszurichten, dass die Motivation des Mitarbeiters gefördert wird.

Effizientes Managen oder Führen setzt sich daher aus mehreren Faktoren zusammen:

- Unterschiedliche Arbeit wird unterschiedlich organisiert.
- Die Menschen, zu denen die Arbeit passt, führen diese auch aus.
- Der Managementstil der Führungskraft ist kongruent (stimmig) zu der auszuführenden Arbeit und zum Mitarbeiter, der diese Arbeit ausführt.
- Die grundlegenden Führungsleitlinien/-philosophien entsprechen genau diesen Aspekten: Der Führungsstil passt zu Führungskraft, Mitarbeiter und der zu erfüllenden Tätigkeit – jeweils bezogen auf die entsprechende Graves-Ebene.

8.1 Bereiche der Führung

Für Führung gibt es zahlreiche Definitionen. Wir verwenden die folgende gängige Definition nach Ken Blanchard et al. (1995, S. 22): *„Führung ist die Art und Weise, wie Sie sich immer verhalten, wenn Sie versuchen, die Leistungen anderer zu beeinflussen.“* Für eine Führungskraft heißt dies, dass Führung keine situative Einzelaufgabe ist, sondern, dass Führung gelebt wird.

Sie umfasst näher betrachtet drei Bereiche: Personal Leadership, Group Leadership und Organizational Leadership. Personal Leadership beinhaltet neben der individuellen Führung von Mitarbeitern auch das Selbstmanagement. Group Leadership betrifft die Führung von Gruppen, Organizational Leadership die Führung von ganzen Organisationen.

Personal Leadership – individuelle Führung

Das Spektrum von Personal Leadership umfasst die beiden Bereiche Selbstmanagement und Führung einer einzelnen Person.

Einerseits muss eine Führungskraft sich im Sinne von Selbstmanagement immer auch selbst steuern. Die Führungskraft wird in einer Vorbildfunktion erlebt. Hier ist Authentizität gefragt – und Werteorientierung. Durch die Vorbildfunktion wird mittelbar erheblicher Einfluss genommen auf das Verhalten der zu Führenden. Von großer Bedeutung ist dabei, zu welcher der Graves-Ebenen das jeweilig gelebte Verhalten passt.

Der klassische Bereich von Personal Leadership betrifft dann die unmittelbare Führung von Einzelpersonen. Diese sind zumeist direkt disziplinarisch oder fachlich unterstellte Mitarbeiter. Diese Mitarbeiter sind entsprechend der Graves-Ebene in einer Weise zu führen, die einerseits zum Unternehmen passt und andererseits zum jeweiligen Mitarbeiter. Insbesondere in Veränderungsprozessen spielt die kongruente Führung nach Graves eine große Rolle. Die Führungskraft kann einerseits die Mitarbeiter mit den geeigneten Werten motivieren, andererseits auch gezielt Dissonanz erzeugen, um Mitarbeiter zu Veränderungen zu bewegen.

Group Leadership

Group Leadership umfasst die Führung von (zwei oder) mehreren Personen. Durch die gleichzeitige Führung von mehreren Menschen in einem Arbeits- oder Verantwortungsbereich wird deren Zusammenarbeit und Verhalten maßgeblich geprägt. Group Leadership ist eine der zentralen Führungsaufgaben jenseits von Personal Leadership.

Je nach Intention lassen sich unterschiedliche Mechanismen in Gang setzen. Wenn gemäß der aktuellen Graves-Ebene eine „Ich-Bezogenheit" – also auf der Ebene der Einzelkämpfer, der Erfolgssucher oder Möglichkeitensucher – gewünscht ist, wird die Zusammenarbeit geprägt durch zielorientierte klar strukturierte und eher formalisierte Informationswege. Je mehr eine „Wir-Bezogenheit" – auf der Ebene der Stammesmenschen, der Loyalen oder der Teammenschen – gewünscht ist, desto wichtiger wird Group Leadership im komplexeren Sinne. Hier sind Plattformen für Austausch und Zusammenarbeit zu schaffen.

Besonders interessant für eine Führungskraft ist die Betrachtung der kongruenten Führung nach Graves, um in einer Gruppe ein konkretes Problem zu lösen. Graves führte entsprechende Untersuchungen mit Studenten durch (vgl. Graves, 1974). Loyale Studenten formten mehrere unterschiedliche Gruppen mit jeweils einem Führer. Erfolgssucher-Studenten führten zahllose Diskussionen, bis sich ein Führer für die gesamte Gruppe herauskristallisierte. Teammenschen-Studenten arbeiteten ohne eine Führungsperson zu benennen. Die Möglichkeitensucher suchten sich einen Führer, der für die Aufgabe am besten qualifiziert war, ließen von diesem aber wieder ab, wenn sich für die nächste Aufgabe ein besser qualifizierter Führer anbot.

Ähnliche Verhaltensweisen sind in Unternehmen zu beobachten, wenn hinreichend Raum dafür besteht. In wirtschaftlich orientierten Interaktionen spielen meist andere Faktoren wie Sachzwänge und feste Strukturen eine Rolle, die das rein wissenschaftliche Bild überlagern. Umso wichtiger ist jedoch auch dann bewusstes, kongruentes Group Leadership, um komplexe Aufgaben zu bewältigen oder aber Veränderungen herbeizuführen.

Organizational Leadership

Organizational Leadership ist eine andere Beschreibung für den weiten Begriff der Organisationsentwicklung – und dies in ihrem breitesten Verständnis. Prozessentwicklung fällt ebenso wie die Veränderung von Strukturen, Prozessen und Regeln in diesen häufig unterschätzten Bereich der Führung. Genauso wie die klassischen Felder der Organisationsentwicklung, wie z. B. das Aufbauen von Kompetenzen und Fähigkeiten der Organisation als Ganzes.

Viele Führungskräfte sehen diesen Bereich der Führung als Verantwortungsbereich des Top-Managements beziehungsweise als eigenständigen Verantwortungsbereich. Dies führt zu verpassten Chancen der aktiven Einflussnahme und Gestaltung des Unternehmens. Speziell Informationswege und Entscheidungskompetenzen sind relativ leicht gestaltbar, auch der Aufbau von Kompetenzen und Fähigkeiten ist in der Breite des Unternehmens möglich.

Die genannten Aspekte der Führung werden im Folgenden für die einzelnen Graves-Ebenen dargestellt. Die Aspekte der Führung in Veränderungsprozessen – insbesondere die Erzeugung von Dissonanz durch Führung – werden im Kapitel „Der Veränderungsrahmen“ beleuchtet.

8.2 Kongruente Führung nach Graves

Viele Jahre versuchte die Managementliteratur deutlich zu machen, was der beste Weg der Führung und des Managens ist. Das Ergebnis waren unterschiedlichste Führungsmethoden und -philosophien. Die Ergebnisse waren nicht allgemein einsetzbar. In der Praxis kam es oft zu einem monolithischen Führungsstil nach den „aktuell gültigen“ Regeln, der in den meisten Fällen weder zur Führungskraft noch zum Geführten noch zu der Aufgabe passte.

Wir verzichten daher bewusst auf eine Vertiefung und werden die unterschiedlichen Führungsmethoden nicht näher vorstellen – obwohl all die verschiedenen Methoden ihren Platz und ihre Berechtigung haben. Und zwar dort, wo sie wirklich passen.

Die wahre Herausforderung der Führung liegt im Verstehen der Unterschiede in den Denk- und Verhaltensweisen der Menschen, die auf den einzelnen Ebenen des Graves-Value-Systems auftreten. Es gilt, diese zu erkennen und einen der jeweiligen Ebene angemessenen Führungsstil zu entwickeln. Persönliche Verhaltensweisen, Motivationsfaktoren, ethische und moralische Wertvorstellungen, Konzepte, Wahrnehmungen, Stimuli, Gedanken und Vorlieben für Führungsstile hängen alle ganz wesentlich von den Ebenen des Graves-Value-Systems ab.

An dieser Stelle möchten wir nochmals ausdrücklich betonen, dass jede Ebene zu ihrer Zeit ihre Berechtigung hat. Die im Folgenden beschriebenen Führungsstile mögen Ihnen teilweise befremdlich oder gar abweisend vorkommen – entsprechend Ihres eigenen Weltbildes. Bezogen auf die aktuelle Graves-Ebene eines spezifischen Unternehmens erscheinen sie jedoch in einem anderen, einem passenden Licht. Vergessen Sie nicht, dass Sie selbst eine der Graves-Ebenen bevorzugen und damit natürlich Ihre Werte und Anschauungen, Ihre Meinung und Sichtweise prägen.

Führung von Stammesmenschen

Mitarbeiter auf dieser Ebene arbeiten hart und lange, wenn sie richtig geführt werden. Die Akzeptanz der Individualität innerhalb des Unternehmens ist wichtig, um die Mitarbeiter mittelfristig zu einer Einheit werden zu lassen. Führung zeichnet sich auf dieser Ebene durch einen freundlichen, patriarchalischen Führungsstil aus. Die Führungskraft arbeitet mit den Mitarbeitern und sorgt für eine gute Arbeitsatmosphäre. Wettbewerb innerhalb des Unternehmens ist nicht gewünscht.

Führung von Einzelkämpfern

Die Mitarbeiter wissen genau, was zu tun ist und wie das Endergebnis der Tätigkeit aussehen soll. Stolz und persönliche Fertigkeiten prägen die Mitarbeiter. Der erforderliche Führungsstil ist tendenziell bevormundend. Es wird dem Mitarbeiter klar gemacht, wer das Sagen hat. Die Botschaft, die bei den Mitarbeitern ankommen soll, ist, dass die Führungskraft die Aufgabe besser erledigen könnte, die Fähigkeiten der Mitarbeiter aber respektiert werden und, dass der Job sicherlich zufrieden stellend erledigt wird. Die Aufgaben, die an Mitarbeiter gegeben werden, sind eher klein und schnell lösbar, ein umfassender Überblick wird dem Mitarbeiter nicht gegeben. Neue Fertigkeiten, die zur Erfüllung der Tätigkeit notwendig sind, sind meist rasch und relativ einfach zu erlernen.

Missmanagement tritt dann ein, wenn die Anweisungen zu restriktiv und zu autoritär sind. Die Mitarbeiter brauchen die Möglichkeit, Stolz auf ihre Tätigkeit zu sein, und sie brauchen auch einen gewissen Freiraum.

Führung von Loyalen

Der Vorgesetzte wird von den Mitarbeitern aufgrund seiner Position prinzipiell akzeptiert. Der Führungsstil ist autoritär und entsprechend direkt. Die Mitarbeiter sehen die Rolle der Führungskraft darin, den Ordnungsrahmen zu schaffen und für Routine zu sorgen, also Aufgaben zu strukturieren, Regeln zu definieren und zu klären. Und die Führungskraft hat die Aufgabe, das Unternehmen zu repräsentieren.

Missmanagement stellt sich ein, sobald Führung, Richtung und Struktur fehlen. Kooperativer Führungsstil oder offene Diskussionen sind auf dieser Ebene nicht angebracht. Einen kooperativen oder demokratischen Führungsstil würden die Mitarbeiter als Schwäche der Führungskraft interpretieren. Diesem „Missmanagement“ würden die Mitarbeiter eine unbewusste Sabotage des Produktivitätsfortschritts entgegensetzen, da sie keine Anweisungen erhalten – sowie aus der Überzeugung heraus, dass der Manager seiner Aufgabe nicht gerecht wird.

Führung von Erfolgssuchern

Erfolgssucher-Mitarbeiter erwarten Belohnung für ihren Einsatz und ihre Arbeit. Die Tätigkeit sollte Flexibilität und die Möglichkeit der individuellen Initiative ermöglichen. Ebenso benötigt der Mitarbeiter ein großes Maß an Eigenverantwortung. Der Mitarbeiter ist gewillt, Erfolg für das Unternehmen zu erwirtschaften, wenn es sich für ihn lohnt. Der Führungsstil ist wettbewerbsorientiert und benötigt daher drei Elemente: Belohnungssysteme, Sanktionen und klare Grenzen, in denen sich der Mitarbeiter bewegen kann. Die Aufgaben, die einem Mitarbeiter übertragen werden, sind entsprechend größer und komplexer als auf den vorherigen Ebenen.

Missmanagement tritt in zwei Formen auf. Die erste Form ist, dass die Belohnungen nicht als reizvoll und attraktiv angesehen werden. Dies kann durch zu beschränkte Prämiensysteme entstehen – oder durch unrealistische Vorgaben und zu enge Grenzen, die den Handlungsspielraum zu stark einschränken.

Die zweite Form des Missmanagements ist das Nicht-Setzen von Spielregeln und Grenzen. Dem gleichzusetzen ist, dass Regeln zwar bestehen, diese aber nicht eingehalten werden und dass Fehlverhalten nicht sanktioniert wird.

Führung von Teammenschen

Den Teammenschen ist, wie der Name schon sagt, das Miteinander wichtig. Dieses Miteinander ist jedoch kein „wir haben uns alle lieb". Durch die Integration des Erfolgssucher-Verhaltens sind die Mitarbeiter auf der Ebene des Teammenschen durchaus wettbewerbs- und erfolgsorientiert. Sie ergänzen jedoch das Gemeinsame im Wirken verschiedener Menschen. Die Mitarbeiter suchen ein gutes Arbeitsklima, das Produktivität zulässt. Akzeptanz von und durch andere Mitarbeiter, die sich auf der gleichen geistigen Wellenlänge befinden, ist ihnen wichtig.

Die Anforderungen an eine Führungskraft sind in dieser Ebene sehr hoch. Es gilt den Spagat zu bewältigen, selbst Teil des Teams zu sein und dennoch eine Führungsposition innezuhaben. Als Teammitglied mit gleichen Rechten und Pflichten kann die Führungskraft Vorschläge in die Gruppe einbringen, muss aber auch akzeptieren, dass diese von der Gruppe kritisch diskutiert werden. Der Führungsstil sollte offen, also partizipativ, sein. Zugleich sind jedoch auch die Leitlinien und Ziele des Unternehmens durch die Führungskraft zu kommunizieren und umzusetzen. In der Führung ist es daher fehl am Platze, sich komplett mit der Gruppe gleichzustellen. Die Führungskraft führt optimal, wenn sie den Gruppenprozess aktiv steuert ohne direktiv zu sein.

Missmanagement äußert sich auf der Ebene der Teammenschen in zwei Formen. Die erste und am meisten verbreitete Form ist ein zu stark anweisender Führungsstil. Die Führungskraft nutzt Verhaltens- und Denkweisen aus den Ebenen Loyal oder Erfolgssucher, um sich im Team durchzusetzen – und stößt damit auf Ablehnung und Widerstand.

Die zweite Form des Missmanagements ist der zu „softe“ Führungsstil – ein Laissez-faire. Hier wird de facto nicht geführt. Die Führungskraft integriert sich ganz und bedingungslos in das Team, ohne die Erfüllung von Zielen voranzutreiben. Das Team driftet folglich aus seiner Eigendynamik heraus in eine Richtung, die möglicherweise nicht zur Aufgabe und insbesondere nicht zum unternehmerischen Ziel passt.

Führung von Möglichkeitensuchern

Die Mitarbeiter der Ebene Möglichkeitensucher sind gerne bereit, Management-Richtlinien zu akzeptieren, die einen hohen Standard an Qualität und Quantität setzen. Diese Richtlinien sollten aber zielorientiert sein, nicht prozess- oder gar handlungsorientiert. Hier will der Möglichkeitensucher seinen Freiraum nutzen, seine Kreativität zur Erzielung neuer Höchstleistungen einsetzen. Hier passt ein Führungsstil, der den Mitarbeiter bei der Ausführung seiner Tätigkeit unterstützt. Möglichkeitensucher brauchen eine Führungskraft, der sie sagen können, was sie zur erfolgreichen Erfüllung der Aufgabe benötigen. Nimmt die Führungskraft diese Anregung auf, erfährt sie höchste Akzeptanz und wird zur Person, die es ermöglicht, dass sich die Mitarbeiter im Interesse des Unternehmens voll entfalten können.

Der Möglichkeitensucher hat den Anspruch, durch eine fachlich kompetente Führungskraft gelenkt zu werden. Die Beziehung zwischen Führungskraft und Mitarbeiter ist durch Offenheit geprägt. Ziele, Rollen, Maßnahmen und Vorgehensweisen zur Zielerreichung etc. werden gemeinsam diskutiert. Die Mitarbeiter erwarten jedoch von der Führungskraft, dass sie die Verantwortung für die Zielerreichung übernimmt und kompetent unterstützt. Wird einer anderen Person durch die Mitarbeiter eine höhere Kompetenz unterstellt, so ist die Akzeptanz der aktuellen Führungskraft stark gefährdet.

Sind die Mitarbeiter mit der Führungskraft nicht zufrieden, sabotieren sie nicht das Unternehmen oder die Prozesse wie auf anderen Ebenen des Graves-Value-Systems, sondern suchen sich eine neue Herausforderung außerhalb des Einflussbereichs dieser Führungskraft.

Fazit

Für eine gute Führung ist es essenziell, dass die Führungskraft die existierenden Strukturen erkennt und die Affinität zu den Ebenen des Graves-Value-Systems versteht. Bei der Führung eines einzelnen Mitarbeiters mag dies noch einfach sein, komplex wird es bei mehreren Mitarbeitern, die eventuell auf unterschiedlichen Ebenen denken und handeln. Ist Letzteres der Fall, ist es Aufgabe der Führungskraft, individuell zu führen und die einzelnen Mitarbeiter auf dem jeweiligen Entwicklungsprozess zu begleiten. Gerade bei Veränderungen des Unternehmens auf eine höhere Ebene des Graves-Value-Systems ist es wichtig, jeden einzelnen Mitarbeiter nah zu führen.

Wir haben nun die Ausgestaltung der einzelnen Ebenen des Graves-Value-Systems im Unternehmenskontext beschrieben. Das Modell dient Ihnen zunächst einmal dazu, ein Unternehmen einzuordnen und zu verstehen. Es wird Ihnen klar werden, weshalb sich Mitarbeiter, Gruppen, Unternehmensbereiche oder auch die ganze Organisation in bestimmten Situationen genau so verhalten und nicht anders. Die in diesem Kapitel vorgestellten Grundprinzipien zur Ausgestaltung eines Unternehmens helfen Ihnen auch im Rahmen des Veränderungsprozesses, ein Unternehmen (neu) zu gestalten und Schritt für Schritt zu verändern. Im Folgenden werden wir Ihnen diesen Veränderungsprozess vorstellen.

Der Veränderungsrahmen

Nur die wenigsten Projekte, in denen der Ansatz des Graves-Value-Systems zur Unternehmensveränderung zum Tragen kommt, sind klassische Transformationsprojekte, die sich direkt aus einem Strategieprozess mit Top-Entscheidern ableiten. Häufig sind es ganz konkrete Themenstellungen aus Fusionsnachsorge, dem Outsourcing von Teilprozessen, dem Aufbau von Planungsprozessen oder der Weiterentwicklung des Unternehmens zum Shared Service Center. Die Lösung solcher Thematiken beinhaltet zumeist erhebliche Anteile an Veränderungsarbeit.

Veränderungsprozesse sind fast immer mit strategischen Vorhaben in Unternehmen direkt oder indirekt verbunden, denn sie werden nun einmal nicht zum Selbstzweck gestartet. Häufig besteht andererseits seitens des Managements zunächst der Wunsch, eine Initiative umzusetzen, dabei aber so wenig wie möglich zu verändern.

Die Stärke des Ansatzes aus dem Graves-Value-System besteht in der Flexibilität, die notwendigen Schritte zur richtigen Zeit umzusetzen, um sowohl die aktuelle Themenstellung zu lösen als auch sicherzustellen, dass die Lösung im Unternehmen funktioniert und nachhaltig verankert wird.

Um die Navigation durch unseren Beratungsansatz zu erleichtern, stellen wir an dieser Stelle einen Rahmen zur Durchführung von Veränderungsprozessen vor. Wir schälen die reinen Veränderungsaufgaben aus den damit verwobenen inhaltlichen Aufgabenstellungen heraus und präsentieren das pure Vorgehensmodell.

Diesen generischen Ansatz werden wir im nächsten Kapitel anhand vielfältiger Beispiele mit Leben erfüllen und veranschaulichen, welche Werkzeuge bei welchen Themenstellungen am effektivsten zum Einsatz kommen.

In diesem Kapitel beschreiben wir, was konkret zu tun ist, um

- die Veränderung herbeizuführen,
- den Veränderungsprozess sauber zu steuern,
- die richtige Veränderungsgeschwindigkeit zu halten und
- die Veränderungen dauerhaft zu sichern.

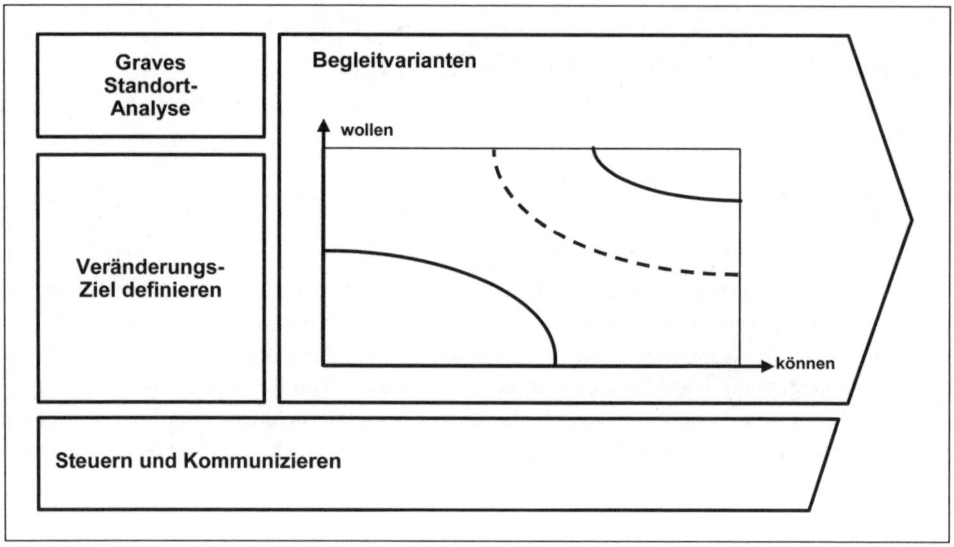

Quelle: Eigene Darstellung
Abbildung 11: *Der Veränderungsrahmen*

Ausgehend von der gegebenen Themenstellung wird eine kurze, prägnante Graves-Standort-Analyse durchgeführt und das Veränderungsziel wird definiert. Dabei wird auch die Ausgestaltung der Zielorganisation grob konzipiert. Unter Ausgestaltung verstehen wir Struktur, Prozesse, Unternehmenskultur und -politik.

Die Veränderungsarbeit besteht oft im Wesentlichen darin, geeignete Maßnahmen umzusetzen, um die Voraussetzungen für eine Veränderung zu erfüllen. Parallel wird in vielfältigen Schritten die Ausgestaltung der Zielorganisation verfeinert, validiert und geprobt. Letztendlich wird die Veränderung Schritt für Schritt im Unternehmen vorbereitet und umgesetzt. Das Vorgehen ist iterativ und wird dem jeweiligen Unternehmen angepasst.

Parallel und zeitlich genau abgestimmt unterstützt eine gut geplante, zielgerichtete Kommunikation den Prozess. Essenziell für den Erfolg des Vorhabens ist zudem eine stringente Steuerung. Die Begleitung eines Veränderungsprozesses ist dafür häufig in einem Projekt organisiert, kann aber auch als Coaching des Top-Managements durchgeführt werden. Erfolgskritisch ist in jedem Fall eine aktive Beteiligung der Entscheider.

1. Die Graves-Standort-Analyse

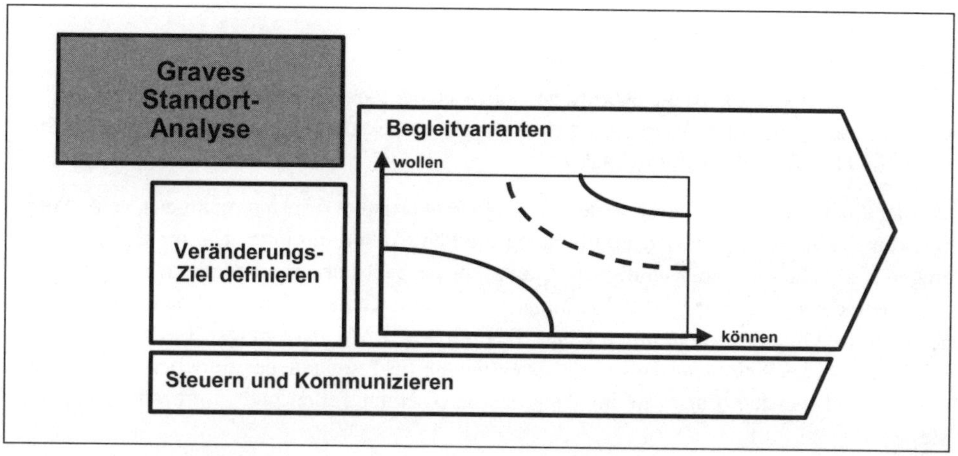

Quelle: Eigene Darstellung
Abbildung 12: *Graves Standortanalyse*

Die **Standort-Analyse** dient dazu, schnell und pragmatisch Klarheit über die aktuelle Situation im Unternehmen zu gewinnen. Dazu sind die folgenden Fragen zu beantworten:

- Auf welcher Ebene befinden sich das Unternehmen als Ganzes, Unternehmensteile und wichtige Schlüsselpersonen?
- Welche Werte stehen im Vordergrund? Wie lassen sich die Mitarbeiter motivieren? Was erwarten die Mitarbeiter von ihrem Unternehmen? Was erwartet das Management?
- Wo steht das Unternehmen aktuell im Veränderungsprozess? Über welche Fähigkeiten verfügt die Organisation? Was kann die Organisation aktuell leisten?
- Wie ist die Stimmung im Unternehmen? Herrschen Druck, Verunsicherung und Angst – oder findet sich eine entspannte Atmosphäre?
- Welche Veränderungsaktivitäten hat es in der jüngeren Vergangenheit gegeben? Und welche Erfahrungen hat das Unternehmen damit gemacht?

1.1 Analyse der Graves-Ebene und der damit verbundenen Fähigkeiten, Denk- und Verhaltensweisen

Die Analyse beantwortet die Kernfrage, auf welcher Graves-Ebene das Unternehmen im Ganzen einzuordnen ist. Auch Unternehmensteile und Schlüsselpersonen werden mit einbezogen und bei Bedarf separat betrachtet.

Bei der Analyse geht es um die wesentlichen Charakteristika des Unternehmens, seine Werte, Struktur, Prozesse, Kultur und Politik, auch die Fähigkeiten der Organisation sind zu hinterfragen. Es stellt sich dann häufig die Frage, ob die beabsichtigte Änderung gelingen kann. Man betrachtet dann die Wechselwirkungen zwischen Charakteristik und dem tatsächlichen Können der Organisation deutlich näher. Bezüglich der Voraussetzungen für Veränderungen wird klar, ob das Unternehmen *souveräne Lösungen* für Probleme der aktuellen Ebene gefunden hat und welches *Potenzial* im Unternehmen, seinen Teilen und in einzelnen Personen steckt.

Zur Analyse des Unternehmens, seiner Teile und der Menschen in der Organisation kann die folgende Checkliste dienen:

Checkliste

- Vorhandensein und Klarheit einer Unternehmensvision und einer Unternehmensstrategie sowie deren Stellenwert im Unternehmen
- Organisationsstruktur mit Prinzipien und konkreter Ausprägung
- Reifegrad von Prozessen (Planung, Entscheidung, Organisationsentwicklung, aber auch „ganz normale" Prozesse der Unternehmenswertschöpfung)
- Führung: Mitarbeiterführung und -entwicklung, Teamführung und Führungsprinzipien
- Infrastruktur: Räume, Gebäude, Informationssysteme
- Regeln: geschriebene und ungeschriebene
- Monetäre Entlohnung und weitere Belohnungssysteme
- Aufgabenteilung und -gliederung
- Arbeitszeiten
- Selbstverständnis der Mitarbeiter

- Vorherrschende Werte
- Machtverhältnisse
- Argumentationsweisen
- Transparenz von Zahlen
- Umgang der Mitarbeiter untereinander
- Gestaltung von Events wie Feiern oder Abteilungsmeetings

Ziel ist es, konkrete Anhaltspunkte zu erhalten, wo sich die Organisation in Bezug auf das definierte Vorhaben befindet. Eine vollständige Analyse der einzelnen Aspekte ist weder erforderlich noch zielführend.

Diese Analyse wird zu Beginn eines Projekts durchgeführt und liefert auch einen ersten Eindruck bezüglich der Erfüllung der Voraussetzungen *souveräne Lösungen* und *Potenzial*. Erkenntnisse zum *Umgang mit Hindernissen* und zur *Integration von Gelerntem* sind überhaupt erst im Lauf der Zusammenarbeit mit einer Organisation zu gewinnen. Aus diesem Grund sollte die Abarbeitung der Checkliste von Zeit zu Zeit wiederholt werden.

Bitte bei der Analyse unbedingt beachten!

Achtung vor Irrwegen, die aus der eigenen Denkweise resultieren: Man muss sich bei der Analyse von Unternehmen immer bewusst sein, dass man die Welt mit den eigenen Augen sieht – andere können eine ganz andere Sicht auf die Dinge haben. Jeder tendiert dazu, andere anhand der eigenen Werte zu beurteilen und dementsprechend zu entscheiden, was „gut“ und was „schlecht“ ist.

„Warum?“ statt „Wie?“ fragen! Die Frage des „Wie?“ ist relativ leicht beantwortet. Einen echten Aufschluss bietet jedoch nur die Beantwortung der Frage „Warum?“. So kann zum Beispiel ein Großraumbüro („wie ist die Arbeit organisiert?“) entweder aus der Motivation der Kommunikationsförderung entspringen (Teammensch) oder aber ein autoritärer Chef möchte alle seine Mitarbeiter im Blick haben (Einzelkämpfer).

Kein Schubladendenken! In fast allen Unternehmen sind gleichzeitig mehrere Ebenen vertreten, wobei meist eine Ebene dominant ist, ergänzt durch einzelne Teile der alten Ebene und den Vorboten der künftigen. Die Verteilung der Ausprägungen und die Dominanz kann in unterschiedlichen Situationen und Abteilungen variieren.

1.2 Analyse der Veränderungsbereitschaft

In Interviews mit Schlüsselpersonen finden sich Antworten zum Status der Veränderungsbereitschaft im Unternehmen. Entsprechend der erforderlichen Voraussetzungen der Dimension *Wollen* werden gezielt die folgenden Punkte untersucht:

- *Offenheit* für die Notwendigkeit von Veränderungen und eines Veränderungsprozesses,
- *Dissonanz* und Unbehaglichkeit in der aktuellen Stufe des Graves-Value-Systems beziehungsweise in der gegebenen Situation,
- *Einsicht* in die Vorteile der Veränderung, den durch die Veränderung erreichbaren Nutzen.

Hierzu ist eine Einschätzung der aktuellen Stimmungslage im Unternehmen erforderlich. Es geht darum zu beurteilen, inwieweit der Veränderungsdruck schon erlebt wird und die kommenden Anstrengungen antizipiert werden. Hilfreich ist die Frage, ob Mitarbeiter in der letzten Zeit Veränderungen festgestellt haben, wie sie diese Veränderungen empfinden und wie sie darauf reagieren.

In der Veränderungspraxis ist es wichtig, die aktuelle Situation möglichst gut zu verstehen. Welche „Krankheiten", Probleme, Sorgen oder Nöte gibt es? Dabei sind nicht nur rationale Aspekte zu berücksichtigen, sondern vor allem die emotionalen Faktoren, die oft nicht offen artikuliert werden.

2. Das Veränderungsziel definieren

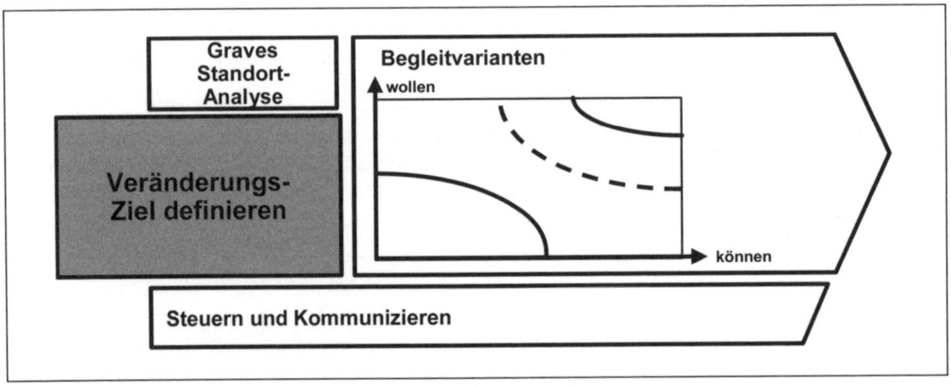

Quelle: Eigene Darstellung
Abbildung 13: *Veränderungsziel definieren*

Abhängig von der übergeordneten Themenstellung (Fusion, Outsourcing etc.) und den Ergebnissen der Standortanalyse wird nun das Veränderungsziel definiert, und die erforderlichen Schritte des Veränderungsprozesses werden geplant.

Im ersten Schritt konzipiert man grob die Prinzipien, nach denen eine Zielorganisation gestaltet sein müsste, um die mit der Themenstellung verbundenen Geschäftsziele (z. B. ein erfolgreiches Outsourcing von Geschäftsprozessen) zu erreichen. Diese Gestaltungsprinzipien basieren auf den erforderlichen Fähigkeiten und Denk- und Verhaltensweisen der Organisation und umfassen die passenden Werte, Organisationsstrukturen und Prozesse sowie die Ausgestaltung der Unternehmenskultur und -Politik.

Mit der Festlegung der grundsätzlichen Gestaltungsprinzipien geht einher, auf welcher Ebene des Graves-Value-Systems sich das Unternehmen im Zielzustand befinden sollte – die Zielebene wird somit eindeutig festgelegt.

Beispiel: Festlegung der Zielebene für Outsourcing

Möchte ein Unternehmen ganze Geschäftsprozesse oder auch Teile davon an ein anderes Unternehmen auslagern (Outsourcing), sollte es über Prozesse und Strukturen verfügen, die zur Steuerung eines externen Partners notwendig sind. Die betroffenen und die daran direkt gekoppelten Prozesse sollten somit einen hohen Reifegrad aufweisen. Die Struktur sollte an den zentralen Prozessen ausgerichtet sein, um die Zahl der Schnittstellen zu minimieren. Auch die Werte und die Kultur der Organisation sollten zur Zusammenarbeit mit einem anderen Unternehmen auf gleicher Augenhöhe passen.

Diesen Prinzipien zufolge müssen sich die betroffenen Teile des Unternehmens mindestens auf der Ebene Erfolgssucher befinden. Im loyalen Unternehmen ist die Reife der Prozesse noch nicht weit genug fortschritten, zudem passt die hierarchische und abgrenzende Denk- und Verhaltensweise des loyalen Systems nicht zu einer partnerschaftlichen Zusammenarbeit. Im loyalen Unternehmen würde der Outsourcer lediglich als Lieferant oder als Fremdfirma gesehen. Im Einzelkämpfer-Unternehmen ist die Situation noch dramatischer: Hier lassen sich noch nicht einmal die Verantwortlichkeiten klar trennen. Zudem wäre hier der Outsourcer ein „Feind“, den es zu bekämpfen gilt.

Zudem ist es erforderlich, dass sich die betroffenen Mitarbeiter sowie insbesondere die Führungskräfte und Schlüsselpersonen mit einer solchen Initiative identifizieren können. Sie sollten also über ausreichend Potenzial verfügen. Auch dies ist erst ab der Ebene Erfolgssucher der Fall. Mitarbeiter auf der loyalen Ebene haben ein sehr hohes Sicherheitsbedürfnis und sind zudem ihrem Unternehmen in einem hohen Maße verbunden. Die Auslagerung von Prozessen an ein anderes Unternehmen (mit Mitarbeiterübergang) wird von den Angestellten als schlimmer Verrat des Managements an den Mitarbeitern gesehen. Mitarbeiter mit loyaler Wertestruktur, die zum anderen Unternehmen wechseln sollen, kämpfen mit aller Kraft darum, in ihrem Unternehmen bleiben zu dürfen, und sehen nicht die Chancen, die ihnen ein neues Unternehmen bieten kann. Sie blockieren innerlich und tun alles Erdenkliche, um das Outsourcing zu boykottieren.

Zur Entwicklung des Ziels kann es hilfreich sein, mit Ziel-Szenarien zu arbeiten. Variantenvielfalt schärft den Blick für unterschiedliche Zielzustände. Konkret kann zum Beispiel die Frage gestellt werden, ob die Auslagerung einzelner Teilfunktionen auch in einer loyalen Kultur gestaltet werden kann. Die Alternative eines Outsourcings ganzer Prozessketten kann dann ein zweiter Schritt sein, sobald die Organisation reif ist für die Erfolgsorientierung im Sinne des Graves-Value-Systems.

So können Vor- und Nachteile sowie Auswirkungen der jeweiligen, alternativen Zielzustände betrachtet, analysiert und bewertet werden. Grundsätzlich kann die Veränderungsarbeit dann in unterschiedliche Richtungen wirken:

- Veränderung innerhalb der bestehenden oder zurück in eine frühere Ebene,
- Veränderung in die jeweils nächste Ebene.

Die Veränderung innerhalb der bestehenden Ebene oder zurück in eine frühere Ebene

Auch wenn das übergeordnete Ziel zur aktuellen Ebene des Unternehmens passt, ist zu beachten, dass sich durch das Projekt Veränderungen im Unternehmen ergeben werden. Bei jeglicher Veränderung ist mit Unruhe und Widerstand zu rechnen. Es werden sich immer Teile der Organisation gegen Neuerungen wehren. Abhängig von Größe und Umfang der Veränderung, aber auch von der Historie des Unternehmens können Unruhe und Widerstand erheblich variieren.

Ist ein Unternehmen – aus welchem Grund auch immer – in eine Krise geraten, herrschen Chaos und Aktionismus. Hier gilt es zunächst, das Unternehmen zu stabilisieren. Eine Stabilisierung erfolgt optimalerweise auf der aktuellen Ebene des Systems. Unter Umständen kann es jedoch sinnvoll sein, das Unternehmen gezielt zurück in eine frühere Ebene des Graves-Value-Systems zu führen.

Veränderung in die jeweils nächste Ebene

Die Entwicklung eines Unternehmens in die nächste Ebene des Graves-Value-Systems ist sicherlich die größte Herausforderung der Veränderungsarbeit. Diese Art der Veränderung kann erst erfolgen, wenn das Unternehmen auf der aktuellen Ebene stabil und leistungsfähig ist. So erfolgt die „echte" Veränderungsarbeit häufig erst nach einer Stabilisierungsphase innerhalb der aktuellen Ebene.

Grundbedingung für ein Vorhaben zur Veränderung in die nächste Ebene des Graves-Value-Systems ist zudem, dass die Organisation oder wenigstens Teile grundlegend aufgrund des *unternehmerischen Ziels* umzugestalten sind.

Beispiele aus der Praxis für typische unternehmerische Absichten gibt es viele: Firmenentwicklungsprogramme, Übernahmen und Verschmelzungen, Anpassungen der Wertschöpfungskette, neue Geschäftsmodelle oder auch die Privatisierung staatlicher Einrichtungen.

Vergleichbare Initiativen aus anderen Motiven sind die Umsetzung von Bildungsinnovationen innerhalb des bestehenden Systems oder TQM- und ISO 9001-Zertifizierungs-Programme. Auch neue Titel- und Karriere-Systeme sind hier einzuordnen, da sie oft von Unternehmenskulturen kopiert werden, die dem Management attraktiv erscheinen.

Wir haben im Kapitel „Entwicklungsstufen in Unternehmen“ eingehend beschrieben, nach welchen grundsätzlichen, generischen Gestaltungsprinzipien ein Unternehmen einer bestimmten Graves-Ebene organisiert ist. So sind für die Ebenen jeweils spezifische Strukturen, Prozesse und Ausgestaltungselemente der Kultur und Politik (wie Vergütungssysteme, Arbeitszeiten, Zusammenarbeitsmodelle etc.) typisch. Entsprechend ist der Zielzustand zu skizzieren.

Design Pattern festlegen

Ergibt die Festlegung der Zielebene, dass ein Unternehmen auf die nächste Ebene zu entwickeln ist, um die gesteckten Geschäftsziele zu erreichen, ist es maßgebliche Aufgabe der Veränderungsarbeit, die Voraussetzungen für Veränderungen zu schaffen und dann die neu entstehende Organisation zu gestalten.

Unternehmen können – wie schon ausgeführt – nicht alle über einen Kamm geschoren und nach einem Patentrezept gestaltet werden. Ein Produktionsunternehmen auf der Ebene Erfolgssucher sieht natürlich anders aus als ein Dienstleistungsunternehmen auf derselben Ebene. Selbst Unternehmen mit ähnlichen Geschäftsmodellen auf der gleichen Ebene des Graves-Value-Systems unterscheiden sich deutlich voneinander. Essenziell ist es jedoch, dass die grundsätzlichen Gestaltungsprinzipien der Zielebene den Rahmen für die individuelle Ausgestaltung vorgeben. Eine grundsätzliche, abstrakte Analogie ist durch das Graves-Value-System also vorhanden.

Die für ein Unternehmen maßgeschneiderte Ausgestaltung der Gestaltungsprinzipien bezeichnen wir als *Design Pattern*. Das Design Pattern gibt genau vor, wie das Unternehmen nach der Veränderungsarbeit aussehen soll. Es beschreibt die Werte und die Kultur, die Zielstrukturen, die Zielprozesse mit erforderlichem Reifegrad und die Elemente der Unternehmenspolitik im Ziel. Diese sichtbaren Gestaltungselemente sind auf den ersten Blick relativ einfach zu greifen.

Diese neuen Strukturen, Prozesse und Regeln funktionieren jedoch nur dann, wenn die Organisation sie auch begreifen kann – und über die erforderlichen Fähigkeiten verfügt, um sie auch umzusetzen. Und was noch wesentlicher ist: Die Organisation muss die neuen Strukturen, Prozesse und Regeln auch leben wollen. Dafür muss das Unternehmen auch seine ungeschriebenen Regeln und seine Umgangsformen, also die Unternehmenskultur, an die Zielebene im Sinne des Graves-Value-Systems anpassen.

Im Design Pattern wird also neben der neuen Struktur, den neuen Prozessen, den neuen Ausgestaltungselementen und erforderlichen Fähigkeiten auch festgelegt, welche Werte in der Organisation künftig vornan stehen sollen. Das Design Pattern gibt also das Zielbild der Organisation für die Veränderungsarbeit vor. So fokussiert eine Vielzahl der Maßnahmen des

Veränderungsprozesses in die nächste Ebene darauf, das Design Pattern in der Organisation zu erproben und zu validieren. Die Organisation erlernt dann zum einen die erforderlichen Fähigkeiten, zum anderen stellen sich durch die Maßnahmen nach und nach zum Beispiel Veränderungen der Kultur ein. Die Validierung des Design Pattern führt zudem zu einer ständigen Verfeinerung und gegebenenfalls auch zu einer Anpassung. Funktionieren bestimmte Dinge in einer bestimmten Organisation nicht, dann muss das Design Pattern innerhalb der grundsätzlichen Gestaltungsprinzipien angepasst werden.

An dieser Stelle noch einmal der entscheidende Hinweis: Die Ebenen bauen hierarchisch aufeinander auf. Ebenen können nicht übersprungen werden. Wird beim Abgleich der Zielebene und der Standortanalyse klar, dass eine Veränderung über mehrere Ebenen passend wäre, ist zu akzeptieren, dass das gesteckte Ziel zunächst einmal zu ehrgeizig ist und in einem Schritt nicht erreicht werden kann. In diesem Fall gilt es, sinnvolle Zwischenlösungen zu finden und umzusetzen und neue Zeithorizonte zu planen.

In der Zielformulierung sollten zudem die Rahmenbedingungen und Prämissen festgehalten werden. Diese werden während der Veränderungsarbeit regelmäßig mit der aktuellen Situation abgeglichen. Veränderungen in Rahmenbedingungen und Prämissen führen selbstverständlich zu Anpassungen an den geplanten Maßnahmen, gegebenenfalls ist auch das Ziel an sich zu revidieren.

3. Begleitvarianten

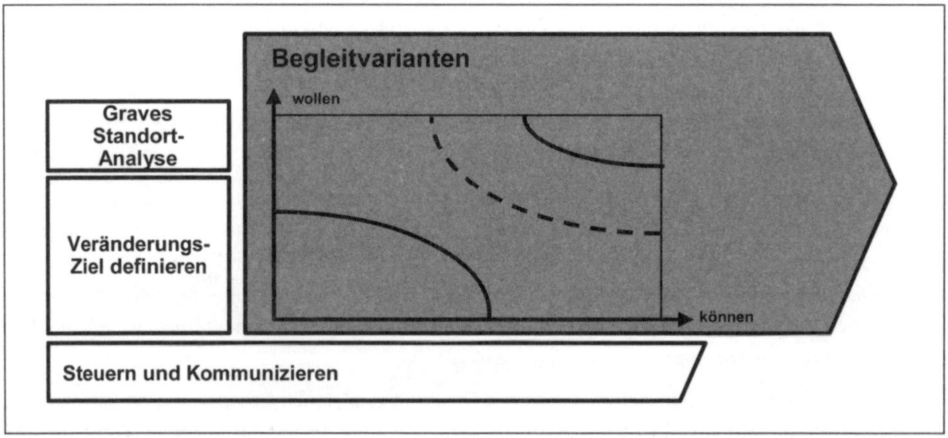

Quelle: Eigene Darstellung
Abbildung 14: *Begleitvarianten*

Die konkrete Veränderungsarbeit besteht in der Definition und Umsetzung von Maßnahmen, um einerseits die Voraussetzungen von *Können* und *Wollen* zu schaffen und andererseits das *Design Pattern* zu schärfen, zu proben und letztlich zu implementieren. Die erforderlichen Maßnahmen werden natürlich in Abhängigkeit vom Status der Voraussetzungen sowie dem Veränderungsziel ausgewählt. Die Maßnahmen und die individuelle Begleitung durch den Veränderungsprozess lassen sich in vier wesentliche Begleitvarianten gliedern, die auch aufeinander aufbauen. Sie können iterativ oder auch isoliert voneinander umgesetzt werden – immer unter der Prämisse, dass die Voraussetzungen passen.

- Optimieren und Stabilisieren

  Herrschen in einem Unternehmen Angst und Chaos, beherrscht es seinen Geschäftszweck nur noch mehr schlecht als recht (d. h., es hat keine Lösungen für aktuelle Probleme), wird die Begleitvariante „Optimieren und Stabilisieren“ angewandt. Dies ist unabhängig davon, ob die Veränderung auf der aktuellen Ebene oder in die jeweils nächste Ebene stattfinden soll. Die Stabilisierung findet auf der aktuellen Ebene oder gegebenenfalls sogar auf einer niedrigeren Ebene statt. Das hilft dem Unternehmen, wieder in sich stimmig zu werden, so dass Fähigkeiten, Werte und Gestaltungsprinzipien zusammenpassen. Somit kann ein gutes Stück Druck aus dem Unternehmen genommen werden. Parallel sind Maßnahmen geboten, um generelle Offenheit für Veränderungen zu erzeugen. Als Ergebnis wird ein gesundes Maß an Ruhe und Stabilität erzielt. Das Unternehmen hat wieder Lösungen für die Probleme auf der aktuellen Ebene.

- Stretch-Up

  Soll die Veränderung in die jeweils nächste Ebene stattfinden und sind zumindest die Voraussetzungen „Lösungen auf der aktuellen Ebene“ und „Offenheit für Veränderungen“ erfüllt, ist das Unternehmen stabil und erfüllt seinen Geschäftszweck angemessen gut, kommt die Begleitvariante „Stretch-Up“ zur Anwendung. Gezielte Maßnahmen helfen dem Unternehmen einerseits, Potenzial aufzubauen, mit Hindernissen umzugehen und das Gelernte auch integrieren zu können, andererseits wird Einsicht erzeugt und die Dissonanz auf das richtige Maß gesteigert.

  Im Stretch-Up wird das zuvor definierte Design Pattern erprobt. Dabei wird es auch validiert, überarbeitet und verfeinert. Sind alle Voraussetzungen für die Veränderung erfüllt, werden die Ausgestaltungselemente des Design Pattern schrittweise implementiert, so entsteht nach und nach die Organisation mit ihrem neuen Gesicht.

- Ausbruch inszenieren

  Läuft der Veränderungsprozess mittels Stretch-Up nicht sauber ab, bleibt das Unternehmen mitten in der Veränderung stecken. Es entwickelt sich eine krisenhafte Situation. Das Unternehmen schafft es nicht, die Veränderung durchzuführen, der Rückweg ist aber auch abgeschnitten, da schon zu viel verändert wurde und entsprechender Druck in der Organisation herrscht. Die Organisation bleibt dann buchstäblich in der Krise gefangen. Die Gefahr eines Auseinanderbrechens des Unternehmens ist mitunter zum Greifen nah.

Um das Unternehmen aus der Krise zu führen, kann ein Ausbruch inszeniert werden. Hierbei müssen vom Management ganz gezielte und – abhängig von der aktuellen Ebene des Graves-Value-Systems – intensive Maßnahmen ergriffen werden. Man könnte sagen, der Organisation wird mit viel Kraft und Geschmeidigkeit ein letzter Schub verliehen. Gelingt dies, ist das Design Pattern in erhöhter Geschwindigkeit zu implementieren – ähnlich einem Schalter, der „umgelegt wird". Das Unternehmen kommt aus der Blockade in der Krise und schafft die Veränderung. Dies ist oft der Weg der Wahl, um das Veränderungsziel tatsächlich zu erreichen.

- Veränderung stabilisieren

  Zum Abschluss der Veränderungsarbeit – insbesondere nach einem gelungenen Ausbruch – muss das Unternehmen in seiner neuen Form stabilisiert werden. Die Maßnahmen dieser Stabilisierung sind denen der ersten Begleitvariante *Optimieren und Stabilisieren* sehr ähnlich. Am wichtigsten ist hier, die Dissonanz aus der Organisation herauszunehmen. Die Mitarbeiter sollen sich in der neuen Organisation wohl fühlen, damit auch die Zweifler überzeugt werden können. Das neue Design ist sicher an vielen Stellen noch nachzuschärfen, auch gibt es für die Mitarbeiter noch einiges zu lernen. Neue Prozesse und Verfahren müssen sich noch etablieren und manche Rückschläge sind schnell aufzufangen.

Die folgende Graphik gibt einen Überblick über die zum Einsatz kommenden Begleitvarianten in der Veränderungsarbeit. Wie oben bereits beschrieben, ist die Nutzbarkeit der Begleitvarianten stark abhängig von den bereits erfüllten Voraussetzungen. Diesem Umstand trägt die Darstellung Rechnung.

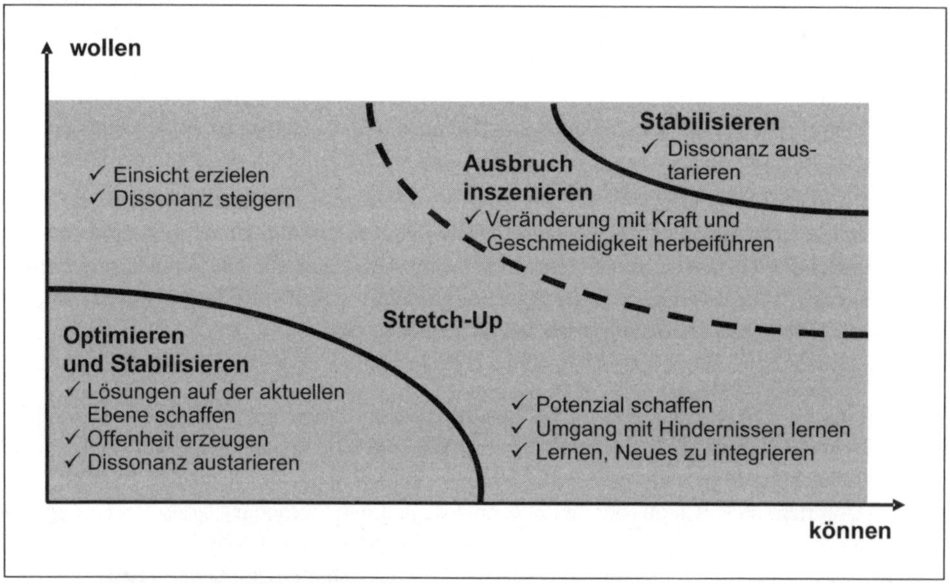

Quelle: Eigene Darstellung

Abbildung 15: *Begleitvarianten in Abhängigkeit zu den Voraussetzungen*

Verhaltensweisen bei Veränderungen

Bevor wir nun die Begleitvarianten und ihre typischen Maßnahmen im Einzelnen beschreiben, möchten wir Sie noch mit der folgenden Darstellung vertraut machen.

Sie beschäftigt sich mit der Offenheit für Veränderungen und daraus resultierenden Verhaltensweisen beziehungsweise Reaktionsmustern, von Visionären bis hin zu aktiven Blockern. Zudem zeigt die Graphik, dass Offenheit für Veränderungen in Unternehmen nahezu einer statistischen Normalverteilung entspricht.

Es ist sinnvoll zu identifizieren, welche Schlüsselpersonen der betroffenen Organisation welcher Gruppe zuzuordnen sind. So können im Veränderungsprozess die Maßnahmen entsprechend situativ angepasst werden.

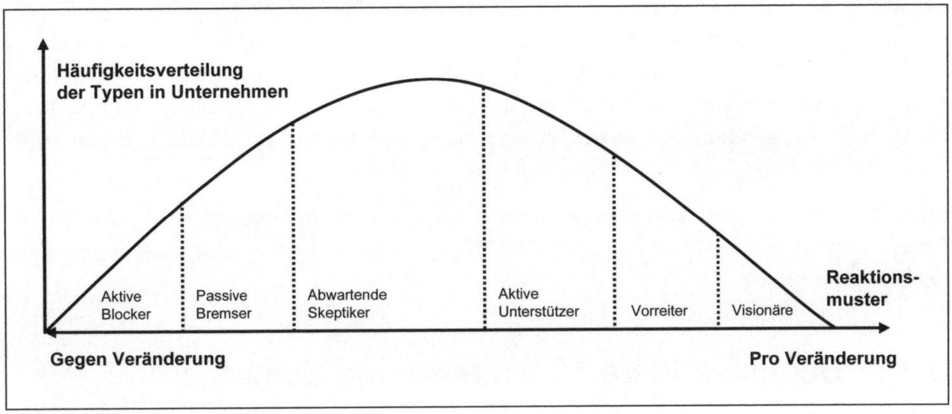

Quelle: In Anlehnung an Seminarunterlagen Stöger & Partner
Abbildung 16: *Verhalten bei Veränderung*

Die Reaktionsmuster

- Visionäre sind meist eine schwer greifbare Gruppe, die Veränderungen initiiert.
- Vorreiter sind leicht zu überzeugen und treiben Veränderungsvorhaben aktiv an.
- Auch aktive Unterstützer lassen sich recht schnell von Veränderungsvorhaben überzeugen. Im Veränderungsprozess ist es hilfreich, die aktiven Unterstützer frühzeitig zu identifizieren und in den Prozess einzubinden. Diese Gruppe ist häufig recht groß und durch Engagement und Elan geprägt.

- Die wirklich kritische Masse ist die Gruppe der abwartenden Skeptiker. Diese Gruppe ist heterogen und von einer gesunden Art Skepsis gekennzeichnet. Abwartende Skeptiker trauen einem Veränderungsvorhaben zunächst nicht. Sie wägen mögliche Nachteile der Veränderung ab und sehen bisher lieb Gewonnenes und Gewohntes in Gefahr. In die Veränderungsarbeit mit dieser Gruppe ist besonders viel Energie zu stecken, um eine Motivation für die Veränderung zu erzeugen. Sind im Zuge des Veränderungsprozesses erst einmal die abwartenden Skeptiker überzeugt, ist die Schlacht schon halb gewonnen. Nun ist die große Masse der Mitarbeiter aktiv involviert.
- Oft unterschätze Gruppen sind die passiven Bremser und aktiven Blocker. Diese Personen besitzen nicht selten große Macht und haben zentrale Rollen inne. Andererseits ist ein häufig begangener Fehler in der Veränderungsarbeit, diesen Gruppen zu viel Aufmerksamkeit zu widmen und damit die abwartenden Skeptiker aus den Augen zu verlieren. Denn ist die Gruppe der Bremser und Blocker nicht zu groß und gelingt es, die Skeptiker zu gewinnen, wird der Veränderungsprozess gelingen. Das System wird nach geglückter und stabilisierter Veränderung die Gruppe der Bremser und Blocker entweder ausstoßen oder mit ihr leben können. Im Gegenzug darf diese Gruppe aber auch nicht komplett ignoriert werden. Auch sie ist kontinuierlich in den Prozess einzubeziehen und insbesondere gut zu informieren. Es dürfen keine Grundlagenfehler begangen werden.

Nach diesem Blick auf die veränderungsrelevanten Verhaltensweisen von Mitarbeitern im Unternehmen werden wir im Folgenden die Begleitvarianten und zugehörige typische Maßnahmen beschreiben.

3.1 Begleitvariante Optimieren und Stabilisieren

Diese Begleitvariante kommt zur Anwendung, wenn das Unternehmen instabil ist und der Geschäftszweck nicht mehr zufrieden stellend erfüllt werden kann. Lösungen auf der aktuellen Ebene sind verloren gegangen, die Mitarbeiter stehen jeder potenziellen Veränderung skeptisch bis blockierend gegenüber.

Die Analyse eines instabilen Unternehmens zeigt bezüglich der Voraussetzungen für Veränderungen zumeist das folgende Bild:

Voraussetzung	Status
Souveräne Lösungen auf der aktuellen Ebene	Nicht (mehr) vollständig erfüllt
Potenzial für Veränderungen	Nicht oder nur teilweise erfüllt (kann sehr unterschiedlich sein)
Umgang mit Hindernissen	Nicht oder nur teilweise erfüllt
Integration des Gelernten	Nicht oder nur teilweise erfüllt
Offenheit für die Notwendigkeit von Veränderungen	Nicht erfüllt. Die Mehrzahl der Mitarbeiter steht einer Veränderung skeptisch gegenüber. Viele Mitarbeiter sperren sich aktiv oder passiv
Dissonanz	Unzufriedenheit mit der aktuellen Situation besteht. Häufig jedoch zu viel Druck
Einsicht in Notwendigkeit der Veränderung	Häufig bei Visionären und Vorreitern vorhanden, jedoch nicht in der breiten Masse.

Abbildung 17: *Status der Voraussetzungen bei Begleitvariante „Optimieren und Stabilisieren"*

In einer solchen Situation ist es angebracht, zunächst zu stabilisieren und erst dann ehrgeizigere Veränderungsziele anzugehen.

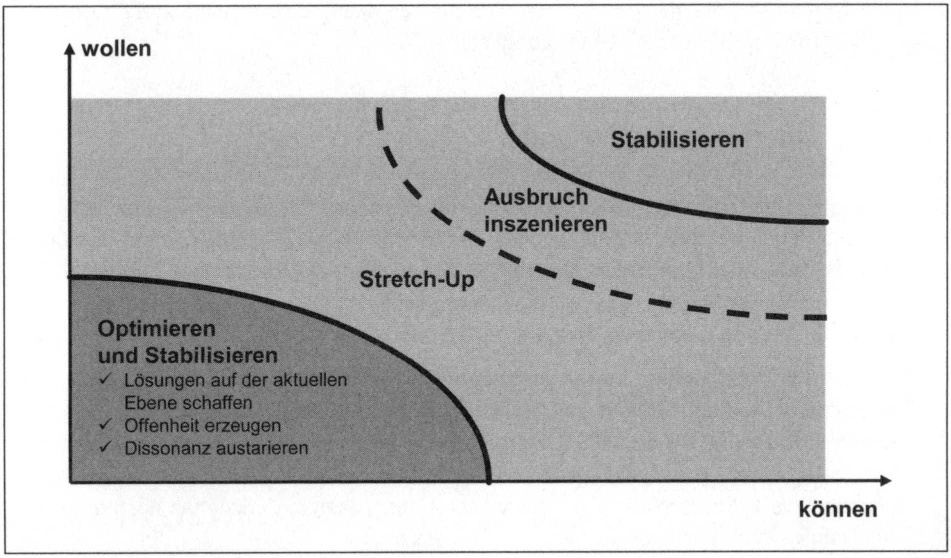

Quelle: Eigene Darstellung
Abbildung 18: *Begleitvariante „Optimieren und Stabilisieren"*

In der Regel ist die Instabilität und damit auch die Blockade gegen Veränderungen dadurch entstanden, dass das Unternehmen auf veränderte Rahmenbedingungen nicht adäquat reagiert. Es hat sich als Reaktion auf interne oder externe Veränderungen ein Stück weit zurück entwickelt, vieles schon Etablierte funktioniert nicht mehr.

Beispiel: Fusion

> Zwei Unternehmen auf der loyalen Ebene werden fusioniert. Es wird sich in der Regel nicht sofort ein neues loyales Unternehmen herausbilden. Vielmehr werden sich die beiden loyalen Unternehmen zunächst gegenseitig bekämpfen. Das neue verschmolzene Unternehmen befindet sich nun als Ganzes auf der Ebene Einzelkämpfer. Das drückt sich unter anderem darin aus, dass Parallelstrukturen aufgebaut werden, Regeln nicht mehr eingehalten werden und Verantwortlichkeiten nicht mehr klar geregelt sind. Unternehmensteile respektieren sich gegenseitig nicht und möchten sich anderen gegenüber durchsetzen.
>
> Hier gilt es nun, das Unternehmen als Ganzes auf der loyalen Ebene nachhaltig zu stabilisieren. Erst später kann das Unternehmen in die Ebene Erfolgssucher weiterentwickelt werden.

Die beobachtbare Destabilisierung kann auch noch weiter gehen. Reagiert ein Unternehmen auf sich verändernde Rahmenbedingungen damit, dass es keine neuen Lösungen entwickelt, sondern nur bisher erfolgreiche „Rezepte" verstärkt und mit immer mehr Nachdruck einsetzt, kann das System in einer Krise umkippen. Wir meinen damit, dass es ganz zerfällt oder beinahe schlagartig auf die vorige Ebene „abrutscht".

Beispiel: Überreglementierung

> Ein loyales Unternehmen funktioniert in einem reglementierten sicheren Absatzmarkt. Verändern sich nun die Rahmenbedingungen und der Markt wird dereguliert, spürt es plötzlich einen viel stärkeren Marktdruck. Die starken Hierarchien, die Regelungen und vielen Prozess-Schnittstellen lassen das Unternehmen nicht schnell und flexibel genug auf die Marktanforderungen reagieren. Es gerät zunehmend unter Druck.
>
> Nun hat das Unternehmen in der Vergangenheit – nämlich beim Übergang vom Einzelkämpfer zum Loyalen – gelernt, auf Druck und Chaos mit der Einführung neuer Regeln zu reagieren. Kann und will sich das Unternehmen nicht nach vorne entwickeln, wird es diesen Lösungsansatz auch jetzt wieder verfolgen. Das heißt, es werden viele neue Regeln eingeführt, Verantwortlichkeiten werden weiter aufgesplittert, es entstehen noch mehr Hierarchiestufen und Schnittstellen zwischen Prozessen.
>
> Wird nun erkannt, dass die zahlreichen Regeln, die Hierarchien, die vielen Schnittstellen schuld an der misslichen Lage sind, dann kippt das System. Regeln erodieren, Verantwortlichkeiten werden ignoriert, Prozesse werden nicht mehr eingehalten. Das Unternehmen beginnt, sich zurück in Richtung Einzelkämpfer zu entwickeln.

Maßnahmen der Begleitvariante Optimieren und Stabilisieren

Um das Unternehmen zu optimieren und zu stabilisieren, gilt es drei Dinge zu tun:

- Souveräne Lösungen auf der aktuellen Ebene schaffen, z. B.
  - bestehende Prozesse optimieren, gegebenenfalls leicht modifizieren,
  - Qualitätsoffensive,
  - Leistungsoffensive,
  - Kostensenkungsoffensive;
- Offenheit für Veränderung erzeugen, beispielsweise durch
  - Kommunikation,
  - Teambuilding,
  - kleine Lerngruppen,
  - Transparenz schaffen,
  - Erfahrungsaustausch;
- Dissonanz austarieren, das heißt insbesondere
  - Vertrauen erzeugen,
  - zeigen, dass die Führungsebene Ängste und Sorgen der Mitarbeiter ernst nimmt,
  - Versprechen einhalten,
  - Mitarbeiter zu Beteiligten machen.

Veränderung in die vorhergehende Graves-Ebene

Diese Variante wird gewählt, wenn das Unternehmen nicht mehr auf der aktuellen Ebene stabilisiert werden kann. Ihm ist zu viel an Lösungen auf der aktuellen Ebene abhandengekommen. Mit dieser Variante wird extremer Stress aus dem Unternehmen herausgenommen, da der Organisation alles notwendige Wissen und Können der vorherigen Ebene zur Verfügung steht. So kehrt schnell Ruhe ein – ob das Unternehmen seinen Geschäftszweck dann wieder einigermaßen gut erfüllen kann, ist eine andere Frage. Mitunter sind die Anforderungen aus der Komplexität des Geschäfts und dem Marktdruck nicht mehr erfüllbar bzw. nur noch mit unverhältnismäßigem Aufwand. Teile des Unternehmens werden dann unwirtschaftlich oder weitgehend handlungsunfähig.

Die Wirkung auf die Mitarbeiter ist ebenso zwiespältig: Visionäre und Vorreiter sind irritiert, aktive Unterstützer folgen aus Loyalität (je nach Kultur unterschiedlich ausgeprägt), die abwartenden Skeptiker fühlen sich bestätigt. Aus dem Lager der Bremser und Blockierer kommt möglicherweise ungewollte Eigendynamik, da sie sich in ihrer Ablehnung bestärkt sehen und ihre Positionen „mit Macht“ vertreten und durchzusetzen versuchen.

Diese Variante sollte wirklich nur zur Stabilisierung eingesetzt werden – und dies nach gründlicher Abwägung der Risiken. Ist das Unternehmen in sich wieder stabil, sollte sofort mit der

Veränderungsarbeit eine Ebene nach oben – Einsatz der Begleitvariante Stretch-Up – begonnen werden, um das Untenehmen schnellstmöglich wieder an die Erfordernisse der Umwelt anzupassen.

Ergebnis der Begleitvariante Optimieren und Stabilisieren

Das Unternehmen ist stabilisiert, es kann seinen Geschäftszweck wieder angemessen erfüllen. Dies ist im Großen und Ganzen darauf zurückzuführen, dass das Unternehmen wieder souveräne Lösungen für die aktuelle Graves-Ebene parat hat und diese auch entsprechend umsetzen kann. Außerdem wurde viel Stress aus dem Unternehmen herausgenommen.

Sind die Maßnahmen gut angelegt, wirken sie zudem positiv auf das Potenzial, den Umgang mit Hindernissen und auch die Fähigkeit, mit neu Gelerntem konstruktiv und nutzbringend umzugehen.

Während der Veränderungsarbeit kann zudem schon ein großes Stück Offenheit für Veränderungen erzeugt werden. Durch das positive Erleben einer gezielten und bewusst gemachten Veränderungsarbeit wachsen Energie und Motivation für weitere Veränderungen, insbesondere bei den aktiven Unterstützern. Auch abwartende Skeptiker erleben schneller positive Ergebnisse. Die Visionäre fühlen sich hingegen eher gelangweilt, ihnen wird alles viel zu langsam gehen – sie einzubinden und ihnen eine prozesshafte Sicht auf die Veränderung zur Verfügung zu stellen, wird helfen, sie als wertvolle Kräfte im Unternehmen zu halten.

Besteht das eigentliche Ziel der Veränderung darin, das Unternehmen um eine Ebene nach oben zu entwickeln, kann nun mit dem Stretch-Up begonnen werden. Dabei ist zu beachten, dass ein Unternehmen nur ein gewisses Maß an Veränderung auf einmal verkraften kann. Ein gut geplantes, behutsames Vorgehen ist also angebracht.

3.2 Begleitvariante Stretch-Up

Soll eine Veränderung bis in die nächste Ebene des Graves-Value-Systems geführt werden, kommt diese Begleitvariante zum Einsatz. Sie wird auch verwendet, wenn ein Unternehmen auf der gleichen Ebene des Graves-Value-Systems in seiner Reife und seiner Leistungsfähigkeit weiterentwickelt werden soll.

Voraussetzung ist, dass das Unternehmen in sich stabil ist – das heißt jedoch nicht, dass keine Dissonanz beziehungsweise Unzufriedenheit oder Unruhe im Unternehmen herrscht. Dissonanz und Unzufriedenheit haben zu Beginn des Stretch-Up vielfältige Gründe. Zum einen werfen die notwendigen Veränderungen ihren Schatten voraus und beunruhigen die Skeptiker. Zum anderen gäbe es keinen Grund für eine Veränderung, würde im Unternehmen alles zum Besten stehen.

Eine weitere essenzielle Voraussetzung für den Beginn des Stretch-Up ist, dass das Unternehmen beziehungsweise die zu verändernden Unternehmensteile über souveräne Lösungen für die aktuelle Graves-Ebene verfügen und diese auch voll nutzen können. Zudem muss die Mehrzahl der Mitarbeiter grundsätzlich offen für die Notwendigkeit von Veränderungen sein. Dies gilt auch, wenn zu Beginn des Stretch-Up nur ein kleiner Teil der Mitarbeiter über Einsicht in die nun anstehenden Veränderungen verfügt. Für die Visionäre und Vorreiter mag dies gelten, bei den aktiven Unterstützern wird es überwiegend noch nicht der Fall sein.

Für die Auswahl dieser Begleitvariante ist es zunächst nicht relevant, ob das Unternehmen schon über das Potenzial für die nächste Graves-Ebene verfügt, ob es mit Hindernissen umgehen kann und ob es Gelerntes gut integrieren kann.

Die folgende Tabelle gibt einen Überblick über den notwendigen Status der Voraussetzungen, um mit der Begleitvariante Stretch-Up beginnen zu können:

Voraussetzung	Status
Souveräne Lösungen auf der aktuellen Ebene	Erfüllt
Potenzial für Veränderungen	Nicht erfüllt, teilweise erfüllt oder erfüllt
Umgang mit Hindernissen	Nicht erfüllt, teilweise erfüllt oder erfüllt
Integration des Gelernten	Nicht erfüllt, teilweise erfüllt oder erfüllt
Offenheit für die Notwendigkeit von Veränderungen	Erfüllt
Dissonanz	Es herrscht eine gewisse Dissonanz. Das Unternehmen muss aber in sich stabil sein.
Einsicht in Notwendigkeit der Veränderung	Zumeist bei Visionären und Vorreitern vorhanden, evtl. auch schon in Teilen bei aktiven Unterstützern

Abbildung 19: *Status der Voraussetzungen bei Begleitvariante „Stretch-Up"*

Die Aktivitäten und Maßnahmen dieser Begleitvariante zielen auf die Erfüllung der bisher noch nicht vollständig vorhandenen Voraussetzungen – Hand in Hand gehen die Erprobung, Validierung und Detaillierung des in der Zieldefinition entwickelten Design Pattern.

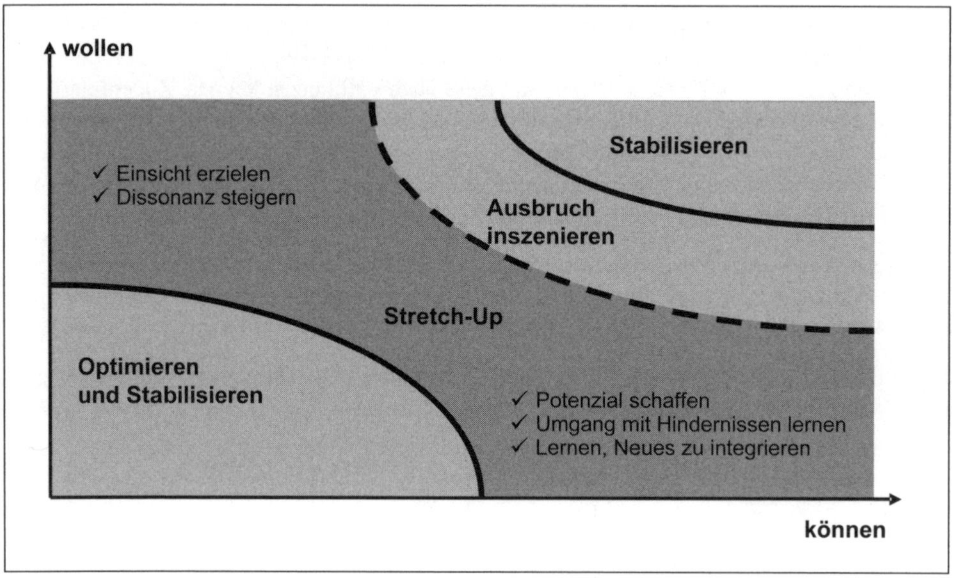

Quelle: Eigene Darstellung
Abbildung 20: *Begleitvariante „Stretch-Up"*

In Abhängigkeit von den erfüllten Voraussetzungen werden gezielt Maßnahmen entwickelt, um die noch fehlenden Voraussetzungen zu erfüllen. Denn letztlich kann die gewünschte Veränderung nur dann wirklich stattfinden, wenn das Unternehmen alle Voraussetzungen von *Können* und *Wollen* ausreichend erfüllt.

Maßnahmen der Begleitvariante Stretch-Up

Im Folgenden stellen wir eine Auswahl an sehr effizienten Maßnahmen dar, die im Stretch-Up eingesetzt werden können. Diese Maßnahmen können gut miteinander kombiniert werden. Sie sollten umfassend sein und den gesamten zu verändernden Bereich betreffen. Die Auswahl und die Kombination der einzelnen Maßnahmen sind sehr stark von der spezifischen Situation in einem Unternehmen abhängig, deshalb werden wir im nächsten Kapitel eine Vielzahl von Fallbeispielen aufführen, in denen wir den Einsatz und die Wirkung der unterschiedlichen Maßnahmen der Begleitvariante Stretch-Up darstellen.

Die Maßnahmen zielen zum einen darauf ab, Lernerfahrungen und positive Erlebnisse bezüglich der anstehenden Veränderung zu erzeugen, vorhandenes Potenzial zu aktivieren und neues Potenzial zu schaffen oder zu akquirieren.

Auf der anderen Seite ist aber auch die Dissonanz zu steigern – denn die Erfahrungen mit einer veränderten Situation können noch so positiv sein, wenn in der aktuellen Situation nicht wirklich der Schuh drückt, werden sich Führungskräfte und Mitarbeiter nicht bewegen.

Begleitend zur Umsetzung der Maßnahmen ist ausreichend Transparenz über die Hintergründe der Initiativen und der damit einhergehenden Veränderung zu schaffen. Eine klare und stringente Kommunikation mit allen Bereichen und Personen ist im Stretch-Up unerlässlich.

- Qualifizieren, Ausbilden

  Abhängig von der angestrebten Ebene des Graves-Value-Systems können Mitarbeiter in Tools und Methoden wie Projektmanagement, Balanced Scorecard oder SixSigma ausgebildet werden. Auch fachliche Schulungen können den Mitarbeitern helfen, die notwendigen Fähigkeiten in ihren Beschäftigungsbereichen zu erlangen oder auch Einblick in Unternehmenszusammenhänge und benachbarte Beschäftigungsbereiche zu erhalten.

  Neben den oben genannten „Hard Fact"-Schulungen und -Seminaren gehört auch die Qualifikation im Bereich des persönlichen Verhaltens zu den effektiven Maßnahmen im Stretch-Up. So können Seminare zur Mitarbeiterführung, zum Konfliktmanagement, zur Kommunikation, zur Kundenorientierung etc. gezielt in Bezug auf die angestrebte Ebene des Graves-Value-Systems konzipiert werden.

- Inhaltliche Projekte als Vehikel

  Menschen wachsen mit ihren Aufgaben – dies lässt sich ganz gezielt für die Veränderungsarbeit einsetzen. Das Vorgehen ist dabei im Prinzip sehr einfach. Aus den zahlreichen für die Implementierung des Design Patterns anstehenden inhaltlichen Arbeiten werden einzelne ausgesucht, als Projekt oder Aufgabe beschrieben und an Verantwortliche klar adressiert.

  Die Bearbeitung der Themen schafft Potenzial sowie Einsicht in die Veränderung – und die Dissonanz steigt, weil die Themen und Zusammenhänge für die Unternehmung sehr greifbar werden. Positive Auswirkungen kann die inhaltliche Arbeit auch bei der Fähigkeit zum Umgang mit Hindernissen und zur Integration von Gelerntem haben.

  So entstehen im Unternehmen kleine „Inseln", die über eine größere Reife verfügen und wesentlich effektiver und effizienter arbeiten als es im übrigen Teil des Unternehmens der Fall ist. Diese Inseln dienen als Vorbild und Vorreiter. Je mehr solcher Inseln im Unternehmen entstehen, umso einfacher wird es sich im Ganzen weiterentwickeln können.

- Referenzbesuche

  Referenzbesuche in Unternehmen, die bereits bestimmte Initiativen umgesetzt haben, erhöhen die Einsicht, dass eine Umsetzung wirklich möglich ist. Ein solcher Referenzbesuch kann auf allen Hierarchieebenen vom Top-Management bis zum Mitarbeiter stattfinden. Wichtig ist es, den Führungskräften und Mitarbeitern, die einen Referenzbesuch unternommen haben, ausreichend Zeit zur Reflexion des Gelernten zu geben und ihnen dann eine – natürlich modifizierte – Umsetzung im eigenen Unternehmen zu ermöglichen.

- Workshops und Klausuren/Best-Practice-Veranstaltung

  In Workshops und Klausuren können neue, angestrebte Verhaltensweisen durch eine gezielte Moderation erlernt und erlebt werden.

In einem Einzelkämpferunternehmen können z. B. Workshops mit ganz klar vorgegebenen Regeln und einer sehr stringenten Moderation den Mitarbeitern helfen, das Einhalten von Regeln zu erlernen.

Zur Erlernung der Erfolgsorientierung in einem loyalen Unternehmen können Mitarbeiter aus verschiedenen Bereichen, die sonst nicht selbstverständlich miteinander kommunizieren, zusammengebracht werden, um gemeinsam eine Lösung für ein reales Projekt zu entwickeln.

Beispiel: Interdisziplinäre Klausuren

> Ein loyales Produktionsunternehmen veranstaltet regelmäßig Klausurtagungen mit dem Ziel, die Herstellungskosten seiner Produkte zu optimieren.
>
> Dazu werden mehrere interdisziplinäre Kleingruppen aus Mitarbeitern des Einkaufs, der F&E-Abteilung, der Produktion, des Vertriebs und des Controlling zusammengebracht. Diese Kleingruppen entwickeln gemeinsam Lösungsansätze, wie ein bestimmtes Produkt ohne Qualitätseinbußen günstiger produziert werden kann. Die Ergebnisse werden dann jeweils den anderen Kleingruppen präsentiert. Hierdurch kann das Unternehmen zumeist erhebliche Einsparungen erzielen.
>
> Ein positiver „Nebeneffekt" ist, dass die Mitarbeiter die erfolgsorientierte Arbeitsweise positiv erleben. Sie schätzen es, das Experten-Know-how ihrer Kollegen gemeinsam mit ihrem eigenen zu einer optimalen Lösung zusammenzubringen. Genauso lernen sie die Sichtweise und Restriktionen der anderen kennen und verstehen den vollständigen Wertschöpfungsprozess ihres Unternehmens besser.

- Stellenbesetzungen

  Eine Veränderung des Unternehmens im Ganzen kann nur dann sinnvoll stattfinden, wenn die Schlüsselpositionen mit den passenden Personen besetzt sind. Insbesondere die Führungsmannschaft eines Unternehmens muss hinter den geplanten Veränderungen stehen. Sie muss begriffen haben, was diese Veränderungen bewirken, und die neue Kultur verkörpern. Hier ist es manchmal unerlässlich, Stellenbesetzungen zu verändern und Führungskräfte/Mitarbeiter, welche die anstehende Veränderung nicht mittragen, zu ersetzen.

  Parallel zum positiven Effekt, eine Position mit der passenden Person besetzt zu haben, wird durch eine solche Maßnahme auch sehr großer Druck in der Organisation aufgebaut.

- Gezielte Einstellungen

  Unabhängig von der Neubesetzung bestimmter Schlüsselpositionen können auch vorausschauend neue Führungskräfte und Mitarbeiter ins Unternehmen geholt werden. Diese sollten große Erfahrung im Arbeiten auf der Ziel-Ebene haben. Und es ist wichtig, dass diese Mitarbeiter geschützt und gestärkt werden. Entweder verlassen sie sonst, noch bevor der eigentliche Veränderungsprozess startet, frustriert das Unternehmen, oder sie passen sich an das Unternehmen und seine Denk- und Verhaltensweisen an, was in diesem Falle nicht wünschenswert ist.

- Botschafter (Change Agents) einsetzen

  In Veränderungsprozessen kann es sinnvoll sein, bestimmte Mitarbeiter – Visionäre, Vorreiter, aktive Unterstützer – als *Change Agents* einzusetzen. Change Agents sollten aus allen Hierarchieebenen des Unternehmens stammen und über die Fähigkeit verfügen, andere mitreißen und ihnen als echtes Vorbild dienen zu können.

  Diese Mitarbeiter werden speziell informiert und geschult. Sie dienen im Veränderungsprozess als Multiplikatoren. Sinnvoll ist es auch, Change Agents nicht „undercover" zu benennen, sondern ihre Rolle offen zu kommunizieren.

- Individuelle Motivation und Nutzenargumentation auf der jeweiligen Graves-Ebene

  In Einzelgesprächen können Mitarbeiter am besten von der anstehenden Veränderung überzeugt werden, wenn die verwendete Argumentation auf ihre aktuellen Bedürfnisse und die bestehende Ausrichtung des Unternehmens passt. Beispielsweise kann einem loyalen Mitarbeiter die Erfolgsorientierung schmackhaft gemacht werden, wenn er überzeugt wird, dass Sicherheit für ihn und das Unternehmen nur dann gegeben ist, wenn das Unternehmen die anstehende Veränderung vollzieht.

- Bewusstseinsbildung bezüglich der individuellen Fähigkeiten

  Viele Mitarbeiter haben bereits ein sehr hohes Potenzial für die nächste Ebene des Graves-Value-Systems, nur setzen sie dies noch nicht im Unternehmensumfeld ein, sondern z. B. im privaten Umfeld. Hier gilt es, in Seminaren, Workshops oder auch in Mitarbeitergesprächen das Bewusstsein dafür zu schaffen, dass bestimmte Fähigkeiten und Wertevorstellungen auch im beruflichen Umfeld angewendet werden können und ihren Platz haben sollen.

- Stretch-Down

  Um der Organisation Einsicht in die Notwendigkeit von Veränderungen zuzuführen und den Druck weiter zu erhöhen, ist es in manchen Fällen sinnvoll Verhalten aus der vorherigen Ebene des Graves-Value-Systems zu nutzen. Zum Beispiel werden in einem Bereich gezielt Regeln umgangen und damit Fakten geschaffen – dies ist dann besonders wirksam, wenn es in tatsächlichen Problembereichen geschieht.

  Da eine Organisation immer über das Gelernte der vorigen Ebenen des Graves-Value-Systems verfügt, kann man davon ausgehen, dass die Mitarbeiter das gezeigte Verhalten sehr wohl einzuschätzen wissen. In so einer „Laborsituation" kann die Organisation jedoch lernen, mit Problemen anders umzugehen und die Situation besser verstehen. Es entsteht im günstigsten Fall der gewünschte Eindruck, die Probleme auf eine ganz andere Weise lösen zu wollen – weil die bisherigen Lösungsvarianten nicht mehr ausreichen und das Verhalten einer früheren Ebene des Graves-Value-Systems natürlich nicht gewünscht ist.

Zudem hilft dieses Vorgehen, früher Gekonntes wiederzuentdecken und in veränderter Form zu integrieren. Die Offenheit und die Fähigkeit zum Umgang mit Hindernissen werden durch das Stretch-Down also auch gesteigert.

Beim Stretch-Down müssen besonders die Visionäre und Vorreiter weiterhin emotional und fachlich motiviert werden. Es kann sein, dass diese die Welt nicht mehr verstehen und aufgeben – frustriert über den mangelnden Fortschritt bzw. den Rückschritt des Unternehmens und der Führungskräfte. Es ist daher wichtig, diesen Personenkreis gezielt einzubinden und die Sinnhaftigkeit der Maßnahme zu erklären.

- Dissonanzerzeugung durch Kommunikation

  Kommunikation kann nicht nur dazu eingesetzt werden, die Mitarbeiter zu informieren – sie kann auch gezielt Druck und Unbehagen erzeugen. Es kann beispielsweise gewollt sein, dass die Mitarbeiter von einer anstehenden Veränderung aus der Zeitung erfahren. Eine sehr große Dissonanz, der größte Druck entsteht durch eine solche Maßnahme. Dies kann situativ sinnvoll sein, auch wenn es vielleicht auf den ersten Blick absurd klingt.

Einführung von Dissonanz in die kongruente Führung

Eine der effektivsten Maßnahmen ist die Einführung von Dissonanz durch spezielle Führungstechniken. Analog zur kongruenten Führung, die wir im Kapitel „Entwicklungsstufen in Unternehmen" beschrieben haben, kann eine Führungskraft genau passend zur Ebene des Graves-Value-Systems auch Unbehagen und Druck bei ihren Mitarbeitern erzeugen – es erscheint uns angebracht, dies hier näher auszuführen.

Im Folgenden beschreiben wir, wie diese Dissonanz gezielt erzeugt werden kann. Wir weisen aber auch darauf hin, welche negativen Auswirkungen durch diese Art der Führung auftreten können. Führungskräfte sollten die Auswirkungen intensiv und wachsam beobachten, um gegebenenfalls gegensteuern zu können und ein Übermaß an Dissonanz zu verhindern.

Mitarbeiterführung ist ein sehr persönliches und individuelles Thema. Den Mitarbeitern muss immer Wertschätzung auf der persönlichen Ebene entgegengebracht werden. Die Eigenverantwortung und Eigeninitiative der Mitarbeiter gilt es dabei stets zu fördern.

- Führungsdissonanz bei Stammesmenschen

  Führung zeichnet sich auf dieser Ebene durch einen freundlichen, patriarchalischen Führungsstil aus. Die Führungskraft arbeitet mit den Mitarbeitern und sorgt für eine gute Arbeitsatmosphäre. Wettbewerb innerhalb des Unternehmens ist nicht gewünscht.

  Die Führungskraft kann dementsprechend bei ihren Mitarbeitern Dissonanz erzeugen, indem sie unfreundlich wird, mit Liebesentzug droht und ihren Mitarbeitern klarmacht, dass sie von ihnen persönlich sehr enttäuscht ist. Die Führungskraft kündigt Rückzug an, was den Mitarbeitern signalisieren soll, dass sie künftig auf sich selbst gestellt sein werden und die Führungskraft nicht mehr für sie sorgen wird.

Um den Mitarbeitern den Weg in die nächsthöhere Ebene des Graves-Value-Systems zu bereiten, wird die Führungskraft beginnen, den Wettbewerb der Mitarbeiter untereinander zu schüren. Es gibt keine gleichmäßige Belohung mehr für alle, sondern es werden Ziele definiert, anhand derer Belohung oder Bestrafung stattfindet.

Negative Reaktionen können Erstarrung und Lethargie der Mitarbeiter sein – es besteht aber auch die Möglichkeit, dass sich einzelne Mitarbeiter aus persönlicher Verletztheit heraus höchst aggressiv gegenüber der Führungskraft verhalten.

- Führungsdissonanz bei Einzelkämpfern

  Mitarbeiter auf der Ebene der Einzelkämpfer brauchen ein gewisses Maß an Freiheit und die Möglichkeit, stolz auf ihre Arbeit zu sein.

  Um nun Dissonanz auf der Ebene der Einzelkämpfer zu erzeugen, kann die Führungskraft ihren Mitarbeitern im wahrsten Sinne des Wortes das Einhalten von Regeln vorschreiben. Individuelle Lösungen, die gegen die Regeln verstoßen, werden sanktioniert. Genauso wird aber auch eine sofortige Belohnung eingesetzt für die Bereitschaft, Regularien und Strukturen zu akzeptieren.

  Auch Machtkämpfe werden von der Führungskraft unterbunden. Den Mitarbeitern wird vorgeschrieben, anderen Personengruppen gegenüber loyal zu sein und mit ihnen zusammenzuarbeiten.

  Eine mögliche negative Reaktion der Einzelkämpfer kann ein gesteigertes aggressives Verhalten sein. Auch der Missbrauch der Belohnungen zum weiteren Machtausbau sowie der Versuch, Belohnungen auf Kosten anderer zu erzielen, sind Reaktionen, die von der Führungskraft genauestens beobachtet und unterbunden werden sollten.

- Führungsdissonanz bei Loyalen

  Loyale Mitarbeiter sehen die Rolle der Führungskraft unter anderem darin, die Aufgaben zu strukturieren und den Lösungsweg vorzugeben.

  Um Dissonanz zu erzeugen, macht die Führungskraft ihren Mitarbeitern klar, dass von nun an zunehmende Flexibilität und Selbstverantwortung gefordert sind. Mitarbeitern wird die Erfüllung einer Aufgabe allein überlassen, ihnen wird nicht vorgegeben, wie sie sie zu lösen haben. Zudem zielt die Führungskraft darauf ab, dass ihre Mitarbeiter die Verantwortung für das Ergebnis ihrer Arbeit übernehmen.

  Weiterhin wird die Führungskraft von ihren Mitarbeitern eine stärkere Lösungsorientierung fordern. Wer ausschließlich von Problemen berichtet, wird aufgefordert, einen Lösungsansatz zu finden.

  Um Dissonanz bei loyalen Führungskräften zu erzeugen, werden ihnen ihre prächtigen Büros genommen, sie werden mitten unter ihren Mitarbeitern platziert. Abteilungen und Gruppen werden umstrukturiert. Der loyalen Führungskraft werden Mitarbeiter – ihr größtes Statussymbol – weggenommen.

  Als Abwehrreaktion werden loyale Führungskräfte und Mitarbeiter versuchen, sich in ein Dienst-nach-Vorschrift-Verhalten zu retten. Es tritt eine zunehmende Inflexibilität ein.

- Führungsdissonanz bei Erfolgssuchern

  Erfolgssucher sind es gewohnt, Entscheidungen in ihrem Verantwortungsbereich zu treffen und für ihre persönliche Leistung belohnt zu werden. Sie möchten frei und flexibel arbeiten, sich zwar abstimmen und über den Tellerrand sehen, aber in ihrer Entscheidungsfreiheit nicht eingeschränkt werden.

  Um Dissonanz bei Erfolgssuchern zu erzielen, können Regeln eingeführt werden, die nunmehr Gruppenentscheidungen erfordern und Belohnungen im großen Maße von einer gemeinsamen Leistung abhängig machen. Auch eine Belohnung nach den Ergebnissen eines 360°-Feedbacks wird bei Erfolgssuchern eine große Dissonanz erzeugen.

  Um Dissonanz bei Erfolgssuchern zu erzielen, ist auch ein Stretch-Down durchaus wirksam. Der Führungsstil wird autoritärer. Mitarbeiter werden in Berichtsstrukturen und Regeln gezwungen.

  Eine typische Reaktion auf solche Veränderungen ist das bewusste Umgehen der geforderten Kooperation. Der Erfolgssucher unternimmt mitunter große Anstrengungen, um das System zu unterwandern beziehungsweise auszuhebeln.

- Führungsdissonanz bei Teammenschen

  In eine Team-Konstellation kann Dissonanz eingesteuert werden, indem das Team von der Führungskraft ständig mit Gedanken, Vorschlägen und Positionen außerhalb der Teamwelt konfrontiert wird.

  Die Mitglieder des Teams werden gezwungen, entsprechend anderer Graves-Ebenen miteinander zu arbeiten. So gilt es in einem Kontext, strenge Regeln und Hierarchien einzuhalten, in einem anderen, Belohnungen nur noch für die eigene Leistung zu erzielen sowie eigene Entscheidungen zu treffen.

  Diese Maßnahmen erzeugen zum einen sehr starke Dissonanzen bei den Teammenschen, zum anderen bereiten sie sie auf die Ebene der Möglichkeitensucher vor. Denn der Möglichkeitensucher ist in der Lage, je nach Situation die entsprechende Arbeitsweise des Graves-Value-Systems einzusetzen und alle Ebenen so zu kombinieren, wie es am besten zur aktuellen Situation passt.

  Nebenwirkung ist häufig das „Aussperren“ von externen Perspektiven, man will ein in sich geschlossener Zirkel sein. Die externe Realität wird negiert, man fokussiert sich mehr auf das Interne.

So differenziert, wie das Thema Dissonanz zu betrachten ist, so differenziert muss man sich auch die anderen Voraussetzungen für Veränderungen ansehen. Und die Tatsache, dass es überwiegend verstärkende Zusammenhänge gibt.

Unterstützende Wirkungen der Voraussetzungen

Erfreulicherweise muss man nicht an der Verbesserung aller Voraussetzungen gleichzeitig mit gleich großer Energie arbeiten. Es gibt unterstützende Effekte, die je nach vorhandener Kultur und konkreter Situation unterschiedlich stark ausgeprägt sind.

- Potenzial fördert die Einsicht in die Notwendigkeit der Veränderung.
- Die Integration des Gelernten kann sowohl das Potenzial im Ganzen als auch die Fähigkeit, mit Hindernissen umzugehen, positiv beeinflussen.
- Dissonanz kann helfen, die Menschen offener für Veränderungen zu machen.
- Offenheit fördert wiederum das Erlernen von neuen Fähigkeiten, das Potenzial und der Umgang mit Hindernissen werden dementsprechend positiv beeinflusst.

Vereinzelt treten aber auch dämpfende Effekte ein:

- So verringert zum Beispiel die Einsicht in die Zusammenhänge die Dissonanz, da ja verstanden wird, warum alles so schwierig erscheint – damit sinkt der Handlungsdruck.
- Durch zu viel Druck werden andererseits auch die Offenheit und die Einsicht in Veränderungen negativ beeinflusst.

Wesentlich für die Veränderungsarbeit ist eine genaue Betrachtung, welche unterstützenden oder dämpfenden Wirkungen in der jeweiligen Organisation tatsächlich auftreten. Dies kann in Abhängigkeit von der konkreten Situation stark voneinander abweichen, so dass es das „Patentrezept" für die Verbesserung der Veränderungsvoraussetzungen nicht gibt.

Die besondere Bedeutung von Keimzellen im Stretch-Up

Fast immer läuft die Veränderungsarbeit darauf hinaus, Teile des Design Pattern in kleinen Teilgruppen des Unternehmens – so genannten Keimzellen – auszuprobieren, zu validieren und zu verfeinern.

Keimzellen können bereits existierende, sehr reife Teile des Unternehmens sein, etwa eine bestimmte Abteilung, ein Projektteam oder eine Führungsnachwuchsgruppe. Keimzellen können aber auch im Veränderungsprozess gezielt aufgebaut werden. Hierzu nutzt man gegebenenfalls das Projektteam, das die Veränderungsarbeit an sich zur Aufgabe hat, aber auch andere Gruppen können für eine inhaltliche Aufgabe zusammengestellt werden bzw. existierende Gruppen können mit speziellen Aufgaben betraut werden. Wir haben im oberen Teil dieses Kapitels bereits die Maßnahme *Inhaltliche Projekte als Vehikel* beschrieben. Die hierdurch entstehenden „Inseln" sind nichts anderes als Keimzellen, die den Veränderungsprozess des Unternehmens voranbringen.

Wichtig ist in allen Ansätzen, dass die Keimzelle klar nach den Prinzipien des Design Pattern arbeitet.

Beispiel: Keimzelle für Fehlerkultur

Im einen Teilaspekt des Design Pattern auf dem Weg zu einem Team-Unternehmen wurde festgelegt, dass eine offene Fehlerkultur herrschen sollte.

Das Erkennen und Beseitigen von Fehlern soll als positiver Aspekt zur weiteren Effizienzsteigerung und Verbesserung gesehen werden. Wer einen Fehler macht und zugibt, wird in der Folge nicht mit Strafe und Verachtung zu rechnen haben, sondern mit der Anerkennung für den Mut, einen Fehler zuzugeben, und mit der positiven Erwartung aller, den Fehler dauerhaft zu beseitigen. Tritt ein Fehler auf, soll sich das Team nicht auf den Verursacher des Fehlers (den Schuldigen) konzentrieren, sondern auf die Ursache des Fehlers. Letztere liegt häufig im Prozess, den es dann gemeinsam zu verbessern gilt.

Um diesen Aspekt des Design Pattern zu erproben, wird eine Abteilung aus dem Unternehmen ausgewählt, welche schon sehr nah an diesem beschriebenen Ziel ist und für die effiziente Prozesse essenziell sind. Gezielte Maßnahmen (von Ausbildung im Labor über Teambuilding-Events bis hin zu Coaching im täglichen Arbeitsleben) machen diese Abteilung zu einem echten Team mit dem gewünschten Verhalten. Sie kann im folgenden Veränderungsprozess als Kern und Keimzelle für eine Ausweitung der Fähigkeiten und Möglichkeiten dienen, indem andere Mitarbeiter in diese Abteilung hineingebracht werden oder indem diese Abteilung gegenüber anderen Abteilungen eine gewollte Vorbildfunktion einnimmt. Es darf auch ein Artikel über diese Abteilung in der Firmenzeitung erscheinen. Weiterhin können Mitarbeiter aus dieser Abteilung herausgenommen werden und ihr Verhalten dann in andere Abteilungen einbringen. Diese Liste ist natürlich fortsetzbar.

Projektorganisation im Stretch-Up

Zum Aufbau der Projektorganisation für die Durchführung von Stretch-Up-Maßnahmen werden gezielt die Ergebnisse der Standortanalyse genutzt. Insbesondere wird mit den Schlüsselpersonen intensiv gearbeitet. Sinnvoll ist es, die Projektorganisation in Abhängigkeit von den Fähigkeiten und der Veränderungsbereitschaft einzelner Mitarbeiter aufzubauen. Denn es ist eines der wichtigsten Erfolgskriterien, im Veränderungsprozess mit Mitarbeitern zu arbeiten, die über Offenheit verfügen und zumindest über souveräne Lösungen auf der aktuellen Ebene. Hilfreich sind auch Mitarbeiter mit einem hohen Potenzial und entsprechend viel Einsicht. Zudem sollten im Projekt auch Visionäre und Vorreiter integriert sein. Die Einbindung von aktiven Unterstützern und Skeptikern ist jedoch der eigentliche Schlüssel zum Erfolg. Denn diesen Gruppen sind im Projektverlauf die richtige Erdung und die Umsetzbarkeit von Konzepten zu verdanken.

Aufschwung: Roll-Out des Design Pattern

Sind nun alle Voraussetzungen für Veränderungen aus *Können* und *Wollen* in hohem Maße erfüllt, wurde das Design Pattern ausgiebig in Keimzellen erprobt und ist insbesondere das Unternehmen offen genug, um schnell tief greifende Veränderungen zuzulassen, dann kann das Design Pattern in die ganze Organisation implementiert werden.

Neue Organisationsstrukturen werden umgesetzt und neue Prozesse und Verfahren stufenweise eingeführt, veränderte Regeln werden in Kraft gesetzt, und neu geschaffene Kulturelemente werden in den Vordergrund gestellt. Das wird an vielen Ecken und Kanten zunächst nicht funktionieren, es wird „rumpeln und krachen", das Unternehmen wird einem extremen Stress ausgesetzt sein.

In der Zeitspanne des Aufschwungs ist eine stringente und kongruente Führung wichtiger denn je. Die Führungskräfte sind gefordert, mit fliegenden Fahnen vorauszugehen und ihre Mitarbeiter mitzuziehen. Entsprechend müssen Führung und Kommunikation vorbereitet sein und zur Ziel-Ebene im Graves-Value-System passen.

Kommunikations- und Führungsaspekte im Aufschwung

Aus einer Stammesmensch-orientierten Welt kommend: klare Anweisungen geben.

Aus einer bisherigen Einzelkämpfer-Kultur kommend: klare Strukturen geben, Regeln etablieren.

Aus einer bisher loyalen Welt kommend: Einzelanreizsysteme und Regeln koppeln, hierarchisch führen und Chancen für die Einzelnen zeigen.

Aus einem primär von Erfolgsorientierung geprägten System kommend: Herausstellen der persönlichen Wachstumschancen durch die Teamorientierung – „Gemeinsam kann noch mehr erreicht werden!"

Aus der bisherigen Team-Welt kommend: Chancen der Flexibilität und Individualität aufzeigen.

Ergebnis der Begleitvariante Stretch-Up

Das Unternehmen befindet sich nun auf der nächsthöheren Ebene des Graves-Value-Systems. Es hat neue Organisationsstrukturen, neue Prozesse und eine neue Politik, die Kultur hat sich deutlich verändert – vieles läuft nun besser.

Unter den Mitarbeitern und in Teilen der Organisation herrscht eine Mischung aus Euphorie und Angst. Die Irritationen der Veränderung sind noch nicht ganz überwunden, und es läuft noch nicht an allen Stellen rund. Es sind noch nicht alle Skeptiker überzeugt, hin und wieder wird auch den Blockierern noch reichlich Aufmerksamkeit gewidmet.

Das Unternehmen ist noch weit davon entfernt, wieder in sich stabil zu sein. Von daher gilt es nun, das Unternehmen wieder zu stabilisieren.

3.3 Begleitvariante „Ausbruch inszenieren“

Diese Begleitvariante kommt zum Einsatz, wenn der Stretch-Up nicht sauber umsetzbar ist, und der Aufschwung durch Implementieren des Design Patterns nicht realisiert werden kann. Dies ist insbesondere dann von Bedeutung, wenn nicht die Zeit oder Möglichkeit war, die Voraussetzungen für Veränderungen zu schaffen.

So eine Situation kann entstehen, wenn der Veränderungsprozess voranschreitet und die Unruhe sich verstärkt. Alles kommt in Bewegung. An sehr vielen Stellen im Unternehmen geht die Veränderung nicht in der gewünschten Geschwindigkeit voran, es kommt zu krisenhaften Situationen, das ganze Vorhaben bleibt stecken. Dieser Zustand ist durchaus dramatisch: Es droht das Scheitern des Veränderungsprozesses, in großen Krisen droht sogar das Zurückfallen auf eine frühere Ebene des Graves-Value-Systems.

Man sitzt also förmlich in der „Falle“. Die Selbstwahrnehmung in dieser Lage ist, als bräche die Hölle los, vieles funktioniert nicht mehr, das Tagesgeschäft bereitet auf einmal unerwartete Schwierigkeiten. Es erfolgt eine große Mobilisierung von Kräften in alle Richtungen.

Es ist wie beim im Kapitel „Das Graves-Value-System in der Praxis – ein Modell der Welt“ beschriebenen Umzug auf die nächsthöhere Etage des Hauses. Es wurde begonnen, Kisten zu packen und nach oben zu bringen, Möbel werden geschleppt, alle treffen sich irgendwo und irgendwie. Und wenn die Ordnung in diesem Prozess abnimmt, dann stecken alle auf der Treppe fest. Ein paar tragen einen schweren Schrank hinauf, andere wollen mit leeren Kartons wieder nach unten – es geht nicht mehr vor und nicht mehr zurück.

Das in solchen Phasen beobachtbare Verhalten hat etwas Grenzwertiges: Wer „zu weich“ ist und nicht mittun will, ist schlimmer als der äußere „Feind“. Alles oder nichts gilt als Prinzip – verändern oder zerstören. Es werden keine Kompromisse mehr gemacht: Ein alter Schrank, der sich nicht ordentlich zerlegen lässt, wird kurzerhand zu Kleinholz verarbeitet und auf die Straße geworfen. Oft werden vom Management fundamentale Änderungen verlangt, um endlich voranzukommen.

An dieser Stelle ist ein ausführlicher und kritischer Blick auf die Erfüllung der Voraussetzungen angezeigt.

Ein Ausbruch kann nur dann erzielt werden, wenn wirklich alle Voraussetzungen aus *Können* und *Wollen* erfüllt sind. Ist dies nicht oder – wie in Abbildung 21 dargestellt – nur teilweise der Fall, ist alles dafür zu tun, um das Unternehmen zu stabilisieren. Es sind Maßnahmen aus dem Stretch-Up zu ergreifen, um die Voraussetzungen vollständig zu erfüllen. Ad-hoc-Maßnahmen können hier ebenso sinnvoll sein wie die punktuelle Unterstützung durch Externe.

Voraussetzung	Status
Souveräne Lösungen auf der aktuellen Ebene	Erfüllt
Potenzial für Veränderungen	Erfüllt
Umgang mit Hindernissen	Teilweise erfüllt
Integration des Gelernten	Teilweise erfüllt
Offenheit für die Notwendigkeit von Veränderungen	Erfüllt
Dissonanz	Das Unternehmen steckt in der Krise
Einsicht in Notwendigkeit der Veränderung	Teilweise erfüllt

Abbildung 21: *Status der Voraussetzungen bei Begleitvariante „Ausbruch inszenieren"*

Sind jedoch alle Voraussetzungen erfüllt und steckt das Unternehmen dennoch in der Krise fest, sollte ein Ausbruch gestaltet werden, um die Organisation in die nächsthöhere Ebene des Graves-Value-Systems zu bringen.

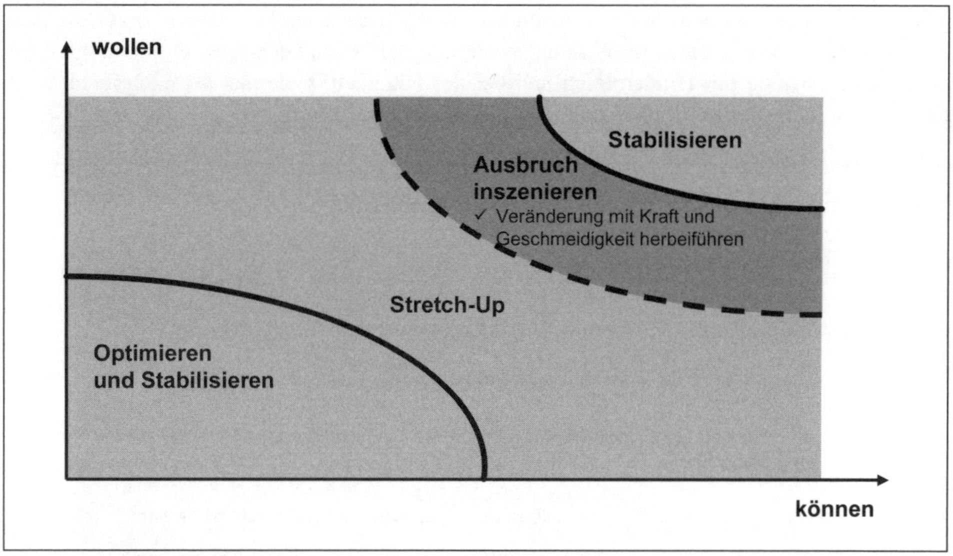

Quelle: Eigene Darstellung
Abbildung 22: *Begleitvariante „Ausbruch inszenieren"*

Die Inszenierung eines Ausbruchs bedeutet eine äußerst große Kraftanstrengung und gleichzeitig viel Fingerspitzengefühl. Wie auf ein „Hauruck"-Kommando schreitet der Veränderungsprozess voran.

Maßnahmen der Begleitvariante „Ausbruch inszenieren“

Um den Ausbruch zu gestalten, braucht es auf den eher unteren Ebenen des Graves-Value-Systems und in einem bisher eher homogenen Umfeld Maßnahmen, die auf harte, konkrete und unmittelbare Änderungen zielen. Klares Voranschreiten seitens des Managements, konkrete Handlungsanleitungen sind gefordert.

Bei den höheren Ebenen des Graves-Value-Systems und in einem eher homogenen Umfeld sind Maßnahmen und Kommunikation bezüglich abstrakterer, größerer und weiter entfernter Ziele angemessen. Die einzelnen Lösungen bringt die Organisation dann aus sich heraus zustande. Bei inhomogenen Gruppen/Organisationen muss beides geleistet werden, um die jeweiligen Bedürfnisse nach Orientierung zu bedienen.

In allen Fällen muss das Management trotz der turbulenten Situation handlungsfähig bleiben. Wer selbst im Veränderungs-Chaos steckt, kann weder Orientierung bekommen noch Orientierung geben. Hier liegt eine der zentralen Aufgaben der Führungskräfte, auch der externen Begleiter.

Der Ausbruch erfasst in seiner Wirkung die ganze Organisation. Die Vorreiter und die aktiven Unterstützer werden am meisten Energie daraus ziehen, die Skeptiker bewegen sich mit, die Visionäre sind allerdings gedanklich schon im neuen Zustand und bekommen das Geschehen gar nicht mehr richtig mit. Die Wirkung bezüglich der Voraussetzungen entfaltet sich sehr stark beim Umgang mit Hindernissen und bei der Fähigkeit, Gelerntes zu integrieren, auch die Einsicht in die neuen Möglichkeiten wächst beinahe schlagartig.

Kommunikations- und Führungsaspekte im Ausbruch

In einer noch Stammesmensch-orientierten Welt: Vertrauen geben, Vorbildfunktion nutzen.

In einer bisherigen Einzelkämpfer-Kultur: klare und Antworten gebende Führung.

In der noch loyalen Welt: klare, doktrinäre Autorität zur Führung der Veränderung.

In dem noch primär von Erfolgsorientierung geprägten System: Herausstellen der persönlichen Wachstumschancen.

In der bisherigen Team-Welt: Konsensbildung und gemeinsame Schlussfolgerungen.

Ergebnis der Begleitvariante „Ausbruch inszenieren“

Nach einem gelungenen Ausbruch befindet sich das Unternehmen, wie auch nach einem sauberen Aufschwung, auf der nächsthöheren Ebene des Graves-Value-Systems. Es verfügt über neue Organisationsstrukturen, neue Prozesse und neue Regeln.

Das Schwanken zwischen Euphorie und Schrecken ist nach einem Ausbruch noch wesentlich stärker ausgeprägt als nach einem Aufschwung. Die Organisation ist in sich weiterhin sehr fragil. Die Stabilisierung muss konsequent und nachhaltig betrieben werden.

3.4 Begleitvariante Stabilisieren

Nachdem die Veränderung in die nächste Ebene des Graves-Value-Systems geschafft ist, ist das Schiff noch lange nicht im sicheren Hafen. Die erreichte Situation muss nun zügig und nachhaltig mit mehr und mehr Leben gefüllt werden. Die neuen Strukturen, Prozesse und Regeln müssen sich in der Praxis weiter ausprägen, es wird noch vieles zu optimieren geben, und das Neue muss bei den Mitarbeitern zur Gewohnheit werden.

Erst durch das wirkliche Anwenden und Leben der neuen Gegebenheiten kann sich die neue Kultur etablieren. Konsequenz in der Umsetzung ist gefragt. Denn Mitarbeiter und Führungskräfte möchten manchmal nur zu gern – der menschlichen Natur entsprechend – in die vorherigen Verhaltensweisen und Denkmuster zurückfallen.

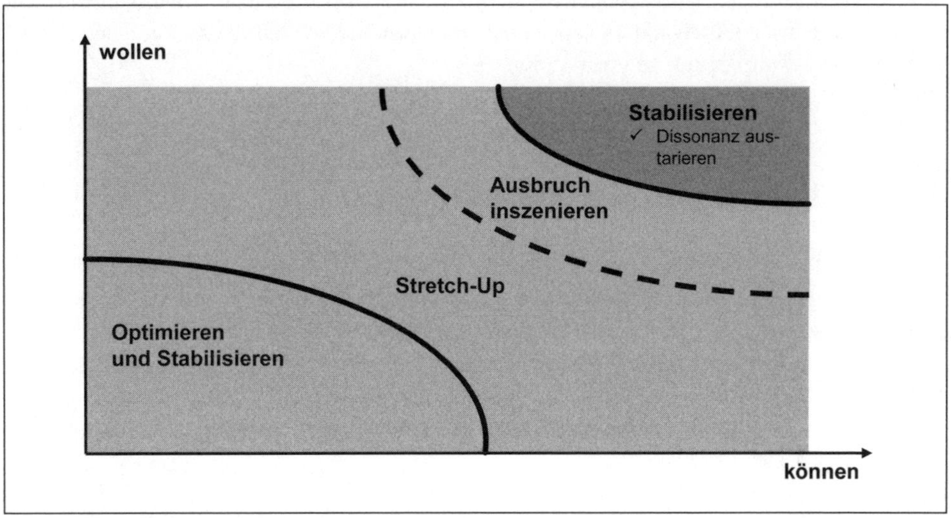

Quelle: Eigene Darstellung
Abbildung 23: *Begleitvariante „Stablilisieren"*

Vor allem aber gilt es die Situation zu stabilisieren und wieder Ruhe in das Unternehmen zu bringen. Druck ist nur insofern aufrechtzuerhalten, um ein Zurückfallen der Organisation in frühere Verhaltensweisen zu vermeiden und dabei wuchtig entgegenzusteuern.

Maßnahmen der Begleitvariante Stabilisieren

Zunächst einmal sind die Führungskräfte gefordert, bei ihren Mitarbeitern weiterhin Vertrauen zu erzeugen. Ängste und Sorgen, Probleme, mit der neuen Situation umzugehen, sollten von den Führungskräften in allen Fällen sehr ernst genommen werden. Vor dem Veränderungsprozess gemachte Versprechen sind grundsätzlich einzuhalten. Darüber hinaus muss gemäß der nun aktuellen Ebene kongruent geführt werden. Denn hat das Unternehmen beispielsweise den Reifegrad Erfolgssucher erreicht, muss die Führungskraft auch loslassen und ihren Mitarbeitern den Freiraum geben, selbst Lösungen zu finden und Entscheidungen zu treffen.

Über die Aspekte der Führung hinaus ist es wichtig, die Erfolge der Umsetzung transparent zu machen. Erfolge können intern wie extern kommuniziert werden, dies fördert die Beteiligung der Mitarbeiter am Veränderungsprozess und hält die Motivation aufrecht.

Ergebnisse der Begleitvariante Stabilisieren

Nun ist der Veränderungsprozess abgeschlossen. Selbstverständlich werden im Lauf der Zeit weitere Veränderungen anstehen. Es ist jedoch zu beachten, dass man Unternehmen nicht beliebig oft und schnell verändern kann. Eine Organisation kann auf die Zeit gesehen nur ein bestimmtes Maß an Veränderung verkraften.

4. Steuern und Kommunizieren

Nur wenn der gesamte Veränderungsprozess klar und sauber geplant ist und das Voranschreiten der Umsetzung stringent kontrolliert und gegebenenfalls nachgesteuert wird, hat das Vorhaben eine Erfolgschance. Während des gesamten Prozesses gilt es, die Maßnahmen zielgerichtet zu definieren, die erhoffte Wirkung zu messen und nächste Maßnahmen zu planen. Einige von ihnen, wie beispielsweise der Zukauf von Unternehmensteilen, sind zudem von langer Hand zu planen.

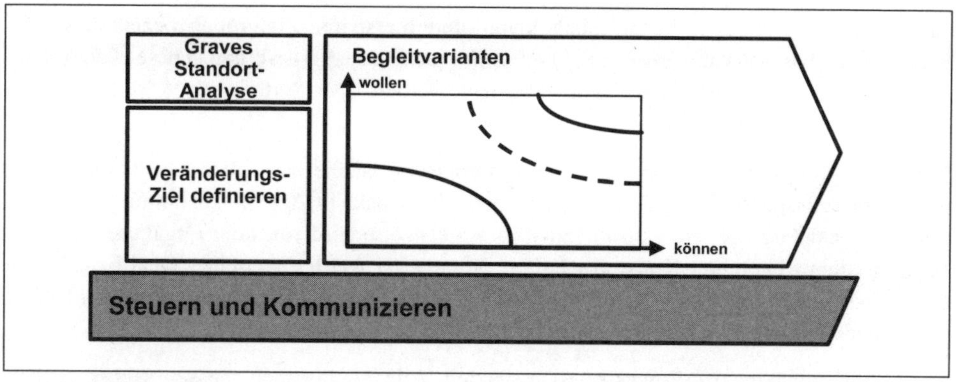

Quelle: Eigene Darstellung
Abbildung 24: *Steuern und Kommunizieren*

Auch die Kommunikation spielt eine entscheidende Rolle im Veränderungsprozess. Sie bildet den roten Faden des Veränderungsprozesses ab. Die Kommunikation muss genau auf die Zielsetzung und den Umsetzungsplan abgestimmt sein. Nur so kann sie klar, sauber und stringent erfolgen. Die Storyline, die zu Beginn des Veränderungsprozesses entwickelt wird, sollte zu jedem Zeitpunkt des Prozesses einhaltbar sein.

4.1 Die Veränderung steuern

Die Umgestaltung der Organisation wird in einem Projekt durchgeführt, welches oberste Priorität und höchstes Involvement der Geschäftsleitung erfordert. Dieses Projekt bedarf erfahrener Projektmanager, die ihr Handwerk verstehen und insbesondere in der Lage sind, eine saubere Planung und Konzeption des Veränderungsprozesses durchzuführen.

Die notwendige Autorisierung und Ermächtigung muss vorliegen, um keine „zahnlosen" Projektmanager zu generieren.

Die Umgestaltung ist ein iterativer Prozess, das heißt, Planung und Umsetzung erfolgen in mehreren Schleifen. Es findet ein konsequentes Monitoring statt, und die nächsten Schritte, die bereits geplant sind, werden auf ihre Gültigkeit geprüft und gegebenenfalls angepasst.

Eine Roadmap sorgt für Klarheit auch im visuellen Sinne. Meilensteine und Ausrichtungen helfen den Beteiligten, die Veränderung besser zu verstehen, das Ziel transparenter vor Augen zu haben und damit das Vorgehen noch besser unterstützen zu können.

Ein Veränderungsprozess bedarf auch klarer und messbarer Zielgrößen beziehungsweise Kennzahlen. Nur so kann nachhaltig und konsequent gesteuert werden. Diese Kennzahlen müssen zu Beginn identifiziert und festgelegt werden. Der Aufbau einer Veränderungs-Scorecard kann hier hilfreich sein.

Einer der häufigsten Fehler in Veränderungsprozessen ist die ausschließliche Fokussierung auf einen Teilaspekt. Es wird zunächst einmal ein Aspekt in Angriff genommen, und man plant, sich dann der weiteren anzunehmen. Beispielsweise wird eine neue Organisationsstruktur nach allen Regeln der Kunst geschaffen, Mitarbeiter werden von einer Qualifizierung in die nächste geschickt – „um das Change Management können wir uns dann noch kümmern". Ein solches Vorgehen ist zum Scheitern verurteilt.

Die Ganzheitlichkeit des Prozesses ist essenziell. Alle Maßnahmen müssen sauber geplant und aufeinander abgestimmt werden. Das Unternehmen ist mit allen Schlüsselstellen einzubeziehen. Insbesondere muss das Management während des gesamten Prozesses präsent sein und sich hinter den Veränderungsprozess stellen. Es reicht nicht aus, dass zum Beispiel eine Abteilung Organisationsentwicklung und externe Experten den Prozess vorantreiben.

4.2 Kommunikation

Eine gut geplante und zielgerichtete Kommunikation ist ein wesentlicher Schlüssel zum Erfolg des Veränderungsprozesses. Genauso wie umgekehrt eine schlechte Kommunikation oder zu wenig Kommunikation mit an Sicherheit grenzender Wahrscheinlichkeit zum Scheitern der Veränderung führen wird. Viel Kommunikation heißt aber nicht, dass allen alles immer sofort offen mitgeteilt wird. Es ist klar zu entscheiden, wann was zu wem über welchen Kommunikationsweg gesagt wird. Entscheidend ist jedoch, dass sich alle am Prozess Beteiligten ausreichend informiert fühlen.

Dieses Umgestalten der Organisation pendelt daher zwischen „top secret" und offen und transparent. Szenarien müssen geheim geplant werden, um keine negativen Gerüchteküchen oder unnötige Blockaden zu erzeugen. Sind die neue Aufbauorganisation oder die neuen Prozesse und Strukturen aber klar, so können die Offenheit und die Begründung, warum dies so sein soll, gar nicht transparent und kooperativ genug sein. Nur so erhalten die Mitarbeiter die Informationen, die es ihnen ermöglichen, ihr Engagement in die neuen Strukturen und Vorhaben einzubringen. Sie können Verständnis aufbringen für teils harte Schnitte und Ideen entwickeln für weitere Ausprägungen der Entwicklung.

Fallbeispiele

1. Herangehensweise

Anhand einer Reihe von Beispielen und Fällen aus der Praxis werden wir zeigen, in welcher Bandbreite und in welchem Umfang das Graves-Value-System zur Anwendung kommen kann. Wir haben dabei bewusst ein größeres Spektrum von Themen ausgewählt, um Ihnen möglichst viele Anknüpfungspunkte zu den für Sie relevanten Bereichen zu geben.

Wir bringen dabei unseren weiten Erfahrungshintergrund ein, der aus Rollen in Beratung, Training und Management herrührt. Bezüge zum Graves-Value-System fanden wir bei den unterschiedlichsten inhaltlichen Themen, in großen und kleineren Projekten mit und ohne konkreten Veränderungsauftrag, im Coaching und im Training. Das Graves-Value-System hatte dabei stets Bedeutung und ließ sich oft mit der Anwendung anderer, gut bekannter Methoden kombinieren. Die Analogien aus den Fallbeispielen lassen sich daher auch leicht auf andere Branchen anwenden.

Im Weiteren zeigen wir, wie das praktische Arbeiten mit dem Graves-Value-System erfolgt. In der Veränderungsarbeit geht es zunächst darum zu verstehen, wo ein Unternehmen oder bestimmte Unternehmensteile im Graves-Value-System stehen und welche Veränderungsprozesse bereits abgelaufen sind.

Nach dem Verstehen kommt die Phase des Gestaltens. Es geht darum, ein Ziel festzulegen und entlang eines geplanten Pfades die geeigneten Maßnahmen zu definieren und weiter zu konkretisieren. Diese Veränderungsmaßnahmen werden systematisch Schritt für Schritt bearbeitet – und mit geeigneten Mitteln wird verfolgt, wie die Veränderungen im Unternehmen tatsächlich vorankommen. Hier ergibt sich also der Bezug zum Titel dieses Buches: Verstehen, Gestalten, Verändern.

Von großer Bedeutung für die praktische Anwendung des Graves-Value-Systems ist, dass in die Arbeit andere Beratungsansätze integriert werden. Abhängig vom Zustand des Unternehmens und vom Veränderungsziel lassen sich viele unterschiedliche Werkzeuge und Vorgehensweisen einsetzen. Diese Methoden und Werkzeuge können allerdings in verschiedenen Situationen der Veränderungsarbeit auch unpassend sein. Das heißt, die Auswahl der geeigneten Hilfsmittel und deren Kombination stehen im Vordergrund. Als Fundus für diese Werkzeuge eignen sich Beratungsansätze von der klassischen Managementberatung über die Organisationsentwicklung hin zur Personalentwicklung. Das Graves-Value-System schafft eine *Gesamt-Architektur* für die Veränderungsarbeit, in die sich viele bewährte Ansätze integrieren lassen.

Über die Beispiele

Thematisch haben wir ein breites Spektrum an Beispielen, das von Restrukturierung über Post-Merger-Integration bis hin zum Outsourcing reicht, zusammengestellt. Ein weiterer Schwerpunkt kommt aus dem Bereich der Führungskräfteentwicklung und des Trainings.

Die Bandbreite an Projekten, in denen das Graves-Value-System eingesetzt werden kann, reicht allerdings deutlich weiter – von Strategieprojekten für Top-Entscheider über die Unternehmenssteuerung mit Hilfe der Balanced Scorecard bis hin zu einer Vielzahl von Projekt- und Linien-Themen. Die Veränderungsrelevanz lässt sich dabei aus den Perspektiven von Projektleitern, Linienverantwortlichen oder auch Architekten für Veränderung beschreiben.

Die Fallbeispiele entstammen unserer langjährigen Arbeit als Managementberater, Linienverantwortliche sowie als Trainer und Coach. Wir haben sie jedoch so weit anonymisiert und verändert, dass keine Rückschlüsse auf reale Unternehmen gezogen werden können.

2. Mobilisierung eines konzernangehörigen Dienstleistungsunternehmens

Rahmenbedingungen	
Ausgangssituation	Konzerneigener Dienstleister, loyale Graves-Ebene
Aufgabenstellung	Vorbereiten des Unternehmens auf verschärften Wettbewerb
Können	**Status**
Souveräne Lösungen auf der aktuellen Ebene	Der Unternehmensauftrag wird bestenfalls „ordentlich erfüllt“
Potenzial für Veränderungen	Gute Fachkenntnisse, ausbaufähig und ausbaubedürftig
Umgang mit Hindernissen	Hohe Problemlösungskompetenz für bekannte Szenarien, Schwierigkeiten bei Unbekanntem
Integration des Gelernten	Hohe Lernfähigkeit (bekannte Kontexte), Schwierigkeiten mit Unbekanntem

Wollen	Status
Offenheit für Veränderungen	Ausreichend gegeben
Dissonanz	Praktisch nicht vorhanden
Einsicht in Notwendigkeit der Veränderung	Nur bei Einzelnen gegeben, in der Regel nicht vorhanden
Begleitung/Besonderheiten	
Einschätzung der Führungskräfte	Überwiegend loyal, einige Einzelkämpfer, bei wenigen Elemente der Erfolgsorientierung sichtbar
Begleitvariante	Stabilisieren und Optimieren des gesamten Unternehmens. Stretch-Up in ausgewählten Bereichen zum Aufbau von Keimzellen für den später anstehenden Veränderungsprozess in die Ebene „Erfolgssucher“
Besonderheiten	Strategie-„Roadmap“ als inhaltliches Vehikel, um die Beteiligung aller Führungskräfte zu erreichen

Die Aufgabenstellung für die Geschäftsführung des konzerneigenen (captive) Dienstleistungsunternehmens bestand darin, dieses innerhalb der gegebenen Konzern-Rahmenbedingungen deutlich leistungsfähiger zu machen. Dies bedeutete, sowohl die bisherigen Leistungen kostengünstiger zu erbringen als auch neue Aufgabenstellungen schneller zu bewältigen.

Ausgangssituation

Die Konzernmutter war zwar historisch gesehen ein loyales Unternehmen, befand sich aber auf dem Weg zu einer deutlich stärkeren Ausrichtung an Erfolgsmaßstäben. Der Hintergrund: Im Konzern war ein neuer Vorstandsvorsitzender an Bord gekommen. Dieser hatte sehr konkrete Vorstellungen, wie er mehr Kundenorientierung und deutlich bessere Ergebnisse erreichen wollte. Dafür trimmte er den ganzen Konzern auf die Erbringung neuer Leistungen sowie eine effizientere und effektivere Arbeitsweise.

Das Dienstleistungsunternehmen war im Sinne des Graves-Value-Systems als loyales Unternehmen einzustufen. Dies passte ursprünglich auch gut zum Unternehmenszweck, der darin bestand, übertragene Aufträge in hoher Qualität und mit sehr großer Zuverlässigkeit zu erfüllen. Außerdem korrespondierte die loyale Grundeinstellung gut mit der historischen Ausrichtung der Konzernmutter.

Im Zuge der Neuausrichtung des Gesamtkonzerns wurde deutlich, dass die Dienstleistungstochter – wie viele andere Konzerngesellschaften auch – zu kostenintensiv arbeitete und für die übertragenen Aufgaben zu viele Kapazitäten benötigte. Gleichzeitig konnten jedoch nicht alle zusätzlichen vom Konzern gewünschten Aufgaben übernommen oder wenigstens in ausreichender Geschwindigkeit bearbeitet werden. Das Unternehmen war für die veränderte Umweltsituation nicht mehr hinreichend leistungsfähig und musste sich verändern.

Ziel/Aufgabenstellung

Die Aufgabe für das Management des Dienstleisters bestand folglich darin, das Unternehmen so fit zu machen, dass es unter Beibehaltung aller bestehenden Leistungsstandards handlungsfähiger und „schlanker“ wurde.

In diesem Sinne suchte die Geschäftsführung Rat bei externen Beratern und setzte im Lauf der Zeit eine Reihe von Programmen auf, die der Entwicklung des Unternehmens und der Unternehmenskultur dienen sollten.

Die Berater schlugen unter anderem vor, einen Strategieentwicklungsprozess angelehnt an die Strategieentwicklung nach Norton/Kaplan (Balanced Scorecard) durchzuführen. So sollten alle Führungskräfte daran beteiligt werden, die Bedeutung der Unternehmensentwicklung entsprechend herauszustellen und die erforderlichen Veränderungen in die gesamte Organisation zu tragen.

Analyse der Voraussetzungen nach dem Graves-Value-System

Zu Beginn der Projektarbeiten wurde analysiert, welche Voraussetzungen für Veränderungen wie gut erfüllt waren. Da es in der jüngeren Vergangenheit mehrere größere Pannen und Qualitätsmängel gegeben hatte, wurde kritisch geprüft, ob das Unternehmen überhaupt *souveräne Lösungen* für die laufenden Aufgaben *auf der aktuellen loyalen Ebene* hatte. In der Tat war nach den Problemen sehr zügig ein Programm zur Qualitätsverbesserung gestartet und eine verstärkte Überwachung der Leistungen eingeführt worden. Im Verständnis eines „schnellen Reparierens und dann besser Aufpassens“ gab es also brauchbare Lösungen. Dennoch wurde deutlich, dass das Unternehmen nicht über die vollen Fähigkeiten verfügte beziehungsweise diese nicht vollständig nutzte, die ihm eigentlich auf der loyalen Ebene zur Verfügung stehen sollten.

Eine eingehende Betrachtung zeigte auch, dass es im Unternehmen gute Fachkenntnisse gab. Den Beratern wurde dabei allerdings schnell deutlich, dass steuernde und planende Aufgaben nur in geringer Qualität durchgeführt wurden. Die Analyse, wie die Planungs- und Steuerungsprozesse sowie die dazugehörigen Entscheidungsprozesse typischerweise abliefen, belegte dies nachdrücklich. Die Planung war zudem stark vom vorhandenen Budget abhängig und dementsprechend überwiegend vom Konzern vorgegeben.

Die jährliche Planung des Projektportfolios wurde als typisches Beispiel näher betrachtet. Die Vorgehensweise entsprach in etwa dem Verständnis, dass der Konzern einfach Aufgabenstellungen „über den Zaun warf“ und die Dienstleistungstochter sie dann bearbeitete. Ein entsprechendes Budget wurde – jährlich in etwa immer in gleicher Höhe – festgelegt und bereitgestellt. Die tatsächliche Bearbeitung der Projekte im Lauf eines Jahres erfolgte dann eher nach der kurzfristigen Bedarfssituation.

Dies führte unter anderem zu der Bewertung, dass *wenig Potenzial für Veränderungen* vorhanden war und erst geschaffen werden musste. (Der niedrige Reifegrad der steuernden und planenden Prozesse passt zur Ebene der Loyalen. In der Ebene der Erfolgssucher hat ein Unternehmen jedoch gerade hier einen hohen Reifegrad erzielt. Folglich kann man den Reifegrad der planenden und steuernden Prozesse als Indikator dafür verwenden, inwieweit ein loyales Unternehmen bereits über Potenzial für die nächsthöhere Ebene des Graves-Value-Systems, die Ebene der Erfolgssucher, verfügt.)

Die Folgerungen der Analyse der planenden und steuernden Prozesse deckten sich mit der Beobachtung, dass die Dienstleistungstochter bei den innovativen und zukunftsgerichteten Themen der Konzernmutter wenig Mitwirkungsmöglichkeit hatte. Die Konzernplanungsstäbe nahmen ihre Dienstleistungstochter wenig wahr und billigten ihr keine Leistungsfähigkeit zu, die sich auf komplexe Planungen bezog. Deshalb war es der Dienstleistungstochter nicht möglich, zusammen mit der Konzernmutter eine Priorisierung der anstehenden Aufgabenstellungen durchzuführen. Ebenso wenig wurde im Dienstleistungsunternehmen verstanden, wie die Gesamtausrichtung des Konzerns an die veränderten Anforderungen des Marktes erfolgen sollte. Es gab also wenig *Einsicht* in den Zustand, in den eine Veränderung führen könnte.

Das Beobachtete führte zudem zu der Schlussfolgerung, dass auch die *Fähigkeiten zum Umgang mit Hindernissen* sich sehr stark auf bekannte Problemszenarien beschränkten. Einzelne Führungskräfte stimmten dieser Einschätzung schon in den ersten Interviews zu, und auch im Verlauf des Projekts bestätigte es sich. Ähnliches galt für die *Fähigkeit, Gelerntes zu integrieren.*

Alles in allem war jedoch eine deutliche *Offenheit für Neues* und damit auch für Veränderungen zu beobachten. Eine ganze Reihe von neuen Projekten war in der jüngeren Vergangenheit durchgeführt worden, die gut angenommen wurden. So hatte man sich zum Beispiel auf der zweiten und dritten Führungsebene intensiv mit Fragen der Unternehmenskultur beschäftigt.

Schlüsselpersonen und Unternehmensteile

Das Bild, das sich aus der Analyse der Voraussetzungen ergab, wurde durch die Analyse wesentlicher Teile des Unternehmens und der erkennbaren Schlüsselfiguren konkretisiert. Die dafür durchgeführten Einzel-Interviews mit der Geschäftsführung, den Abteilungsleitern und zentralen Stabsfunktionen lieferten ein sehr heterogenes Bild. Das Führungssystem des Dienstleisters bildete keine stabile und belastbare loyale Organisation im Sinne des Graves-Value-Systems. Vielmehr gab es sehr unterschiedliche Interessensphären.

Wie erwartet, befand sich die Mehrzahl der Führungskräfte und der Unternehmensbereiche und Abteilungen auf der Ebene der Loyalen. Es gab aber auch eine Vielzahl von Einzelkämpfern, die sich und ihre Interessen – der Methode der Einzelkämpfer entsprechend – gut abgeschottet hatten. Sie sorgten so für Intransparenz und zementierten damit ihre Positionen.

Gleichzeitig gab es überraschende Analyseergebnisse im Hinblick auf die Erfolgsorientierung: Ein Unternehmensbereich hatte sich – regelrecht im Verborgenen – sehr effizient aufgestellt und viele Abläufe optimiert, Teile der Leistung waren sogar an einen externen Dienstleister gegeben worden. Der verantwortliche Manager hatte bei seinen Kollegen wenig Rückhalt, wohl aber bei der Geschäftsleitung und auch im Konzern. Ähnliches galt für eine Stabsstelle, die mit übergreifenden planerischen Aufgaben betraut und erst vor einiger Zeit geschaffen worden war. Sie hatte einen guten Überblick über anstehende Themen und Prioritäten, konnte dies innerhalb des Unternehmens aber kaum artikulieren.

Veränderungsziel nach dem Graves-Value-System

Entsprechend der Rahmenbedingungen stand also ein *Fit-Machen* innerhalb der loyalen Graves-Ebene an – bevor es dann in einem späteren Entwicklungsschritt möglich wäre, dem Pfad der Erfolgsorientierung zu folgen.

Die Aufgabenstellung für die Veränderungsbegleitung erweiterte sich also – in Ergänzung zur ursprünglichen Erwartung, das Unternehmen sofort erfolgsorientiert aufzustellen – dahingehend, zunächst im Zusammenspiel der Führungskräfte einen loyalen Gesamtzustand zu generieren beziehungsweise wieder herzustellen. Dann würde man mit einer stärkeren Erfolgsorientierung beginnen können. Dafür sollten schon vorab die vorhandenen „Keimzellen“ weiter gestärkt werden. Das Design Pattern entsprach also einem loyalen Unternehmen, das seine erfolgsorientierten Keimzellen konsequent fördert.

Die Begleitung – ein strategischer Planungsprozess als Mobilisierungs-Vehikel

Am Anfang musste also ein „Entstauben“ und Mobilisieren der Organisation stehen sowie das gezielte Erzeugen von Dissonanz. Man entschied sich für einen Strategieprozess unter Einbeziehung des gesamten Führungsteams, um eine entsprechende Mobilisierung in die Organisation zu bringen. Gleichzeitig versprach sich die Geschäftsführung davon mehr Transparenz für sich selbst über die brennenden Themen im Unternehmen.

Die Arbeitsweise in der Strategieentwicklung war sehr stark auf die Beteiligung der Führungskräfte ausgerichtet. Die externe Unterstützung erfolgte durch ein kleines Beratungsprojekt mit drei Beratern, die fokussiert für Workshops, Interviews und die inhaltliche Aufarbeitung zum Einsatz kamen.

Über die Geschäftsführung wurde sichergestellt, dass sich alle Führungskräfte der zweiten Ebene und der zentralen Stabsfunktionen am Strategieprozess beteiligten. Inhaltliches Vehikel war eine so genannte Roadmap, zu deren Entwicklung mehrere Workshops mit Führungskräften durchgeführt wurden. Zum Teil gab es auch Einzelinterviews beziehungsweise Vertiefungsgespräche mit Führungskräften und Spezialisten, um das Bild inhaltlich zu vervollständigen. Der Schwerpunkt lag jedoch darauf, alle Führungskräfte eng am Arbeitsprozess zu beteiligen.

Voraussetzung dafür war wiederum, in einer vorausgehenden Analyse zu ermitteln, wer im Prozess wie intensiv zu beteiligen war. Denn es hatten keineswegs alle Führungskräfte in gleicher Weise Anteil an der Unternehmenssteuerung und -entwicklung. Für die Verantwortlichen zentraler Themen war die Beteiligung gelegentlich auf dem Weg einer entsprechenden Anordnung durch die Geschäftsführung sicherzustellen. Für die Führungskräfte-Veranstaltungen größeren Rahmens war es genauso erforderlich, die Teilnahme aller abzusichern.

Beides entspricht der typischen Erkenntnis, dass sich in solchen Prozessen viele Beteiligte zunächst zurückhalten, wenn ihre Aufgabenfelder stark von der Veränderung oder vom Veränderungsbedarf betroffen sind. Durch die entsprechenden Anweisungen der Geschäftsführung entstand natürlich Unruhe, da ein solches Verhalten gegenüber den Führungskräften bisher unüblich war.

Im Ganzen wurde durch den Strategieprozess – insbesondere durch die bereichsübergreifende Einbindung aller Führungskräfte – das Potenzial für übergreifendes Denken und Planen in der Breite erhöht. Es wuchs über die sichtbar gewordenen Themen für die Unternehmensentwicklung auch die Einsicht, dass weitere Veränderungen erforderlich sein würden, und wie diese aussehen könnten. All das führte zu weiterem Unbehagen, da transparent wurde, wie weit die Dienstleistungstochter noch von den Vorstellungen des Konzerns entfernt war.

Das inhaltliche Ergebnis und dessen weitere Verwendung in der Führung

Die Teilnehmer an der Roadmap-Entwicklung brachten jeweils ihre Sicht auf die zentralen Themen für die bevorstehenden ein bis zwei Jahre ein. Das Gesamtergebnis wurde konsolidiert und dann in einer ersten Zwischenpräsentation mit der Geschäftsführung und einzelnen Abteilungsleitern durchgesprochen. Davon ausgehend wurde festgelegt, welche Themen vertieft zu betrachten waren. Diese Vertiefung geschah dann in bilateralen Gesprächen mit den jeweilig Verantwortlichen im Linienmanagement oder den entsprechenden Projektfunktionen. Dabei wurde inhaltlich herausgearbeitet, was jeweils konkret zu geschehen hatte, wer noch Beiträge dazu leisten musste, welche Abhängigkeiten bestanden und worin die Hauptrisiken zu sehen waren. Es wurden auch Empfehlungen für Managemententscheidungen und Priorisierungen entwickelt.

Als nächster Schritt wurde eine Klausurtagung unter Einbeziehung aller Führungskräfte angesetzt, um die Vertiefungsergebnisse vorzustellen und planerisch zu integrieren. Dabei wurde großer Wert darauf gelegt, dass alle an den jeweiligen Themen Beteiligten ihre Sicht einbringen konnten und mit dem Ergebnis einverstanden waren. Letzteres war jedoch nur eingeschränkt möglich – die Geschäftsführung musste einzelne Themen mit den zuständigen Führungskräften bilateral klären und dabei ihre hierarchische Funktion zum Teil stark einsetzen (passend zur kongruenten Führung der loyalen Ebene).

Als Ergebnis des Strategieprozesses entstand eine Matrix-Darstellung, die neben der zeitlichen Dimension der nächsten zwei Jahre die zehn zentralen inhaltlichen „Zielpunkte" enthielt. Diese waren entweder erfolgskritische Projektergebnisse oder aber Ergebnisse interner Unternehmensveränderungen, zum Beispiel:

- Entwicklung und erstmaliger Einsatz eines veränderten Planungsprozesses,
- Einführung einzelner fokussierter Messgrößen für die Unternehmensleistung,
- Aufbau eines Arbeitsmodells für die Mitwirkung von Spezialisten in großen Projekten,
- Eine veränderte, bedarfsorientierte Mitarbeitereinsatzplanung.

Entsprechende Entscheidungsmeilensteine oder Zwischenmeilensteine wurden hervorgehoben, sowohl im Verantwortungsbereich des Dienstleistungsunternehmens als auch in dem der Konzernmutter. Allen Meilensteinen und Ergebnissen wurden Verantwortliche zugeordnet. Als verdichtetes Arbeitsergebnis entstand eine Orientierungsmatrix, die dann in der unternehmensinternen Kommunikation gut nutzbar war. Weiteres Arbeitsergebnis war eine Tracking-Liste als Managementinstrument für die zentralen Themen. Diese nutzte die Geschäftsführung von nun an in ihren wöchentlichen Sitzungen mit den Führungskräften der zweiten Führungsebene.

Die Integration in den laufenden Managementprozess stellte sicher, dass die strategischen Planungsschritte zu einem Teil der laufenden Arbeit wurden und nicht „in der Schublade" landeten. Damit wurden einerseits die planenden und steuernden Fähigkeiten im Gesamt-Management weiter gestärkt, andererseits konnte die Einsicht in die kommenden Veränderungen weiter wachsen. Die Kontinuität des ganzen Prozesses und die immer wieder neu sichtbar werdenden Aufgabenstellungen führten jedoch auch zu einer entsprechenden Dissonanz.

Veränderungen in der Führungsstruktur

Durch die Arbeit an der strategischen Themen-Roadmap wurde deutlich, was das Unternehmen in der nächsten Zeit zu leisten hatte und welche Führungskräfte bereit und in der Lage waren, dazu einen Beitrag zu leisten. Genauso waren Reibungsflächen im Unternehmen sichtbar geworden – und die Widerstands-Muster eines Teils der Führungskräfte.

Aufbauend auf den Vorschlägen der externen Berater schuf die Geschäftsführung eine modifizierte Führungsstruktur. Diese stattete die planerischen Stabsfunktionen und die Projekt-Kompetenzen im Unternehmen mit deutlich mehr Einfluss aus. Deren Führungskräfte wurden zu ständigen Teilnehmern der wöchentlichen Meetings mit der Geschäftsführung. Gleichfalls wurde den übergreifenden Planungs- und Steuerungsprozessen erheblich mehr Platz eingeräumt. Die Roadmap und die daraus abgeleiteten Steuerungsinstrumente konnten als sehr gute und allgemein akzeptierte Basis eingesetzt werden.

All dies half, deutlich mehr Transparenz zu schaffen und die Einzelkämpfer in das loyale Führungsgefüge zu integrieren. In einem Fall musste sich die Geschäftsführung – in dem für eine loyale Kultur typisch langwierigen Prozess – allerdings von einem Manager der zweiten Führungsebene trennen.

Zusammenfassende Betrachtung

Die Geschäftsleitung bekam auf diese Art nicht nur inhaltliche Transparenz über zentrale Themen und die dafür Verantwortlichen, sondern auch den gewünschten Impuls im Hinblick auf die Mobilisierung des Unternehmens. Dabei handelte es sich methodisch um eine Stabilisierung und Optimierung des Unternehmens auf der loyalen Ebene sowie um erste Elemente des Stretch-Up.

Insbesondere in den Bereichen

- Potenzial für Veränderungen,
- Integration des Gelernten,
- Dissonanz,
- Einsicht in Notwendigkeit von Veränderungen

konnte in ausgewählten Unternehmensbereichen an den Voraussetzungen für Veränderungen – gemäß der Begleitvariante Stretch-Up – gearbeitet werden. Das Unternehmen war auf dem Weg in einen stabilen, loyalen Zustand mit einzelnen Keimzellen erfolgsorientierten Handelns. Diese Keimzellen zu stärken und weiter wachsen zu lassen war die folgende Aufgabe der Geschäftsführung.

3. Eine einheitliche Vertriebsstrategie im europäischen Markt

Rahmenbedingungen	
Ausgangssituation	Börsennotierter internationaler loyaler Anlagenhersteller mit länderspezifischen Vertriebsorganisationen unterschiedlicher Graves-Ebenen. Differenzierte nationale Absatzmärkte mit starken Konsolidierungstendenzen
Aufgabenstellung	Etablierung einer einheitlichen Vertriebsstrategie

Können	**Status**
Souveräne Lösungen auf der aktuellen Ebene	Bisher souveräne Vertriebsleistungen in den jeweiligen Märkten
Potenzial für Veränderungen	Gering, da der Markt und die Branche seit Jahren recht konstant waren
Umgang mit Hindernissen	Lediglich mit den bekannten Hindernissen, die in das bisherige Marktbild passen, konnte souverän umgegangen werden
Integration des Gelernten	Hohe kognitive Lernfähigkeit, jedoch geringe Umsetzungsstärke
Wollen	**Status**
Offenheit für Veränderungen	Grundsätzlich gegeben
Dissonanz	Zunächst wenig vorhanden
Einsicht in Notwendigkeit der Veränderung	Nur bei Einzelnen gegeben, in der Regel nicht vorhanden
Begleitung/Besonderheiten	
Einschätzung der Führungskräfte	Starke regionale Abweichungen: europäischer Vertriebsleiter erfolgsorientiert, die Verkaufsleiter von Einzelkämpfer bis loyal einzustufen
Begleitvariante	Stabilisierung auf der Ebene Teammensch, verschiedene Stretch-Up-Szenarien
Besonderheiten	Überarbeitung der ursprünglichen Zielsetzung nach Auswertung der Analyseergebnisse der einzelnen Regionen. Getrennte Weiterentwicklung der einzelnen länderspezifischen Teilbereiche

Ausgangssituation und Ziel

Ein international agierender Industrieanlagenhersteller beabsichtigte, eine einheitliche Vertriebsstrategie für den europäischen Markt zu implementieren. Das Vertriebsgeschäft in Europa war in verschiedene Divisionen aufgeteilt, die auf unterschiedlichen Ebenen des Graves-Value-Systems angesiedelt waren und sehr unterschiedliche Historien hatten. Ziel der einheitlichen Vertriebsstrategie sollte sein, Prozesse gleichzuschalten, um Shared Services nutzen zu können, sowie die Abläufe zu verschlanken und effizienter zu gestalten.

Grundsätzlich wurden die Kunden jeweils von drei unterschiedlichen Funktionen des Industrieanlagenherstellers betreut. Zum Ersten vom Key Account Manager, dieser war für den Vertrieb zuständig und sollte eigentlich erster Ansprechpartner des Kunden sein. Meist verfügten die Key Account Manager über eine technische Ausbildung mit einer kaufmännischen

Zusatzqualifikation. Zum Zweiten waren die Anwendungsberater beim Kunden präsent. Sie wiesen die Mitarbeiter des Kunden an den Anlagen ein und berieten sie in fachlicher Hinsicht. Die Anwendungsberater hatten meist einen technischen Hintergrund, häufig hatten sie auch schon in vorherigen Anstellungen in ähnlichen Bereichen bei Kunden gearbeitet. Dritter Ansprechpartner der Kunden waren die Servicetechniker. Sie installierten und reparierten die Anlagen. Die Servicetechniker verfügten zumeist über eine ausgezeichnete technische Qualifikationen, hatten jedoch häufig eine geringere soziale und kommunikative Kompetenz.

Der Markt des Anlagenherstellers veränderte sich zunehmend. Der Markt der Kundenunternehmen konsolidierte sich, es gab viele Übernahmen und Unternehmensverschmelzungen. Dementsprechend bestand der Markt des Anlagenherstellers nur noch aus einer geringeren Anzahl an Kundenunternehmen, diese jedoch mit jeweils größerem Umsatzvolumen und stärkerer Einkaufsmacht ausgestattet. Zudem strukturierten sich die Kunden selbst verstärkt zu erfolgsorientierten Unternehmen um. Sie bauten zum Beispiel professionelle Einkaufsprozesse mit entsprechenden Verantwortlichkeiten im Einkauf auf.

Hatte das Industrieanlagenunternehmen früher einen Kunden verloren oder gewonnen, war der Einfluss auf den Umsatz eher gering gewesen. Aufgrund der Marktkonsolidierung hatte jedoch der Gewinn oder Verlust eines Kunden nun erhebliche Schwankungen des Umsatzes zur Folge – mit allen positiven oder negativen Auswirkungen, auch auf den Aktienkurs des Industrieanlagenherstellers.

Die Vertriebsmannschaft des Unternehmens sah sich aufgrund der Umstrukturierungen auf Kundenseite veränderten Strukturen und Abläufen sowie neuen Ansprechpartnern gegenüber. Strategische Einkäufer, Finanzexperten und Controller waren nun Entscheidungsträger beim Kauf neuer Anlagen.

Die bisherigen Entscheidungsträger der Kunden hatten meist einen technischen Hintergrund. Sie waren häufig Produktionsleiter oder Experten aus der Verfahrenstechnik. Diese Personen waren durch die hohe Produktqualität, die sie einzuschätzen wussten, gut und einfach zu betreuen. In den neuen Strukturen der Kunden wurden die bisherigen Entscheidungsträger jedoch vielfach nur noch als interne Experten genutzt.

Für diese neue Herausforderung war der Vertrieb des Industrieanlagenherstellers nicht aufgestellt, so dass der Umsatz rapide sank. Die Lösung sollte ein neues, einheitliches Gesamtkonzept, „das Teamselling", bringen. Es basierte auf der Grundidee, einerseits die Verzahnung der Kundenansprechpartner – Key Account Manager, Anwendungsberater und Servicebetreuer – zu stärken und andererseits deren Erfolgsorientierung zu forcieren. Zur Umsetzung des Konzepts sollte für jede europäische Division eine individuell passende Qualifizierung durchgeführt werden.

Analyse der Voraussetzungen nach dem Graves-Value-System

Die Divisionen der nordischen Länder befanden sich auf der Teammenschen-Ebene und hatten demnach die Erfolgsorientierung bereits integriert. Die Mehrzahl der deutschen Servicetechniker war hoch loyal. Im Sinne des loyalen Systems sahen sie es als ihre ausschließliche

Aufgabe, die Anlagen zu warten und zu reparieren. Verkaufen sei nicht ihr Geschäft, antworteten sie in Interviews, und wenn, dann wollten sie dafür auch den Status eines Key Account Managers haben und zudem mehr Geld bekommen. In Frankreich zeichnete sich ein ähnliches Bild ab.

In Ländern wie Polen und Tschechien war das Verkaufen für alle Mitarbeiter selbstverständlich. Hier konnte der Markt nur dann bedient werden, wenn alle vertriebsorientiert dachten. Dahinter steckte ein klarer Einzelkämpfer-Gedanke. Die Mitarbeiter sahen es als ihre eigene Verantwortung an, genügend Arbeit zu haben.

Schlüsselpersonen und Schlüsselländer

Zentrale Personen waren neben den erfolgsorientierten Länderchefs speziell die regionalen Verkaufsleiter und einige Key Account Manager, die eine hohe Meinungsbildungsfunktion innehatten. Die regionalen Verkaufsleiter kamen meist ebenso aus der alten loyalen Welt wie die wortstarken Key Account Manager. Die regionalen Verkaufsleiter galt es frühzeitig zu gewinnen und für das Projekt zu begeistern.

Den Ländern und damit den regionalen Vertriebsorganisationen kam eine besondere Bedeutung zu. So war Deutschland einer der wichtigsten Märkte, an den organisatorisch die Schweiz und Österreich und mittelbar die südosteuropäischen Staaten angeschlossen waren. Das für sich loyale Frankreich war weitgehend autonom und verhielt sich auch so. Die nordischen Regionen (Nordics) galten von der Einstellung und Verhaltensweise als Vorbilder, wenngleich ihr Umsatz vergleichsweise gering war.

Veränderungsziel nach Graves

Um die Umsätze wieder zu steigern und zu sichern, wurde der Teamselling-Ansatz, ein klassisches Vertriebskonzept, das auf der Erfolgssucher-Ebene des Graves-Value-Systems gut funktioniert, seitens des europäischen Vertriebsleiters gewünscht.

Eine einheitliche Umsetzung der Strategie wäre jedoch zum Scheitern verurteilt gewesen. Die Länderorganisationen und die Märkte waren so unterschiedlich, auch von den Ebenen des Graves-Value-Systems her, dass nur regionale Konzepte funktionieren konnten.

Wo befanden sich nun die einzelnen Vertriebsorganisationen?

- Nordics: Sie befanden sich schon auf der Ebene des Teammenschen und hatten damit bereits die Erfolgsorientierung integriert. Daher galt es, die Nordics auf der aktuellen Ebene zu optimieren und sie als Keimzelle für die anderen Regionen zu nutzen.
- Deutschland, Schweiz, Österreich, Benelux, Frankreich: loyale Länder – Stretch-Up zum Erfolgssuchertum.

- Polen, Tschechien, Balkanstaaten: Durch die politische Situation und die noch recht jungen Märkte befanden sich diese auf der Einzelkämpferebene. Es herrschte mehr Eroberung als Verdrängung. Hier galt es, zunächst zu stabilisieren und loyale Strukturen und Denkweisen vorzubereiten.

Die Begleitung – Teamselling als Lösungsansatz

In den „loyalen" Regionen – Deutschland, Frankreich, Schweiz, Österreich und den Benelux-Staaten – wurden die Key Account Manager von den regionalen Verkaufsleitern geführt, während die Anwendungsberater und die Servicetechniker von den Serviceleitern geführt wurden.

In den „Einzelkämpfer"-Regionen – Polen, Tschechien und den Balkan-Staaten – wurden die Key Account Manager und die Anwendungsberater von den Verkaufsleitern geführt und nur die Servicetechniker von den Serviceleitern. Zum einen hatten die Verkaufsleiter hier mehr Macht und nutzten diese auch, indem sie z. B. die Verantwortung für die Anwendungsberater übernahmen. Zum anderen war in diesen Regionen alles auf den Vertrieb im Sinne von „Erobern neuer Kunden" ausgerichtet.

In den „erfolgsorientierten" beziehungsweise „Teammensch"-Regionen der nordischen Länder gab es eine prozessorientierte Struktur: Der Verkaufsleiter war auch Serviceleiter und hatte so die Verantwortung für den gesamten Kundenprozess und damit auch einen besseren Zugriff auf alle Mitarbeiter, die den Kontakt zum Kunden pflegten.

Diese unterschiedlichen Strukturen hatten sich in den letzen Jahren regional bewährt. Sie waren nun aber in Frage gestellt, da sich der Markt verändert hatte.

Die Geschäftsleitung beschloss, eine europaweite Qualifizierungswelle zu starten, um die Mitarbeiter auf „Teamselling" einzuschwören und ihnen die entsprechende Unterstützung zu geben. Die Grundidee des gemeinsamen Verkaufens blieb bestehen, es handelte sich jedoch nicht wirklich um Verkaufen auf der Teammenschen-Ebene – es wurde aber gezielt so genannt. Der neue Teamselling-Ansatz zeichnete sich dadurch aus, dass unterschiedliche Ansprechpartner beim Kunden durch unterschiedliche Mitarbeiter des Industrieanlagenherstellers betreut werden sollten, wobei diese ein gemeinsames Vertriebsziel verfolgen sollten.

Dies gestaltete sich beispielsweise so, dass sich der Key Account Manager vornehmlich um die Verwaltung und das Management des Kunden kümmerte. Alle Zahlen, Daten und Fakten der Angebotserstellung wurden von ihm zusammengestellt und ein Vertriebsprojekt als Ganzes wurde von ihm gesteuert. Die Projektsteuerung beinhaltete auch die fachliche Führung der hierarchisch gleichgestellten Kollegen, die disziplinarisch überwiegend von anderen Führungskräften geführt wurden.

Die neue Struktur des Teamsellings sah vor, die Anwendungsberater als Bindeglied zwischen den betriebswirtschaftlichen und technischen Bereichen des Unternehmens und den Kunden zu nutzen. Sie sollten die Rolle von Experten übernehmen und ihre Fachexpertise konsultierend in das Team einbringen.

Die Servicetechniker sollten neben ihrer klassischen technischen Verantwortung nun auch Funktionen im Customer Relationship Management übernehmen. Ihre Aufgabe sollte es sein, vor Ort die Fachexperten zu betreuen, Kundenbeziehungen auf der persönlichen Schiene aufrechtzuerhalten und zu pflegen. Diese neue Verantwortung sollte den Servicetechnikern zukommen, da die Key Account Manager nun mehr in den Managementbereichen aktiv waren und so nur noch wenig Kontakt zu den „Endanwendern" hatten.

Dies erforderte bei einigen Servicetechnikern einen radikalen persönlichen Verhaltensveränderungsprozess. Viele von ihnen hatten wenig Neigung zu Smalltalk und Beziehungspflege. Sie sahen sich als Profis der Technik und fanden dies für ihren Beruf auch ausreichend. Der Begriff des Verkaufens war bei ihnen eher negativ belegt. Im neuen Teamselling-Konzept sollten sie vertriebsrelevante Informationen aufnehmen, Bedarf erkennen und aktiv (!) wecken.

Maßnahmen zur Umsetzung

Die große Herausforderung war nun, die unterschiedlichen Vertriebsdivisionen und Mitarbeiter für dieses Vertriebskonzept zu gewinnen und zu qualifizieren. Dies musste in einer Weise geschehen, die den regionalen Besonderheiten entsprach und gleichzeitig eine einheitliche Darstellung des Themas ermöglichte. Für die regionalen Schwerpunkte wurden Trainingskonzepte aufgestellt, um die gewünschten Wirkungen zu erzielen, dabei waren die Qualifizierungsmaßnahmen nach den Zielgruppen und Aufgabenbereichen entsprechend getrennt.

In den Nordics wurden gemeinsame Trainings mit allen drei Zielgruppen organisiert. Key Account Manager, Anwendungsberater und Servicetechniker stellten sich der Aufgabenstellung von Anfang an gemeinsam. Die Trainings hatten eher Workshop-Charakter, waren sehr prozessorientiert, am Tagesgeschäft und den Alltagsherausforderungen angelehnt.

In den loyal geprägten Länderorganisationen Deutschland, Österreich, Schweiz, Benelux und Frankreich wurde ein gänzlich anderes Vorgehen gewählt. Zunächst gab es eine Reihe von Qualifizierungsmaßnahmen, die differenziert auf die Zielgruppen eingingen und diese auf ihre künftigen Rollen in der veränderten Zusammenarbeit vorbereiten sollten:

- Key Account Manager: Trainings für die effiziente und kundentypengerechte Vertriebssteuerung im Teamselling,
- Anwendungsberater: beratendes Verkaufen durch Expertise,
- Servicetechniker: interpersonelle Kommunikation und Serviceorientierung.

Erweiternd wurde in den loyalen Regionen die Zusammenarbeit stark strukturiert und formal organisiert. Zudem wurde der Austausch untereinander gefördert durch die Einrichtung von regelmäßigen gemeinsamen Meetings. Die Aufgaben und Möglichkeiten der regionalen Verkaufsleiter wurden um einige Führungsinstrumente erweitert. Zum Beispiel bekamen sie die Aufgabe und die Möglichkeit, sowohl die Key Account Manager als auch die Anwendungsberater und die Servicetechniker vor Ort zu begleiten und zu coachen.

Die Trainings- und Veränderungsmaßnahmen für die eher einzelkämpferisch geprägten Länderorganisationen – also Polen, Tschechien, Balkan-Staaten – mussten natürlich anders ausgerichtet werden:

- Key Account Manager: Ausbildung und Training zu vernetztem und langfristigem Denken
- Anwendungsberater: Networking und Kommunikation
- Servicetechniker: Interpersonelle Kommunikation und Serviceorientierung

Die Trainings wurden teils innerhalb der Länderorganisationen homogen gesteuert, teilweise bewusst regional gemischt – um beispielsweise von den Nordics zu lernen und sich wechselseitig zu inspirieren.

Die Nordics konnten durch Verfeinerungen innerhalb ihrer Graves-Ebene den Vertrieb optimieren. In den anderen Ländern wurde längerfristig erreicht, den Gedanken der Zusammenarbeit und des gemeinsamen Ziels zu verankern und damit die Arbeitsweise zu verändern.

Zusammenfassende Betrachtung

Durch die Betrachtung mit dem Graves-Value-System war es möglich, eine ursprünglich einheitlich geplante Qualifizierung vor dem Scheitern zu bewahren und unter dem gleichen strategischen Ziel eine maßgeschneiderte – kulturell und werteorientiert angepasste – Qualifizierung zu entwickeln und durchzuführen.

Das Graves-Value-System wurde den Führungskräften des mittleren und unteren Managements und den Mitarbeitern nicht transparent gemacht. Es diente lediglich als Orientierung und Erklärungsgrundlage für die Personal- und Organisationsentwickler sowie das Top-Management und die Vertriebsleiter in den Divisionen.

Das Modell ist inzwischen in der oberen Managementebene etabliert und wird dort sowohl als Erklärungshilfe im Tagesgeschäft genutzt als auch bei der fortlaufenden Entwicklung (Stretch-Up) der Divisionen. Insbesondere kommt es nun für das weitere Schaffen von Voraussetzungen zum Einsatz:

- Potenzial für Veränderungen,
- Integration des Gelernten,
- Dissonanz,
- Einsicht in Notwendigkeit von Veränderungen.

4. Service-Center als Keimzelle der Unternehmensentwicklung

Rahmenbedingungen	
Ausgangssituation	Mittelständisches Sach- und Lebensversicherungsunternehmen hoher Reife
Aufgabenstellung	Aufbau eines gemeinsamen Service-Centers, Wechsel von der loyalen auf die erfolgsorientierte Ebene
Können	**Status**
Souveräne Lösungen auf der aktuellen Ebene	Gute Qualität der Arbeit, wenig Fehler
Potenzial für Veränderungen	Gute (insbesondere auch betriebswirtschaftliche) Kenntnisse und Fähigkeiten – gleichmäßig im Unternehmen verteilt
Umgang mit Hindernissen	Unerwartet wenig ausgeprägt
Integration des Gelernten	Hohe Fähigkeit zur Adaption von neuen Lösungen
Wollen	**Status**
Offenheit für Veränderungen	Hoch, viele aktive Unterstützer
Dissonanz	Anfänglich gering
Einsicht in Notwendigkeit der Veränderung	Überraschend hoch, auch bezüglich der Konsequenzen für das Unternehmen
Begleitung/Besonderheiten	
Einschätzung der Führungskräfte	Überwiegend loyal, viele mit Erfahrungen in anderen Unternehmen
Begleitvariante	Stretch-Up
Besonderheiten	Aufbau eines Service-Centers als Keimzelle für den später geplanten Veränderungsprozess des gesamten Unternehmens

Ausgangssituation

Ein Sach- und Lebensversicherungs-Unternehmen wollte im angestammten Marktumfeld die Bestands- und Erlöspotenziale sichern und besser nutzen. Schon frühzeitig entstand dabei die Idee, ein Service-Center aufzubauen und dieses mit einer leistungsfähigen Organisation auszustatten.

Bei dem Unternehmen handelte es sich um eine Versicherung mit circa 2000 Mitarbeitern, diese waren etwa hälftig auf Innen- und Außendienst verteilt. Das Leistungsangebot umfasste vielfältige Produkte im Bereich der Sach- und Lebensversicherungen. Dabei sah sich das Unternehmen einem immer stärker werdenden Wettbewerb von Versicherungen, Banken, Finanzdienstleistungen und internationalen Spielern ausgesetzt. Veränderte Kundenbedürfnisse und komplexere Produkte und Dienstleistungen erhöhten zudem die Anforderungen an das Unternehmen.

Mit dem Vorhaben wollte die Versicherung daher die Kundenorientierung erhöhen, die Verwaltungskosten senken und dem Außendienst eine verbesserte Unterstützung zur Verfügung stellen. Sozusagen als Nebeneffekt erhoffte sich das Unternehmen eine Steigerung der Mitarbeiterzufriedenheit und der Leistungsorientierung.

Ziel/Aufgabenstellung

Die Herausforderungen, welche die Organisation zu bewältigen hatte, waren erheblich: Es galt, bestehende Strukturen, Prozesse, Technologien und Unternehmenskultur auf den Prüfstand zu stellen und schrittweise in Richtung „Kunden und Service“ zu transformieren. Dabei war zum Beispiel die Spartentrennung – in Sachversicherung und Lebensversicherung – zu überwinden und die Denkweise auf den Kunden hin auszurichten. Die dazu erforderliche Verhaltensänderung und die notwendige Qualifizierung der Mitarbeiter stellten neben der Implementierung neuer Technologien die größten Herausforderungen dar.

Es war zunächst ein 1st- und 2nd-Level Kunden-Service-Center zu implementieren. In diesem sollte die Grundidee des „Kundenbeziehungsmanagements“ innerhalb von zwei bis drei Jahren nachhaltig verankert sein. Das Service-Center sollte damit die führende Rolle hin zu den Kunden übernehmen. Dies setzte voraus, das Kunden-Service-Center entsprechend leistungsfähig zu organisieren und auszustatten.

Für die Implementierung der technischen Systeme und der neuen Prozesse mussten zunächst die bestehenden Abläufe und Strukturen analysiert werden. Dann sollte das Design der neuen Prozesse und der neuen Organisation folgen – einschließlich Konzeption zum Beispiel eines neuen Arbeitszeitmodells. Im Mittelpunkt würde dann auch die Erarbeitung von Konzepten für den Transformationsprozess stehen; dies sollte sehr intensiv im Hintergrund und mit externer Unterstützung vorbereitet werden.

Zielfestlegung nach Graves

Bei Betrachtung der Zielsetzung unter der Perspektive des Graves-Value-Systems wurde schnell deutlich, dass es sich bei dem Vorhaben um eine Transformation von der loyalen zur erfolgsorientierten Ebene handeln sollte.

Die von der Geschäftsleitung hinzugezogenen Berater schlugen nach abgeschlossener Analyse des Unternehmens ein mehrstufiges Vorgehen vor. Als Erstes sollte eine Service-Center-Einheit aufgebaut werden, die einer erfolgsorientierten Kultur entsprechen würde. Diese sollte dann als Keimzelle für die Transformation des Unternehmens im Ganzen dienen.

Analyse der Voraussetzungen nach dem Graves-Value-System

Zu Beginn des Projekts wurde eine umfangreiche Analyse durchgeführt, aus der hervorgehen sollte, welches Potenzial das Unternehmen für die angestrebte Einführung einer erfolgsorientierten Arbeitsweise bereits hatte. In diesem Zusammenhang waren alle Voraussetzungen im Sinne einer Veränderung zur erfolgsorientierten Ebene zu prüfen.

Der erste Schritt der Analyse beschäftigte sich mit der Frage, ob auf der aktuellen Ebene *souveräne Lösungen* für alle Aufgabenstellungen bestanden. Diese Betrachtung ergab, dass die meisten Verwaltungsabläufe gut und klar organisiert waren. Es gab vergleichsweise wenig Redundanz im Unternehmen, und die Verantwortlichkeiten waren im loyalen Verständnis klar gegliedert. Auch die Qualität der Arbeit war im Branchenvergleich gesehen relativ hoch. Die Analyse kam also zu dem Ergebnis, dass die Lösungen auf der aktuellen Ebene von hoher Qualität waren.

Der nächste Aspekt der Analyse beschäftigte sich mit dem *Potenzial für Veränderungen*. Betrachtet wurden sowohl das fachliche Vermögen der einzelnen Mitarbeiter und der Organisation als Ganzes als auch das Verständnis in Bezug auf die anstehende unternehmerische Aufgabe. Es konnte festgestellt werden, dass die Organisation über ein gleichmäßig verteiltes, gutes Fachwissen verfügte. Dieses erschien in vielerlei Hinsicht für eine erfolgsorientierte Arbeitsweise ausreichend oder zumindest ausbaufähig zu sein. Weiterhin wurde deutlich, dass viele Mitarbeiter ein gutes Verständnis betriebswirtschaftlicher Zusammenhänge und bereichsübergreifender unternehmerischer Aufgaben hatten. Ebenso war vielen Mitarbeitern klar, dass eine Veränderung in der Arbeitsweise und in den Produkten und Leistungen des Unternehmens anstand. Die Analyse ergab also ein gutes Potenzial für Veränderungen.

Dies deckte sich mit der Feststellung, dass die *Einsicht in die Notwendigkeit von Veränderungen* vergleichsweise hoch war. Die Mitarbeiter hatten nicht nur das inhaltliche Verständnis, dass sich Weiterentwicklungen in der Leistungspalette des Unternehmens (also eine Ausweitung der Versicherungsprodukte hin zu weiteren Finanzdienstleistungen) ergeben würden. Sie verstanden auch, dass so eine Weiterentwicklung für das Wohlergehen des Unternehmens erforderlich war. Viele Mitarbeiter wussten, dass dies deutliche Veränderungen sowohl in der Organisation als auch in den Prozessen sowie in den Systemen nach sich ziehen würde. Die Einsicht in die Notwendigkeit von Veränderungen war also überraschend hoch.

Wenig überraschend war demzufolge die Auswertung der *Offenheit gegenüber Veränderungen*: Es gab viele Mitarbeiter, die Neuerungen erwartungsvoll gegenüberstanden und diese auch aktiv unterstützen wollten. Die Verteilung zwischen aktiven Unterstützern, abwartenden Skeptikern und potenziellen Blockieren war erfreulich stark hin zu den aktiven Unterstützern verschoben. Die Erwartung aller Beteiligten war, dass diese Offenheit sehr hilfreich sein würde, um das Service-Center-Projekt und damit die gewünschte Veränderung auf den Weg zu bringen.

Schwer zu analysieren war, inwieweit die Organisation mit unbekannten *Hindernissen* umgehen konnte. Aus der Betrachtung der Lösungen auf der aktuellen Graves-Ebene war deutlich geworden, dass es vergleichsweise wenig schwerwiegende Probleme im laufenden Geschäftsbetrieb gab. Viele fachlich schwierige Aufgabenstellungen wurden innerhalb der Organisation als Tagesgeschäft betrachtet und als solches abgewickelt. Unerwartete Probleme gab es folglich vergleichsweise wenige, so dass die Organisation in der jüngeren Vergangenheit keine Erfahrungen in diesem Zusammenhang sammeln konnte beziehungsweise musste. Daher war die Einschätzung dieses Parameters erst im Lauf der Projektarbeiten möglich. Gleiches galt für die Fragestellung, inwieweit das aus der Bewältigung solcher neuen Aufgaben Gelernte tatsächlich zügig in das *Wissen* des Unternehmens *integriert* werden konnte.

Wenig ausgeprägt war nachweislich die *Dissonanz* unter den Mitarbeitern. Die gute Zusammenarbeit und das vergleichsweise reibungslose Funktionieren der Abläufe führten dazu, dass viele zwar offen für Veränderungen waren, tatsächlichen Veränderungsdruck aber noch nicht erlebten.

In diesem Zusammenhang muss die Einsicht in die Notwendigkeit von Veränderungen gegenüber der Dissonanz abgegrenzt werden. Daraus ergab sich im konkreten Fall das Erfordernis, den Veränderungsdruck im Unternehmen deutlich zu steigern, um das Vorhaben wirksam umsetzen zu können.

Einschätzung einzelner Unternehmensteile und Schlüsselpersonen

Die schon länger bestehende kleine Kundenservice-Einheit des Versicherungsunternehmens war der Vertragsverwaltung angegliedert. Sie zeichnete sich durch eine gute und straffe Organisation aus, einzelne statistische Kennzahlen zur Messung der Leistungsfähigkeit des Unternehmens beziehungsweise dieses Unternehmensteils waren etabliert. Die Mitarbeiter der Abteilung waren überdurchschnittlich motiviert, die Qualität der Arbeiten lag sogar noch über dem sehr hohen allgemeinen Niveau des Unternehmens. Diese Abteilung war also schon ein gutes Stück des Weges in Richtung Erfolgsorientierung gegangen und würde sich als gute Basis für die Einführung des Service-Centers eignen.

Die Führungskräfte des Unternehmens waren überwiegend auf der loyalen Ebene zu finden, hatten jedoch eine sehr unterschiedliche Historie. Viele waren in den vergangenen Jahren von außen neu hinzugekommen und hatten sich dann in die Organisation eingefügt. Einzelne mit ausgeprägter Erfolgsorientierung waren gezielt eingestellt worden, andere hatten sich im loyalen Verständnis einige Ebenen „hochgedient“.

Phase I: Aufstellen einer Kernmannschaft

Die Geschäftsleitung beauftragte ein externes Beratungsunternehmen mit den Vorbereitungen für den Aufbau des Service-Centers. Es war bald allgemein akzeptiert, dieses als eine neue Einheit im Unternehmen aufzustellen. Die Zielsetzung dabei war von Anfang an, eine erfolgsorientierte Kernmannschaft für das Service-Center-Management aufzustellen. Dazu wurden sowohl Manager aus der bestehenden Serviceeinheit als auch eine erfahrene Callcenter-Managerin und ein kaufmännischer Geschäftsführer vom Markt rekrutiert. Letztere wurden zu einem sehr frühen Zeitpunkt an Bord geholt, um die Gestaltung der Einheit mit den Managern durchführen zu können, die später die operative Verantwortung haben würden.

Gleichzeitig wurde ein straff gemanagtes Projektteam gebildet, das sich aus verschiedenen inhaltlich orientierten Teilteams zusammensetzte. Ein Teilteam befasste sich mit der fachlichen Arbeitsweise und den künftigen Prozessen im Service-Center sowie mit dessen künftiger Organisationsstruktur. Ein weiteres Team war zuständig für die Etablierung der erforderlichen Telekommunikationstechnik und der benötigten Software. Schließlich war ein drittes Team dafür verantwortlich, die Anbindung an die Prozesse und IT innerhalb des Versicherungsunternehmens zu organisieren und abzustimmen. Eine starke Projektleitung, die von zwei Change-Managern unterstützt wurde, war dafür zuständig, das homogene Zusammenspiel dieser Teilteams sicherzustellen – und gleichzeitig die erforderlichen Veränderungen im Versicherungsunternehmen anzustoßen.

Im Zusammenhang mit der gewünschten Erzeugung von Veränderungsdruck im Unternehmen wurde von Anfang an großer Wert darauf gelegt, eine intensive und sehr offene Kommunikation über das Thema „Service-Center" zu führen. Dies folgte der Annahme, dass bei den Mitarbeitern dadurch die Einsicht in die Notwendigkeit der Veränderungen einerseits weiter wachsen würde. Andererseits wurde erwartet, dass die bevorstehenden Veränderungen und die damit verbundenen Einschnitte für viele Mitarbeiter im Unternehmen eine entsprechende Unruhe erzeugen würden. Es wurde daher sehr deutlich transportiert, dass das Service-Center die künftig bevorzugte Schnittstelle zu den Kunden sein würde und auch viele zentrale Prozesse dort laufen würden. Die Argumentation wurde sowohl über Servicequalität als auch über Effizienz geführt. Damit wurde erreicht, dass viele Mitarbeiter sich darüber Gedanken machten, ob sie selbst ins Service-Center wechseln sollten.

Gleichzeitig wurde an vielen Stellen des Unternehmens die Frage nach der Effizienz und der Effektivität der Arbeit aufgeworfen – die bestehende Service-Qualität wurde in Beziehung gesetzt zu dem, was ein Service-Center künftig für die Versicherungskunden leisten sollte.

Diese intensive Kommunikation ließ ihre Wirkung nicht vermissen, viele Mitarbeiter waren über die forsche Vorgehensweise der Geschäftsführung irritiert. Es kam zu intensiven Debatten auf Mitarbeiterversammlungen und insbesondere innerhalb der Abteilungen. Es war eine kontinuierliche Aufgabe der Kommunikation, diesen Prozess zu begleiten. Gleichzeitig kümmerten sich die Change-Manager darum, stets ein aktuelles Bild von der Dissonanz im Unternehmen zu erhalten, um an dieser zentralen Größe weiter arbeiten zu können.

Phase II: Eigentlicher Aufbau des Service-Centers

Nach einer Anlaufphase begannen die drei Teilteams des Projekts mit ihrer eigentlichen Arbeit. Das Team zur Etablierung der neuen Organisation wählte einen Standort aus, der deutlich außerhalb der bestehenden Räume des Versicherungsunternehmens lag. Dies war eine bewusste Entscheidung, um eine veränderte Kultur mit großer Energie und auch klarer Abgrenzung zum bestehenden Unternehmen etablieren zu können. Gleichzeitig sollte das Service-Center in der Nähe von künftigen Arbeitskräften angesiedelt werden, denn es war die dezidierte Absicht des Projektteams, einen erheblichen Teil der Mitarbeiter neu zu rekrutieren. In diesem Zusammenhang wurde an gut ausgebildete Arbeitskräfte gedacht, die vielfach im Innenstadtbereich wohnten, arbeiteten oder studierten. Die Wahl fiel also auf einen neuen Standort. Dies verursachte eine zusätzliche Irritation in der Organisation und vergrößerte somit die Dissonanz. Im Folgenden wurde auf der fachlichen Seite das Design Pattern des Service-Centers konzipiert, was auch die Erstellung eines entsprechenden Personalkonzeptes beinhaltete. Dann wurde mit der Rekrutierung der Mitarbeiter wie geplant begonnen.

Das Technik-Team begann mit der Ausstattung der Räume, wählte entsprechend der Vorgaben von der fachlichen Seite eine Software für die eigentliche Callcenter-Lösung aus und begann mit der Entwicklung der spezifischen Komponenten. Gleichzeitig wurde die Telefontechnik etabliert.

Eine doppelte Funktion hatte das dritte Teilteam, das sich mit der Integration der künftigen Service-Center-Tätigkeit sowohl in die IT-Landschaft als auch in die bestehenden Abläufe des Unternehmens befasste. Dieses Teilteam hatte erhebliche inhaltliche Arbeiten zu leisten und gab entsprechende Aufträge an die beiden anderen Teilteams weiter. Ebenso war eine Wirkung für die Veränderung des Unternehmens im Ganzen zu erreichen. Es ist nahe liegend, dass über dieses Team eine ganze Reihe von Fragestellungen in die Organisation des Versicherungsunternehmens getragen wurde. Die Mitarbeiter mussten sich entsprechend intensiv mit den aufgeworfenen Fragestellungen auseinandersetzen. Über das dritte Teilteam kamen also viele Themenstellungen, die das erfolgsorientierte Arbeiten des Service-Centers unterstützten sollten, in die bestehende Organisation des Unternehmens.

Damit wurde einerseits greifbarer, was für eine Veränderung durch die neue Unternehmenseinheit kommen würde. Andererseits wuchs dadurch auch der Druck auf die Organisation.

Es wurde möglich, die Einschätzung über die Fähigkeit des Unternehmens, mit Hindernissen geeignet umzugehen, nachzujustieren. Im Zug der Implementierung der technischen Lösung und der Prozesse tauchte eine ganze Reihe von Schwierigkeiten auf. Viele davon waren nicht auf konventionellen Wegen zu lösen. Dabei zeigte sich, dass die Organisation Schwierigkeiten damit hatte, sich auf die veränderten Arbeitsweisen und Prozesse einzustellen. Viele der Lösungen wurden mit großem Aufwand und zum Teil auch mit größerem Zeitbedarf als geplant entwickelt. Die Fähigkeit, mit neuen Hindernissen umzugehen, war demnach nicht so gut ausgeprägt. Gleichzeitig zeigte sich aber, dass einmal gefundene Lösungen dann zügig auf andere Bereiche übertragen wurden. Das Unternehmen hatte also eine gute Fähigkeit, Gelerntes zu integrieren.

Durch die Projektarbeiten, die sich in der Implementierungsphase über gut ein Jahr hinzogen, wurden die Fähigkeiten des Unternehmens im Umgang mit Hindernissen deutlich verbessert. Besonders wirksam waren dabei projekt- und abteilungsübergreifende Workshops, in denen die Mitarbeiter gezielt mit komplexeren inhaltlichen Problemen konfrontiert wurden.

Gleichzeitig stieg die Dissonanz im Verlauf des Projekts kontinuierlich an. Während in der Hauptphase nur eine geringe Dissonanz vorhanden war, stieg das Unbehagen der Mitarbeiter deutlich, als das Projekt sich weiter in Richtung Pilotbetrieb und Einführung bewegte.

Phase III: Pilotbetrieb und Einführung

Nach der technischen und fachlichen Implementierung folgte die Inbetriebnahme des Service-Centers. Ein Teil der Mitarbeiter war neu an Bord genommen und entsprechend geschult worden. Andere kamen aus der bestehenden Organisation des Unternehmens – das betraf insbesondere diejenigen, die künftig Spezialistenaufgaben zu bewältigen hatten.

Zu einem definierten Stichtag wurde das Service-Center einem ausgewählten Kreis der Versicherungskunden bekannt gemacht. Ab diesem Tag begann die veränderte externe Kommunikation, sowohl in Bezug auf die Bearbeitung von Kundenanfragen als auch in Gestalt des aktiven Vorgehens für die Akquisition von Neu- und Zusatzgeschäft.

Die Service-Center-Einheit war von Anfang an entsprechend des Design Pattern nach Kriterien des erfolgsorientierten Arbeitens organisiert. Die sehr flache hierarchische Struktur orientierte sich klar entlang der schlank organisierten Prozesse. Die Steuerung erfolgte anhand von eingeführten Kennzahlen. So wurden die Mitarbeiter konsequent über Zielvereinbarungen in Bezug auf die neu eingeführten Kennzahlen geführt. Ein nicht unwesentlicher Teil der Gehälter – insbesondere auf der Ebene der Führungskräfte – war von der Erreichung der gesteckten Ziele abhängig.

Den Mitarbeitern des Centers war zu jedem Zeitpunkt klar, wie gut die Einheit erreichbar war, wie viele Kunden sich in der Warteschleife befanden, wie viele Kollegen gerade mit Versicherungskunden sprachen etc. Auch auf der dispositiven Ebene gab es entsprechende Kennzahlen, zum Beispiel für die Verfügbarkeit und Erreichbarkeit über den Tag und über längere Laufzeiten, über die typischen Bearbeitungsquoten oder über die Anzahl der abschließend bearbeiteten Vorgänge.

In der Etablierung der Unternehmenskultur und -politik wurde besonderer Wert auf eine offene prozessübergreifende Kommunikation gelegt. Die Integration und das offene und vertrauensvolle Miteinander-Arbeiten wurden in den Vordergrund gestellt und gezielt gefördert. Ebenso wurde jedem Mitarbeiter eine hohe Verantwortung für die Erfüllung seiner Aufgaben übertragen, die entsprechenden Entscheidungskompetenzen wurden eingeräumt.

In diesem Verständnis hatte die Etablierung einer neuen erfolgsorientierten Einheit im Unternehmen also gut funktioniert.

Zusammenfassende Betrachtung

Methodisch war das Vorhaben eine Abfolge von Stretch-Up-Maßnahmen. Im Kern wurde eine erfolgsorientierte Keimzelle neu geschaffen, um eine Beschleunigung zu erreichen und die Erfolgsaussichten zu erhöhen. Die Begleitmaßnahmen zur Veränderung der Organisation konzentrierten sich auf

- Dissonanz und
- Fähigkeiten für den Umgang mit Hindernissen.

Dabei wurde gezielt insbesondere an der Steuerung der Dissonanz gearbeitet, die Kommunikation über das Thema hatte eine zentrale Bedeutung.

Mit dem beschriebenen Aufbau der Service-Center-Einheit war zunächst ein erfolgsorientierter Kern geschaffen worden. Dies zuverlässig durchzuführen war die erste zentrale Aufgabe. In den folgenden Jahren ging es in anschließenden Projekten darum, weitere Teile des Versicherungsunternehmens auf die Erfolgsorientierung „zu heben" – dabei blieben Teile des administrativen Apparats und der Verwaltung bewusst auf der loyalen Ebene.

5. Bildung eines Projekts aus Mitarbeitern konkurrierender Unternehmen

Rahmenbedingungen	
Ausgangssituation	IT-Projekt in schwierigem Umfeld (politisch und technisch)
Aufgabenstellung	Aufstellen eines sehr leistungsfähigen Projekts auf erfolgsorientierter Ebene
Können	**Status**
Souveräne Lösungen auf der aktuellen Ebene	Zunächst nicht gegeben – Team wurde in schwieriger Situation neu zusammengestellt
Potenzial für Veränderungen	Groß, viel Projekterfahrung bei den Beteiligten
Umgang mit Hindernissen	Wurde aufgrund der früheren Projekterfahrungen als gut eingeschätzt
Integration des Gelernten	Wurde aufgrund der früheren Projekterfahrungen als gut eingeschätzt

Wollen	Status
Offenheit für Veränderungen	Groß
Dissonanz	Bereits zu Beginn vorhanden
Einsicht in Notwendigkeit der Veränderung	Sehr groß
Begleitung/Besonderheiten	
Einschätzung der Führungskräfte	Teils loyal, teils erfolgsorientiert
Begleitvariante	Stretch-Up
Besonderheiten	Betrachtung eines vergleichsweise kleinen Unternehmensausschnitts

Ausgangssituation

Am Anfang stand eine verstrickte politische Situation. Der Leiter einer Fachabteilung wollte für die Entwicklung eines neuen IT-Systems für seinen Bereich ein höchst leistungsfähiges Team aufstellen. Dazu wollte er nicht, jedenfalls nicht ausschließlich, auf den konzernangehörigen IT-Dienstleister zurückgreifen, sondern ein anderes Unternehmen einsetzen. Von dessen Leistungsfähigkeit war er deutlich mehr überzeugt. Gleichzeitig hatte er ein großes Interesse daran, das System erfolgreich und im geforderten Zeitrahmen einzuführen – das war besonders kritisch, da eine Reihe neuer Technologien zum Einsatz kommen sollte. Und dafür wurden technisches Know-how und ein leistungsfähiges Projektteam benötigt.

Der Konzern selbst und sein IT-Dienstleister waren eindeutig der loyalen Ebene zuzuordnen, die beauftragende Fachabteilung hingegen war klar erfolgsorientiert. Gleiches galt für das externe Unternehmen, das der Leiter der Fachabteilung für das Projekt einsetzen wollte. Die Gemengelage wurde dadurch verschärft, dass der IT-Dienstleister im Konzern Widerstand gegen den Einsatz Dritter mobilisieren konnte. Es brauchte also sowohl eine Lösung auf der politischen Ebene als auch einen Rahmen für ein leistungsfähiges Projektteam.

Ziel/Aufgabenstellung

Wie in der loyalen Welt üblich kam auf der politischen Ebene – mit gehörigem Zeitverzug – eine Kompromisslösung zustande, die keinem wehtun sollte. Das Projekt sollte demnach sowohl aus Mitarbeitern der Fachabteilung, des konzernangehörigen IT-Dienstleisters, als auch des externen Unternehmens zusammengesetzt werden. Die Rolle der „echten" Externen wurde qua Definition auf einen technisch besonders anspruchsvollen Teilbereich des Projekts begrenzt, den der konzernangehörige IT-Dienstleister nach allgemeiner Einschätzung nicht hätte bedienen können. Den Projektleiter stellte der IT-Dienstleister, der Leiter der Fachabteilung hielt in der Rolle eines Auftraggebers einen sehr engen Kontakt zu Projekt und Konzernentscheidern.

Die Management-Aufgabe bestand darin, in diesem Umfeld den Projekterfolg zu gewährleisten. Dazu war zunächst ein Projektteam zu bilden. Die Beteiligten – die konzernzugehörigen Mitarbeiter und die des externen IT-Dienstleisters – standen sich in einer klaren Konkurrenzsituation gegenüber. Gleichzeitig war bei den Mitarbeitern hohes Potenzial und viel guter Wille erkennbar. Die Erzielung des Projekterfolgs schien also schwierig, aber machbar.

Der Leiter der Fachabteilung ließ sich bei seinem weiteren Vorgehen von externer Seite coachen. Dabei standen die Beurteilung der Lage nach dem Graves-Value-System und die Ableitung geeigneter Maßnahmen im Vordergrund.

Analyse der Voraussetzungen nach dem Graves-Value-System

Da sich die Beteiligten des konzernzugehörigen IT-Dienstleisters und des externen IT-Dienstleisters in einer klaren Konkurrenzsituation gegenüberstanden, war das Projektteam zunächst nicht einmal als loyal zueinander einzustufen. Vielmehr befand es sich als Ganzes auf der Ebene der Einzelkämpfer. Die einzelnen Teilteams agierten loyal (konzernzugehöriger IT-Dienstleister) beziehungsweise erfolgsorientiert (Fachabteilung und externer IT-Dienstleister).

Die Analyse der Voraussetzungen führte demzufolge zu dem in etwa erwarteten, durchaus kritischen Bild:

- *Souveräne Lösungen* auf der aktuellen Ebene – wenn man von der loyalen Ebene als „kleinstem gemeinsamen Nenner" ausgeht – waren zunächst nicht vorhanden. Die beteiligten Manager arbeiteten nicht wirklich zusammen, was stark in das Projekt ausstrahlte.
- Das *Potenzial für Veränderungen* war hoch. Die Projektmitarbeiter hatten alle schon in großen und schwierigen Projekten erfolgreich gearbeitet. Zudem befanden sich die Teilteams des Fachbereichs und des externen IT-Dienstleisters, wie oben beschrieben, bereits auf der Ebene der Erfolgssucher. Hieran schien es also am wenigsten zu fehlen. Auch fachliche Skills standen durch die externe Firma ausreichend zur Verfügung.
- Der *Umgang mit Hindernissen* und die *Integration des Gelernten* würden im konkreten Team natürlich erst wieder erprobt werden müssen – auch hier sprach die gute Projekt-Historie der Beteiligten für eine positive erste Einschätzung.
- Die *Offenheit* der Beteiligten für Veränderungen war hoch. Gleiches galt für die *Einsicht in die Notwendigkeit* einer Veränderung. Allen Projektmitarbeitern war von Anfang an klar, dass man die Zusammenarbeit deutlich verändern müsste – oder scheitern würde.
- Folglich war auch die *Dissonanz* schon am Anfang ziemlich hoch.

Viele Voraussetzungen waren also gegeben, das Projektteam als Ganzes erfolgsorientiert aufzustellen.

Zieldefinition nach Graves

Ausgehend von der Analyse der aktuellen Situation entschied man sich, zunächst eine loyale Arbeitsweise herzustellen und das Team kurz auf dieser Ebene zu stabilisieren. Durch geeignete Stretch-Up-Maßnahmen sollte das Projektteam dann zügig zur erfolgsorientierten Arbeitsweise geführt werden.

Herstellen einer loyalen Projektarbeitsweise

Der Start der Projektarbeiten verlief erwartungsgemäß holperig. Die Teilteams waren entsprechend ihrer Konkurrenzsituation befangen. Sie konzentrierten sich auf ihre konkreten Aufgaben und versuchten die Zusammenarbeit mit der „Konkurrenz" zu meiden. Die als „Klammer" im Projekt eingesetzten Mitarbeiter der Fachabteilung hatten es entsprechend schwer, eine im Ganzen konstruktive Arbeit zu bewirken. Allenthalben wurde ein Scheitern des Projekts erwartet.

Der erste Schritt des zielgerichteten Vorgehens bestand darin, im Projektteam eine loyale Arbeitsweise einzuführen – und das mit der ganzen Macht eines loyalen Managements. Dazu wurde ein Kickoff durchgeführt, bei dem der gemeinsame Auftrag dargestellt wurde. Es gab eine eindeutige „Ansage", dass die Teilteams zusammenzuarbeiten hätten. Es wurden feste Regeln für die Zusammenarbeit definiert, die alle zu befolgen hatten. Die Zusage aller verantwortlichen Manager zu ihrer Mitwirkung wurde dann „zelebriert".

Als weitere Elemente zu einem klaren loyalen Umfeld wurden Projekt-Räume bereitgestellt und die volle Verfügbarkeit der Mitarbeiter sichergestellt. Regelmäßige Projektmeetings wurden angesetzt und ein wöchentliches Reporting auf Aufwandsebene eingeführt. Die fachlichen Teilteams takteten dabei in der Meeting-Folge sehr kurz, um die nötige Verbindlichkeit in der Zusammenarbeit herzustellen.

Diese Maßnahmen wirkten. Alle Projektmitarbeiter hatten schnell ein Verständnis des Projektauftrags, das viel mit der Aufgabe und wenig mit Politik zu tun hatte.

Einbringen der Erfolgsorientierung

Bereits in der Stabilisierungsphase des loyalen Zustands begann sich das Potenzial der Beteiligten zu entfalten, die Einsicht in das Veränderungserfordernis wuchs. Den Mitgliedern der Projektmannschaft beziehungsweise ihrer Teile wurde von Tag zu Tag deutlicher, dass sie vor einer komplexen Situation standen. Politisch von außen belastet, technisches Neuland, eine technische Pilotimplementierung, die nur in Zusammenarbeit der Beteiligten zu bauen war, wenig Zeit.

Der Stress war enorm, es kriselte in verschiedenen Bereichen. Der vom konzernzugehörigen IT-Dienstleister gestellte loyale Projektleiter begann bereits, sich anderen Aufgaben zuzuwenden. Er wollte „nebenher" noch ein anderes großes Projekt übernehmen. Dies ist eine typische Reaktion in der loyalen Welt. Man möchte schwierigen Aufgaben, die zu komplex erscheinen, ausweichen und die Verantwortung für ein etwaiges Scheitern nicht übernehmen – Schuld und Schande sind auf alle Fälle zu vermeiden. Um gegenzusteuern, wurde der Projektleiter nicht von seiner Verantwortung entbunden. Er durfte das andere Projekt nicht übernehmen.

Im Projekt gab es allerdings auch eine ganze Reihe verbindender Elemente. Beispielsweise hatten viele Projektmitglieder den großen Ehrgeiz, bei diesem sehr wichtigen und innovativen Projekt dabei zu sein und es zum Erfolg zu bringen. Auch das Verständnis für die Komplexität der Aufgabe war vielen gemeinsam. Erste „Versuchs-Ballons" der Zusammenarbeit fielen also auf einen guten Nährboden. Diese kamen auf der Arbeitsebene gezielt von der Seite des externen Unternehmens – gestaltet mit Wissen und teilweise zusammen mit dem Leiter der Fachabteilung.

Auf der technischen Seite wurden schnell gemeinsam moderne Methoden und Verfahren diskutiert und ausgewählt, eine Architektur für die Software wurde konzipiert und Tools aus anderen Projekten wurden adaptiert. Auch im planerischen Kontext war es deutlich zu spüren, dass man mehr und mehr versuchte, die Herausforderung gemeinsam anzugehen:

- Der Fokus lag auf den kritischen Ergebnissen – diese hatten alle im Blick.
- Das Fachkonzept wurde gekapselt. Ein Teilteam „pufferte" das loyale politische Unternehmensumfeld ab und gab dem restlichen Projektteam damit Handlungsfreiheit für die anderen Aufgaben.
- Ein erster Gesamtplan wurde erstellt.

Ein kritischer Meilenstein für die Pilotimplementierung eines technisch sehr schwierigen Themas wurde gezielt definiert, um den Veränderungsdruck weiter zu erhöhen. Würde dies gelingen, sollte das Projekt fortgesetzt werden, andernfalls würde es abgebrochen.

Die Wirkung war gewaltig: Schnell entstand im Team der Eindruck, dass „die da draußen" aus ihren Teilperspektiven alle an einem Scheitern des Projekts interessiert waren. Das wollte man nicht so einfach geschehen lassen. Unter größtem gemeinsamem Arbeitseinsatz entstand der geforderte Prototyp. Er wurde dem zuständigen Vorstand zum geforderten Termin live vorgeführt.

Dass die verbliebenen Lücken im Prototypen-System dann bald geschlossen wurden und das Projekt als Ganzes erfolgreich verlief, überraschte danach niemanden mehr. Trotz der politischen Umgebung, des anspruchsvollen Inhalts und des technischen Neulands ging das System noch vor dem geplanten Termin in Betrieb.

Zusammenfassende Betrachtung

Die Mitarbeiter des Projektteams hatten als Individuen und als Teilteams gute Voraussetzungen für eine erfolgreiche Projektarbeit. Ein entsprechendes Gesamtteam musste zunächst geformt werden. Dafür war es leicht möglich, auch von den politischen Rahmenbedingungen her, die loyale Ebene des Graves-Value-Systems zu aktivieren und das Projekt damit zu ordnen. Arbeiten wurde möglich, wenn auch noch nicht mit der gewünschten Performance.

Im Folgenden wurden die Fähigkeiten des Systems bezüglich der Erfolgsorientierung gefordert. Mit einem konkreten Stretch-Up, dem Prototypen-Meilenstein, wurde ausreichend Dissonanz erzeugt, um einen großen gemeinsamen Erfolg zu erzielen. Dies diente dann als wiederholbare Vorgehensweise, um das Projekt weiterhin erfolgsorientiert arbeiten zu lassen.

Für die Fachabteilung war dies auch ein weiterer Schritt in die eigene erfolgsorientierte Ausrichtung. Mit dem externen IT-Unternehmen war ein starker Partner gewonnen worden. Auch der konzernzugehörige IT-Dienstleister entwickelte sich ein Stück weiter in Richtung Erfolgsorientierung. Die Projektmitglieder, die nun einmal das erfolgsorientierte Arbeiten kennen und schätzen gelernt hatten, dienten in der weiteren Entwicklung des IT-Dienstleisters als Potenzialträger und Keimzellen.

6. Einführung papierloser Arbeit als Beschleuniger für die Unternehmensentwicklung

Rahmenbedingungen	
Ausgangssituation	Loyales mittelständisches Versicherungsunternehmen, gewachsene Strukturen
Aufgabenstellung	Effizienz in den Abläufen verbessern
Können	**Status**
Souveräne Lösungen auf der aktuellen Ebene	Ordentliche Arbeitsergebnisse, aber Qualitätsmängel und teilweise lange Durchlaufzeiten
Potenzial für Veränderungen	Mäßig, abhängig von den Mitarbeitern (sehr heterogenes Bild durch die Abteilungen)
Umgang mit Hindernissen	Starke Fokussierung auf bekannte Problemstellungen. Schwierigkeiten mit neuen Aufgaben
Integration des Gelernten	Zumeist sehr langsam, in einzelnen Bereichen schneller (abhängig von den Mitarbeitern)

Wollen	Status
Offenheit für Veränderungen	Mäßig – zwar für fachliche Themen groß, für tatsächliche Veränderungen mäßig
Dissonanz	Gering, allenfalls kognitiv vorhanden
Einsicht in Notwendigkeit der Veränderung	Gering – abwartende Haltung
Begleitung/Besonderheiten	
Einschätzung der Führungskräfte	Loyal – mit sehr klarem Status-Bewusstsein
Begleitvariante	Optimierung auf der gleichen Stufe des Graves-Value-Systems
Besonderheiten	Vertraulicher Vorgehens-Gesamtplan, technische Projekte als Vehikel der Veränderung

Ausgangssituation

Ein großes mittelständisches Versicherungsunternehmen stand vor der Herausforderung, sowohl die Effizienz und die Servicequalität in der Verwaltung deutlich zu verbessern als auch technische Systeme zu renovieren. Die Organisation war im Sinne des Graves-Value-Systems als loyal einzustufen und nach Erfolgen und Wachstum früherer Jahre zu breit und unflexibel aufgestellt. Vielen Mitarbeitern und Führungskräften war intuitiv klar, dass die administrative Arbeit auch deutlich effizienter und weniger kompliziert ausgeführt werden konnte.

Es war geübte Praxis, Veränderungen an Sachthemen entlang ins Unternehmen zu bringen. Veränderungen in den Verwaltungsabläufen waren zumeist an der Einführung oder Anpassung der IT-Systeme festzumachen. Eine Neuausrichtung im Vertrieb wurde einmal entlang der inhaltlichen Diskussion über den Zuschnitt von Vertriebsgebieten und das Provisionierungssystem geführt. Und so wurde die Erörterung weiteren Entwicklungsbedarfs auch nicht anhand von Fragen der Unternehmensentwicklung, sondern anhand von technischen Systemen und Organisationsveränderungen geführt. Dies tat man dann allerdings mit entsprechend großer Leidenschaft.

Es war somit auch kein Zufall, dass die IT und die Organisationsentwicklung in einer Abteilung zusammengefasst waren – und die IT dort ganz klar dominierte. Die IT- und Organisationsabteilung ließ sich gerne von externen Unternehmen beraten, sowohl um Kapazitätsschwankungen auszugleichen als auch, um Impulse und Anregungen zu bekommen.

Ziel/Aufgabenstellung

Der Vorstand hatte die IT- und Organisationsabteilung damit beauftragt, sich mit einer deutlichen Verbesserung von Effizienz und Effektivität des Verwaltungsapparats zu befassen und hierzu ein Konzept zu erstellen. Gleichzeitig war allen Beteiligten klar, dass es in der Kultur des Unternehmens nicht möglich sein würde, große Veränderungen in einem Stück durchzusetzen.

Die IT- und Organisationsabteilung suchte Rat von externer Seite für ein Vorgehen, das Schritt für Schritt die technische Renovierung der Systeme und die gewünschte Steigerung der Effizienz in der Sachbearbeitung bringen sollte. Die Aufgabe für die Externen war zweigeteilt: Einerseits ging es um ein auch inhaltliches Verständnis der erforderlichen „Renovierungen“ im Unternehmen an sich und der damit verbundenen Anpassungen in Prozessen und Arbeitsweise. Andererseits war zu klären, welche technischen Erfordernisse es gab – und welche Möglichkeiten genutzt werden könnten. Neue Technologien versprachen eine Menge. Eine realistische Abschätzung des Machbaren und des Nutzens war also Voraussetzung für die Akzeptanz und, neben der technischen Umsetzung, den Erfolg von Veränderungsmaßnahmen.

Es sollte ein Vorgehen entwickelt werden, das zwischen der unbestrittenen Notwendigkeit von Kosteneinsparungen und Serviceverbesserungen auf der einen Seite und dem skeptischen bis blockierenden Verhalten vieler Führungskräfte auf der anderen Seite geschickt vermittelte.

Man wählte als ersten Schritt einen überschaubar großen Bereich aus, in dem eine papierlose Verarbeitung eingeführt werden sollte. Hervorgehoben wurden dabei sehr stark die technische Neuerung und die erwartete Serviceverbesserung. Das Umsetzungsprojekt musste sich allerdings als isolierte Maßnahme durch Personaleinsparungen rechnen, so dass der Konflikt mit dem unmittelbar betroffenen Manager vorgezeichnet war. Denn es galt auch, die erforderlichen Anfangsinvestitionen gleich im ersten Schritt zu kompensieren.

Analyse der Voraussetzungen nach dem Graves-Value-System

Das Unternehmen als Ganzes war loyal – die Eigentümerfamilie dominierte den Aufsichtsrat, Vertraute saßen im Vorstand. Die Gesamtkultur war im Sinne des Graves-Value-Systems als loyal einzustufen, wobei die patriarchalischen Strukturen stark spürbar waren. Strukturelle Eingriffe in Abteilungen und insbesondere die Veränderung von Abteilungsgrößen waren stets ein Politikum. Für viele Führungskräfte galt also, dass sie großen Wert auf ihren Status im Sinne des loyalen Systems legten.

Entsprechend heterogen fiel die Analyse bezüglich der *Offenheit für Veränderungen* aus. Einerseits gab es ein großes Interesse an den inhaltlichen Themen. Die damit verbundenen Projekte wurden stets mit großem Interesse an der Sache angegangen. Es wurden dann auch stets – zunächst nur hinter vorgehaltener Hand – die Sorgen ausgedrückt, ob die Maßnahmen überhaupt umsetzbar seien. Je konkreter die Planungen dann wurden, desto größer wurden die von allen Seiten artikulierten Hinderungsgründe. Viele verfielen in eine abwartende Haltung, ob der Vorstand denn die Vorstellungen durchsetzen könnte. Oft wurde dabei in vorauseilendem Gehorsam der kommende Widerstand von Führungskräften angenommen. Die Offenheit für Veränderungen war der Analyse folgend also nur mäßig ausgeprägt.

Die Analyse-Frage, ob *souveräne Lösungen* auf der aktuellen Ebene des Graves-Value-Systems bestanden, führte zu einem zwiespältigen Bild. Der beschriebene Auftrag an die IT- und Organisationsabteilung an sich legte schon nahe, dass es hier Defizite geben musste. Die konkretere Analyse ergab dann, dass die Arbeitsabläufe ordentliche Qualität brachten – aber eben nur ordentliche. Qualitätsmängel oder lange Durchlaufzeiten waren bekannt und wurden vielfach hingenommen. Grobe Verstöße gegen die Arbeitsvorschriften – wie zum Beispiel das Wegwerfen von Schriftverkehr, um sich dessen Bearbeitung zu ersparen – konnten geschehen; sie wurden zwar hart sanktioniert, fielen aber oft erst nach Monaten auf.

Entsprechend war der *Umgang mit Hindernissen* stark fokussiert auf das Bekannte. Neue Aufgabenstellungen, wie etwa die Veränderung von rechtlichen Vorschriften oder auch überraschende Schritte des Wettbewerbs, führten stets zu einem „Aufstöhnen" der ganzen Organisation. Bei der Analyse wurde dies durch die systematische Befragung sehr schnell deutlich. Später bestätigte sich diese Einschätzung, als im Verlauf des Projekts wiederholt weit reichende Entscheidungen erforderlich wurden.

Die Einschätzung, wie groß die Fähigkeit der Organisation zur *Integration von neu Gelerntem* war, fiel in der Analysephase schwer. Die geschilderten Beispiele waren zu unterschiedlich und fielen in der einen oder anderen Richtung aus. Im Verlauf der Projektarbeiten zeigte sich, dass dies auch sehr stark von den Mitarbeitern abhängig war. Es gab de facto Teilkulturen im Unternehmen. Die Mitarbeiter, die schon viele Jahre im Unternehmen waren, nahmen Neuerungen nur sehr langsam auf. Betriebszugehörige, die erst kurz im Unternehmen waren, und Quereinsteiger zeigten hier eine ganz andere Geschwindigkeit. Dennoch war die Organisation als Ganzes sehr schwerfällig.

Falsch war zunächst die Einschätzung aus der Analysephase bezüglich des *Potenzials für Veränderungen*. Denn es gerieten zunächst die jüngeren Mitarbeiter und die Quereinsteiger in den Fokus – und die wenigen Abteilungen, in denen diese dominierten. Das Bild wurde später deutlich differenzierter, aber auch pessimistischer, je besser die externen Berater das Unternehmen kennen lernten. Und die interviewten Führungskräfte mussten erfahren, dass sie eine sehr heterogene Mitarbeiterschaft hatten, in der die Leistungsfähigkeit und -bereitschaft der einen die Langsamkeit der anderen ausglich.

Dies passte auch wieder zum Bild der *Dissonanz*, das sich aus der Analyse ergab. Hier zeigten die Analyse der Stimmungsindikatoren und die Interviews ein sehr differenziertes Bild. Die einen sahen das Unternehmen „wie immer" auf einem guten Weg und in einem soliden Zustand, es müsse eben nur hier und da etwas verändert werden. Andere sahen die Lage kritischer, fürchteten den Anschluss an den Wettbewerb zu verlieren und befürchteten mittelfristig einen Verkauf des Unternehmens.

Dieser Eindruck verfestigte sich auch bezüglich der Bewertung zur *Einsicht in die Notwendigkeit von Veränderungen.* Zumeist wurde diese Notwendigkeit entweder in anderen Unternehmensteilen gesehen – oder „der Vorstand müsse eben handeln". Die Einsicht in die Notwendigkeit von Veränderungen war also sehr wenig ausgeprägt.

Schlüsselpersonen und Unternehmensteile

Der Vorstand war überwiegend mit Vertrauten der Eigentümer-Familie beziehungsweise der Erben besetzt. Im Sinne eines mittelständischen Unternehmens waren dafür unternehmerisch und erfolgsorientiert denkende Persönlichkeiten ausgewählt worden, die auch zum traditionellen Stil des Hauses passten. Sie wurden im Unternehmen entsprechend wahrgenommen, waren aber deutlich zugänglicher und ansprechbarer, als viele meinten. Es war daher nur konsequent, dass der Auftrag an die IT- und Organisationsabteilung direkt vom Vorstand kam.

Die IT- und Organisationsabteilung wiederum verstand sich als Motor des Unternehmens. Mit Innovation, Effizienz- und Qualitätssteigerung wollte man viel zum Unternehmenserfolg beitragen. Der verantwortliche Abteilungsleiter wurde von seinen Kollegen als Fremdkörper wahrgenommen. Weder sein Äußeres noch seine Dynamik und sein Engagement passten ins Bild. Er war klar erfolgsorientiert und hatte die Abteilung nach seinem Eintreten in das Unternehmen binnen kurzer Zeit aufgebaut und im doppelten Sinne groß gemacht – in der Zahl an Köpfen und an Leistungsfähigkeit.

Die anderen Führungskräfte im Haus waren hingegen ganz überwiegend eher klassisch loyal. Viele lange Jahre gehörten sie im Allgemeinen dem Haus an und hatten sich auf ihre Positionen „hochgedient". Die tonangebenden, tatsächlich Mächtigen unter ihnen verhielten sich durchaus öfter in Einzelkämpfer-Manier. Sie achteten sehr auf ihren Status – und auf die zentrale Kenngröße des Status, die Anzahl der ihnen unterstellten Mitarbeiter. Man führte regelrechte Kämpfe, auch untereinander, um den Status zu sichern.

Zieldefinition gemäß Graves

Es handelte sich um ein Projekt für die Optimierung auf der aktuellen – loyalen – Ebene des Graves-Value-Systems.

Die Begleitung – vertraulicher Vorgehensplan

Das Ziel war eine Optimierung auf der aktuellen Ebene. Dafür gab es eine Reihe von loyalen Rahmenbedingungen und natürlich auch Möglichkeiten für die Umsetzung:

- Prinzipiell sollten keine Mitarbeiter abgebaut werden. Es war Praxis, in verschiedenen Bereichen des Unternehmens frei werdende Stellen für Mitarbeiter vorzuhalten, die aus Effizienzgesichtspunkten in andere Aufgabengebiete wechseln mussten.
- Bezüglich der abzubauenden Mitarbeiter konnte folglich eine Weile abgewartet werden, bis sich passende Lösungen im Unternehmen ergaben.
- Das Vorgehen war in überschaubare Schritte zu gliedern, um den Widerstand der Organisation nicht herauszufordern.
- Ein Gesamtplan konnte nicht kommuniziert werden, da genau dies den Widerstand vieler erzeugt hätte.
- Umsetzungsschritte in „verträglicher" Größenordnung konnten problemlos über die hierarchische Macht des Vorstands durchgesetzt werden.

Auf der Seite der organisatorischen und technischen Realisierungen mussten entsprechend die Notwendigkeiten und Möglichkeiten geklärt werden:

- Systeme waren zum Teil sehr alt und kaum noch wartbar, mussten also abgelöst werden.
- Die bisherige Systemlandschaft musste aber auf jeden Fall weiterhin verfügbar bleiben – bis zu einer vollständigen Ablösung in der ferneren Zukunft.
- Neue Technologien für die elektronische Steuerung von Geschäftsabläufen und die papierlose Bearbeitung waren verfügbar und hinreichend ausgereift.
- Es war nur sinnvoll, immer komplette Geschäftsvorfälle – oder wenigstens signifikante Teile davon – auf eine neue IT-System-Basis zu stellen.

Darauf aufbauend wurde unter hoher Vertraulichkeit ein Vorgehensplan entwickelt. Neben den externen Beratern waren daran der Abteilungsleiter der IT- und Organisationsabteilung, einige seiner Organisations- und Systemspezialisten, die Vorstände und nur ein einziger weiterer Abteilungsleiter beteiligt. Durch eine Arbeitsweise überwiegend außerhalb der Räumlichkeiten des Unternehmens wurden gleichermaßen Voraussetzungen für Vertraulichkeit als auch Kreativität geschaffen.

Das Ergebnis mehrerer solcher Klausur-Runden war ein zweiteiliger Vorgehensplan:

- Eine „Landkarte" der Unternehmung bezüglich Veränderungsbedarf und Brennpunkten wurde entwickelt. Zusammen mit einer Einschätzung der Veränderungsfähigkeit und -bereitschaft der einzelnen Abteilungsleiter wurde eine Phasenbildung vorgenommen. Es wurden die folgenden vier Phasen gebildet: „Pilotfelder", „erste Welle", „zweite Welle" und „Abrundungsfelder".
- Ein technischer Phasenplan, der neben der Bereitstellung von Infrastruktur die schrittweise Realisierung für die einzelnen Systeme beziehungsweise Geschäftsprozesse zeigte. Dieser Phasenplan war natürlich gut abgestimmt auf die Unternehmens-Landkarte – und sollte in Teilen für die Kommunikation im Unternehmen eingesetzt werden.

Die Vorgehensweise war bewusst so gewählt und existenziell dafür, mit den Veränderungsarbeiten tatsächlich systematisch und gezielt beginnen zu können. Es ging darum, genügend Potential in das Unternehmen zu bringen und den Veränderungsdruck zu erhöhen – unter Umgehung der für die Organisation typischen Widerstandsmuster. Dabei war es auch wichtig, die Einsicht in die Notwendigkeit von Veränderungen deutlich zu erhöhen.

Die entwickelten Planungen wurden dem Vorstand vorgestellt – auch dies natürlich unter „Ausschluss der Öffentlichkeit". Die Notwendigkeit, der Organisation das gesamte Bild zunächst vorzuenthalten, wurde klar verstanden, die Vertraulichkeit blieb gewahrt.

Die erste Phase war an dieser Stelle abgeschlossen. Im Folgenden wurden zwei Einführungs-Projekte begleitet, um die Wirksamkeit des Vorhabens abzusichern.

Die Begleitung – Einführungsprojekt für papierlose Verarbeitung

Die Renovierung der technischen Systeme in der zum Piloten ausgewählten Abteilung war sowohl aus Effizienz- als auch aus Service-Gesichtspunkten erforderlich. Die Software war für die Mitarbeiter in vielerlei Hinsicht nicht komfortabel zu bedienen und die Verwaltungsvorgänge dauerten entsprechend lange. Auskünfte auf telefonische oder E-Mail-Anfragen waren oft nicht möglich oder nahmen viel Zeit in Anspruch. Die Wartung der Software war überdies aufwändig, so dass die Senkung der IT-Kosten alleine ein Grund für ein technisches Projekt war. Im Sinne der üblicherweise akzeptierten Vorgehensweise war die Abteilung also ein guter „Kandidat" für das Pilotprojekt. Auch der Abteilungsleiter war sich darüber im Klaren, dass er keine Hinhaltetaktik würde durchhalten können.

Entsprechend der fachlichen und der technischen Vorgaben wurde das Software-System für die papierlose Verarbeitung konzipiert und entwickelt. Scanner, große Monitore für die Anzeige der Schriftwechsel und die zugehörigen Workflow-Steuerungs-Komponenten wurden bereitgestellt und dann auch planmäßig in Betrieb genommen. Während der Projektlaufzeit leisteten Fachspezialisten aus der Abteilung große Beiträge, um dem System die nötige fachliche Reife zu geben. Diese waren eindeutig auf der loyalen Ebene zu finden und verstanden ihren Beitrag als ihre Aufgabe gegenüber dem Unternehmen.

Die Absicherung der Abstellung der Fachspezialisten für das Projekt erwies sich als steter Kampf zwischen der IT- und Organisationsabteilung und den Linienmanagern. Die innovative IT integrierte die Fachleute reibungslos ins Projekt, die Linienmanager mussten diese gemäß Weisung abstellen, hatten aber auf der anderen Seite ein zwiespältiges Interesse am Projekt. Ausreichend Aufmerksamkeit auf solche und andere Führungsthemen zu lenken, war ein zentraler Inhalt der externen Begleitung in der Umsetzungsphase – faktisch ging es darum, den Druck zu halten, Management-Entscheidungen herbeizuführen und damit auch die Dissonanz zu erhöhen.

Das IT-System wurde technisch planmäßig fertig gestellt und eingeführt. Die Mitarbeiter in der Fachabteilung konnten mit dem System nach einer kurzen Einlernphase gut und deutlich effizienter als bisher arbeiten. Insbesondere die papierlose Verarbeitung erwies sich als sehr hilfreich, da das „Horten von Akten" entfiel und alle Vorgänge schnell auffindbar waren. Die Veränderung in den Arbeitsabläufen wurde von den Mitarbeitern also angenommen. Hier kam eine Form von Einsicht in die Notwendigkeit der Veränderung zustande.

Auch herrschte nun vollständige Transparenz über die Anzahl von offenen Vorgängen und die Arbeitsbelastung der Abteilung. Der verantwortliche Linienmanager kam dadurch stark unter Druck, die im Business Case gerechneten Personaleinsparungen auch tatsächlich zu realisieren. Dieser bewusst spürbar gemachte Veränderungsdruck war ein Element, die Dissonanz im Unternehmen im Ganzen zu erhöhen.

Allerdings zeigte sich auch ein deutliches Widerstandsverhalten von Führungskräften:

- Die Regularien für die Sachbearbeitung wurden deutlich verschärft. Damit erreichten die verantwortlichen Linienmanager, dass der Arbeitsaufwand wieder in die Nähe des Zustands vor der Systemeinführung und der damit verbundenen Prozessveränderung anstieg. Konkret wurden beispielsweise die Freigaberechte eingeschränkt und zusätzliche Prüfungen und Kontrollen abverlangt. Zum Teil musste dafür das Software-System angepasst beziehungsweise umkonfiguriert werden, wodurch die gegenläufigen Maßnahmen natürlich sehr auffällig waren.
- Für einen Teil der Vorgänge wurden Hindernisse für die papierlose Verarbeitung aufgebaut. Beispielsweise wurde für bestimmte Unterlagen unterstellt, sie ließen sich nicht zuverlässig scannen, daher mussten komplette Vorgänge als Papierakten weitergeführt werden. Der Handhabungsaufwand dafür war entsprechend hoch. Außerdem entstand wieder eine Sphäre der Intransparenz, in der Aufwände und hoher Mitarbeiterbedarf begründet wurden.

Die IT- und Organisationsabteilung durchschaute dieses Vorgehen sehr schnell – auch aufgrund der fundierten Hinweise von den Fachspezialisten. Aufgrund der loyalen Arbeitsweise im Unternehmen gab es jedoch keinen direkten Durchgriff in die Fachabteilung, so dass es nur Möglichkeiten der indirekten Einflussnahme (Dissonanz erhöhen) oder der Eskalation gab. Es war auch hier Aufgabe der externen Unterstützung, entsprechende Transparenz zu schaffen und Entscheidungen durch den Vorstand vorzubereiten.

Zusammenfassende Betrachtung

Methodisch war die Maßnahme eine Optimierung auf der loyalen Ebene – und dies gegen erhebliche Widerstände. Bei

- Potenzial für Veränderungen,
- Dissonanz,
- Einsicht in Notwendigkeit von Veränderungen

wurde dabei gezielt an den Voraussetzungen für Veränderungen gearbeitet. Im Ganzen brauchte das Unternehmen für die engagierte Phase des Optimierungsprozesses mehrere Jahre – die beiden dargestellten extern begleiteten Umsetzungsschritte dauerten zusammen alleine fast zwei Jahre.

Bemerkenswert ist noch, dass engagierte Mitarbeiter, so zum Beispiel die schon genannten Fachspezialisten, zunehmend aktiv die Abteilung wechselten – und zwar oft in die IT- und Organisationsabteilung. Sie handelten damit im Grundsatz erfolgsorientiert, wobei sie dem Unternehmen gegenüber loyal blieben und Angebote aus dem Markt überwiegend nicht annahmen.

7. Weitere Einsatzfelder des Graves-Value-Systems

Sich verändernde Märkte, anstehende Unternehmensfusionen oder -abspaltungen führen bei Managementteams häufig zu dem Wunsch nach mehr Klarheit und Orientierung. Es gibt hin und wieder Praxis-Projekte, in denen das Graves-Value-System nicht als das führende Tool eingesetzt wird, sondern vielmehr im Hintergrund läuft. Immer wieder stellten wir fest, dass es sich hervorragend für Orientierungsworkshops und Coachings eignet. Der Einsatz des Modells bringt Licht in die konkrete Situation von Mitarbeitern und Unternehmen und erleichtert die Zielfindung.

7.1 Das Graves-Value-System als Coachingtool

Rahmenbedingungen	
Ausgangssituation	Ein international erfahrener Betriebswirt in beruflicher Orientierungsphase
Aufgabenstellung	Analyse von Stärken/Schwächen und Zielfokussierung auf eine neue Herausforderung
Begleitung/Besonderheiten	
Begleitungsvariante	Analyse und Zielsetzung nach Graves
Besonderheiten	Graves-Value-System in der Doppelbetrachtung auf den Coachee als Einzelperson und auf Systeme als ehemalige oder potenzielle Arbeitgeber

Ausgangssituation

Ein international erfahrener Betriebswirt und Mitglied der Geschäftsführung eines mittelständischen Elektronik-Unternehmens stand nach einem erfolgreichen Merger, den er intern begleitet und betreut hatte, an einer Weggabelung seiner Karriere. Er hatte sowohl Berufserfahrung im Investmentbanking als auch in großen loyalen Konzernen.

Sein eigentliches Aufgabengebiet entfiel durch die Fusion, und die ihm nun angebotenen Aufgabenbereiche schienen ihm wenig reizvoll und attraktiv. Deshalb wollte er das Unternehmen verlassen. Um für sich eine Standortbestimmung mit Stärken-und-Schwächen-Analyse durchzuführen und um auszuloten, was er denn in Zukunft machen wolle, suchte er Klärung im Executive-Coaching.

Analyse der Voraussetzungen nach dem Graves-Value-System

Neben anderen Coachingtechniken und -tools wurde das Modell des Graves-Value-Systems als Tool für den Coachingprozess verwendet. Mit Hilfe eines Fragebogens konnte der Coachee sich im Modell einordnen und ebenso eindeutig analysieren, auf welchen Ebenen sich seine bisherigen Arbeitgeber und Arbeitsgebiete befunden hatten. Er war regelrecht verblüfft, wie klar ihm die Gründe für Wohlbefinden und Unbehagen in den jeweiligen Positionen durch das Modell wurden.

Er hatte im Arbeitsumfeld die Denk- und Handlungsweisen eines Teammenschen stark integriert. Zudem wollte er sich nach den vielen Jahren der harten Arbeit wieder mehr auf sich selbst konzentrieren. Er hatte das Empfinden, zu kurz gekommen zu sein, und sein Wissen und seine Kompetenzen wieder verstärkt einsetzen zu müssen. Somit ergab die Analyse, dass bei ihm auch Anlagen des ich-bezogenen Möglichkeitensuchers vorhanden waren.

Im Lauf seiner Karriere hatte er in vielen Unternehmensbereichen gearbeitet, die sich auf unterschiedlichen Ebenen des Graves-Value-Systems befanden. So verstand er die Bedeutung klarer Regeln und Systeme auf der loyalen Ebene. Er hatte im Investmentbanking viel Erfahrung mit der Erfolgssucher-Ebene gesammelt. Zuletzt hatte er als Mitglied der Geschäftsführung des Elektronik-Unternehmens gemeinsam mit seinen Geschäftsführer-Kollegen sehr teamorientiert gearbeitet. Viele Jahre war er somit in Organisationen auf den unterschiedlichen Ebenen des Graves-Value-Systems beschäftigt gewesen und hatte sich dadurch gut weiterentwickeln können.

Der Coaching-Prozess machte ihm deutlich, dass sich seine persönlichen Ziele verändert hatten und ihm im beruflichen Umfeld zunehmend Flexibilität und der Einsatz seiner Kompetenzen wichtig waren. Er sah sich also künftig vielmehr als Möglichkeitensucher, dort war er jedoch noch nicht vollständig angekommen.

Gemeinsam mit dem Coach wollte er diesen Weg nun begehen. Vor- und Nachteile der neuen Zielsetzung wurden gemeinsam diskutiert und reflektiert. Potenzielle Arbeitgeber wurden mit dem Graves-Value-System analysiert, um eine Passung zu prüfen. Der Coachee wollte auf jeden Fall eine neue Herausforderung angehen, die ihm die Freiheit gab, in überwiegendem Maße Tätigkeiten auszuüben, die ihn persönlich interessierten und seinen eigenen Interessen genügend Freiraum ließen. Aspekte der Sicherheit und der festen Einbindung in eine Organisation waren für ihn zweitrangig.

Bewusstseinsschaffung durch Coachingtools

Der Coachee befand sich zum Beginn des Coachings in einer regelrechten Lähmungsphase. Geschockt vom erstmaligen Karriere-„Knick" stellte er fest, dass er regelrecht orientierungslos war.

Mit Hilfe von Coachingtools ließ sich seine Selbstorientierung verbessern, und er konnte Ziele für seine berufliche Zukunft definieren.

Als Tools wurden eingesetzt:

- der MBTI (Myers-Briggs-Type-Indicator) als Persönlichkeitsentwicklungsinstrument,
- der Antreiber-Test, um das innere Team zu erkennen,
- und das Graves-Value-System, verbunden mit dem bewussten Arbeiten an den eigenen Werten, um eine systemische Standortbestimmung zu ermöglichen.

In mehreren iterativen Coachingsitzungen und nachgelagerten Aufgabenstellungen konnten drei Zeithorizonte aufgearbeitet werden:

- die Vergangenheit: zentrale Lebenslaufsstationen,
- das Heute: aktuelle persönliche, familiäre und berufliche Situation,
- die Zukunft: kurz-, mittel- und langfristige Perspektiven und konkrete Ziele.

Mit Hilfe des Graves-Value-Systems analysierte er potenzielle Arbeitgeber, um die für ihn auf der Möglichkeitensucher-Ebene relevanten Unternehmensbereiche zu identifizieren.

Zusammenfassende Betrachtung

In diesem Fallbeispiel konnte das Graves-Value-System ausgezeichnet individuell angewendet werden, um Vergangenheit, Gegenwart und Zukunftsaussichten besser zu verstehen und ein Ziel für die Zukunft zu setzen.

Das Modell wurde genutzt, um

- die Situation zu analysieren,
- sich selbst einzuschätzen,
- ein passendes Ziel zu finden.

7.2 Orientierungsworkshop für das Management

Rahmenbedingungen	
Ausgangssituation	Nationales Dienstleistungsunternehmen mit zahlreichen Niederlassungen. Zentrale loyal, Niederlassungen erfolgsorientiert
Aufgabenstellung	Orientierung schaffen für das Top-Management für Organisationsentwicklung und zukünftige Personalenscheidungen – bezogen auf die Führungsmannschaft in fünf Jahren
Begleitung/Besonderheiten	
Begleitvariante	Zunächst Einsatz des Modells für die Analyse und Zielfestlegung nach dem Graves-Value-System. Im weiteren Verlauf steht ein Stretch-Up in Teilen der Zentrale an
Besonderheiten	Das Modell als Orientierungshilfe für Entscheidungen des Top-Managements

Zwei Aufgabenstellungen: Organisations-Standortbestimmung und Personalentscheidungen der Zukunft

Das Top-Management eines Dienstleistungsunternehmens entschied sich für eine Klausurtagung, um eine Standortbestimmung durchzuführen. Die bestehenden Unternehmensbereiche sollten analysiert werden, um die Organisationseinheiten zu verstehen und künftige Notwendigkeiten von Veränderungen zu antizipieren. Dabei diente das Graves-Value-System als innovatives Analysetool, das bisher nur einem Teil des Managements bekannt war.

Im Lauf des Workshops konnten die Manager völlig neue Perspektiven einnehmen. Sie entstammten einer Unternehmenswelt, die von Pragmatismus geprägt war und in der wertorientierte Betrachtungen maximal im monetären Sinne stattfanden. Die Führungskräfte sahen nicht nur den pragmatischen Nutzen des Modells, sondern erlebten regelrechte Horizonterweiterungen für ihre Managementaufgaben.

Die Zentrale des Unternehmens wurde als überwiegend loyal analysiert. Dies ist im Hinblick auf ihre Aufgaben und ihr Umfeld auch als passend einzustufen. Aber auch die vertriebs- und niederlassungsunterstützenden Abteilungen waren überwiegend loyal, deren Aufgaben und Umfeld erforderten jedoch zumindest eine Erfolgsorientierung.

Die Erkenntnisse dieses Top-Management-Workshops führten dazu, dass im Rahmen des folgenden Leadership-Teammeetings ein weiterer neuer – längst überfälliger – Agendapunkt aufgenommen wurde: die Führungsmannschaft in der Zukunft.

Etliche Geschäftsleitungsmitglieder standen an Altersschwellen, andere waren kurz vor einer Abberufung in andere Regionen. So wurde mit Hilfe des Graves-Value-Systems nicht nur das Unternehmen in seinem bisherigen Zustand analysiert, sondern es wurde auch eingeschätzt, inwieweit das Unternehmen langfristig erfolgreich sein würde. Hierzu wurden vorliegende Prognosen der Marktentwicklung einer passenden Zielebene des Modells gegenübergestellt. Daraus wurde abgeleitet, wie sich das Unternehmen und die Niederlassungen mittel- und langfristig entwickeln müssten, um weiterhin erfolgreich sein zu können.

Nach dieser Zieldefinition erarbeitete das Management, für welche Funktionsbereiche welche Mitarbeiterprofile passen würden. Diese Wunschliste wurde anschließend mit den „High-Potenzial-Kandidaten" abgeglichen. Ergebnis war, dass es für etliche Positionen gute Anwärter aus den eigenen Reihen gab, andere jedoch von Externen besetzt werden müssten.

Die Reihenfolge der Vorgehensweise war hier entscheidend. Häufig tendieren Unternehmen dazu, Posten aus ihrem internen Nachwuchspool zu besetzen. Dies verleitet jedoch stark dazu, die langfristigen Marktentwicklungen und die Anforderungen der Zukunft an das Unternehmen zu vernachlässigen. Durch den Einsatz des Graves-Value-Systems konnte Klarheit über künftige Anforderungsprofile geschaffen und die Führungskräfteentwicklung entsprechend angepasst werden.

Schlusswort & Ausblick

Unternehmen zu verstehen, zu gestalten und zu verändern ist eine spannende, komplexe und durchaus herausfordernde Aufgabe für alle beteiligten Personen. Die Geschichte des Graves-Value-Systems in Europa wird gerade erst geschrieben, obwohl das Modell von Prof. Graves bereits seit 1996 öffentlich zugänglich ist. Inzwischen erleben immer mehr Anwender die Vorzüge und Einzigartigkeiten des Graves-Value-Systems. Und es findet mehr und mehr Verbreitung in Europa, speziell in Deutschland. Dieser Trend wird durch dieses Buch – das erste deutschsprachige Buch zu diesem Modell – beschleunigt werden.

Wir haben die wichtigsten Eckpfeiler für den erfolgreichen Einsatz des Graves-Value-Systems zum Verstehen, Gestalten und Verändern von Unternehmen dargestellt. Es ist nun an Ihnen, die Ausführungen und die zahlreichen Beispiele für Ihren beruflichen Bedarf zu transferieren und für Ihr Unternehmen anzupassen.

Nehmen Sie sich in Veränderungsprozessen ausreichend Zeit und Ruhe für die Analyse- und Planungsphase. Diese Zeit ist gut investiert. Und denken Sie stets daran, dass alle Unternehmen wie die Menschen, durch die sie getragen und gestützt werden, unterschiedlich sind. Setzen Sie im Veränderungsprozess die jeweils passenden Maßnahmen ein. Beachten Sie dabei, dass das Maßnahmenportfolio umfassend ist und alle erforderlichen Bereiche anspricht. Gestalten Sie ein Unternehmen so, dass es zu den jeweiligen Rahmenbedingungen passt und erfolgreich in seinem Geschäftsmodell arbeiten kann – hinterfragen Sie „Patentrezepte" kritisch. Und überfordern Sie das Unternehmen nicht – beachten Sie, was es zum jeweiligen Zeitpunkt leisten kann.

Nehmen Sie die Herausforderung an – Sie werden Erfolg haben und begeistert sein. Sollten Sie Fragen haben oder den Dialog mit uns suchen, freuen wir uns auf den Kontakt mit Ihnen unter: www.gravesvaluesystem.de

Wir wünschen Ihnen bei der Umsetzung viel Erfolg!

Anhang: Theoretische Vertiefung und Hintergründe des Modells

1. Der Ursprung des Modells

Clare W. Graves (1914 – 1986) war Professor für Psychologie am Union College in New York. Sein Interesse galt nicht nur der Forschung, er war auch jahrelang als Berater in Wirtschaftsunternehmen, Kliniken und Bildungsinstituten tätig. Seine Theorie begann er in den 50er-Jahren zu entwickeln, und er verfeinerte sie bis zu seinem Tod im Jahr 1986.

Es wird berichtet, dass Graves zu Beginn seiner Lehrtätigkeit von einem seiner Studenten gefragt wurde, welches der unterschiedlichen Werte- und Persönlichkeitsmodelle denn nun das Richtige oder das Beste sei. Speziell nach Bezügen und Einsatzmöglichkeiten der Maslow-Pyramide wurde er gefragt. Dies sei die Initialzündung für den Beginn der Forschungsarbeiten von Graves für das Graves-Value-System gewesen.

Maslow hatte Entwicklungsstadien von Menschen erforscht. In der von ihm entwickelten Pyramide geht er davon aus, dass ein Individuum sich erst dann weiterentwickelt, wenn es gewisse Bedürfnisse befriedigt hat. So muss ein Mensch zunächst seine physiologischen Bedürfnisse wie Nahrung, Ruhe und Bewegung sowie Sexualität befriedigen, erst dann entwickelt er sich weiter zur nächsten Stufe: der Befriedigung der Sicherheitsbedürfnisse (Gesundheit, Wohnung und Arbeit).

Die Maslow-Pyramide geht von fünf Entwicklungsstadien des Menschen aus: physiologische Bedürfnisse, Sicherheitsbedürfnisse, soziale Bedürfnisse, Geltungsbedürfnisse und Selbstverwirklichungsbedürfnisse. In seiner Theorie spricht Maslow von dem „selbstaktualisierenden Individuum".

Die folgende Abbildung stellt die Maslow-Pyramide mit ihren Entwicklungsstadien dar.

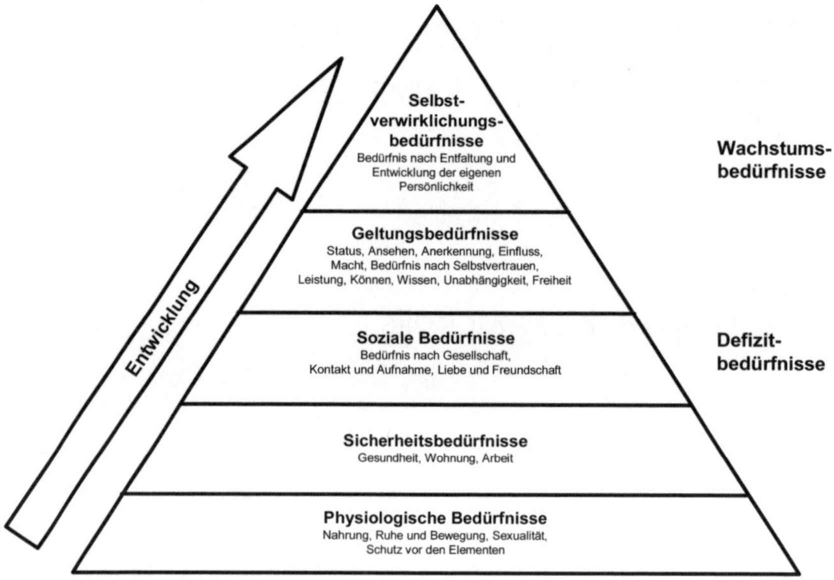

Quelle: Eigene Darstellung
Abbildung A1: *Die Maslow-Pyramide*

Graves kritisierte die Sichtweise von Maslow als zu starr und unflexibel. Nach Maslow ist der Endpunkt der Pyramide der Endpunkt der Entwicklung eines Menschen. Graves wollte die Theorie aber um eine weitere Möglichkeit ergänzen. Er untersuchte die Frage, weshalb Menschen unterschiedlich sind und weshalb manche Menschen sich verändern und andere nicht.

Also überprüfte Graves das Modell von Maslow empirisch. Dabei stellte er bei den oberen Stufen der Bedürfnispyramide Differenzierungen fest. Demnach divergiert die Befriedigung der oberen drei Bedürfnisse (soziale Bedürfnisse, Geltungsbedürfnisse und Selbstverwirklichungsbedürfnisse) je nach dem Wertesystem des Individuums und des sozialen Systems, in welchem das Individuum lebt.

So kann beispielsweise der Bereich „Geltungsbedürfnis" sehr unterschiedlich ausgeprägt sein. In einer stark erfolgsorientierten Welt machen sich Status und Ansehen eines Menschen an materiellen Dingen, wie einem schnellen Auto oder einer teuren Uhr, fest. In einer loyal geprägten Welt zählen die Treue zum übergeordneten System (zum Beispiel Unternehmen, Kirche, Staat) und die Beständigkeit. Ein gutes Beispiel ist auch der Wert „Freundschaft", der je nach Wertesystem des Menschen Unterschiedliches bedeuten kann.

Professor Graves verbrachte sein gesamtes berufliches Leben mit der Suche nach Gesetzmäßigkeiten bei Veränderungen von Personen und Gruppen. Der entscheidende Schritt von Graves ist die Verbindung des Individuums mit dem sozialen System, in dem es sich befindet. Das Entwicklungsstadium des sozialen Systems ist dabei ebenfalls von großer Bedeutung.

Maslow war in der Psychologie des Nachkriegs-Amerika ein starker Vordenker. Die Weiterentwicklung von Graves irritierte ihn zunächst, später (nach acht Jahren der Auseinandersetzung) jedoch verständigten sich die beiden und akzeptierten ihre jeweiligen Modelle.

Graves' Instrumentarium ist trotz seiner Bedeutung noch relativ unbekannt. Dies wird darauf zurückgeführt, dass er seine Arbeit krankheitsbedingt vor seinem Tod nicht vollenden konnte. Das Werk wurde erst 2005 durch Cowan und Todorovic aus zahlreichen Manuskripten, Film- und Tondokumenten zusammengefügt und sinnhaft ergänzt und unter dem Titel „The never ending quest" publiziert.

Graves` wissenschaftlichen „Erben" Cowan und Beck ist es zu verdanken, dass dieses umfangreiche Modell erstmals publiziert wurde. In ihrem Buch „Spiral Dynamics", welches nur in englischer Sprache erhältlich ist, stellen sie das Graves-Value-System als Modell sehr ausführlich dar. Viel Grundlagenforschung findet sich in ihrem Buch wieder.

Da das Graves-Value-System ganz wesentlich auf Werten von Menschen sowie auf Werten ganzer Personengruppen beruht (vgl. „Value"-System), beschreiben wir im folgenden Abschnitt den Begriff „Werte" näher.

2. „Value System" – was sind Werte und wie entstehen sie?

Was sind Werte?

Werte sind Ideen und Überzeugungen, die eine Person antreiben, etwas auf sich zu nehmen, sich zu engagieren und sich einzusetzen.

Werte sind abstrakte „Dinge" wie: Freude, Harmonie, Partnerschaftlichkeit, Geborgenheit, Gerechtigkeit, Erfolg, Macht, Gesundheit, Höflichkeit, Akzeptanz und so weiter.

Werte sind für Menschen im wahrsten Sinne des Wortes „wertend". Durch sie entscheidet man, ob man etwas gut oder schlecht findet, ob Verhaltensweisen eines Menschen abgelehnt oder angenommen werden.

Tad James (1991, S. 183) beschreibt eindrucksvoll die Bedeutung von Werten wie folgt: „Werte zeichnen sich dadurch aus, dass wir bereit sind, unsere vorhandenen Ressourcen einzusetzen oder uns neue Ressourcen zu verschaffen, um sie zu bewahren. Werte sind weitgehend unbewusst und stellen auf der tiefsten Ebene der Persönlichkeit die Triebkraft für die wahren Ziele eines menschlichen Wesens dar. Werte bestimmen *sämtliches* menschliches Verhalten."

Innerhalb der eigenen Werte bildet man eine Hierarchie. Ein bestimmter Wert ist einem wichtiger als ein anderer. Einem Menschen ist Gerechtigkeit wichtiger als Erfolg, Liebe wichtiger als Gesundheit. Bei einem anderen Menschen kann dies ganz anders sein.

Jeder Mensch hat unterschiedliche Wertesysteme – und selbst bei einem identischen Begriff können die dahinter liegenden Aussagen bei zwei Personen sehr unterschiedlich sein. So kann beispielsweise für den einen der Wert „Gerechtigkeit“ bedeuten, dass es allen Menschen auf der Welt gleich gut geht. Für einen anderen heißt „Gerechtigkeit“, dass es nur den Menschen gut geht, die auch etwas leisten.

Von den eigenen Werten leitet man die eigene Sicht auf die Welt ab, das woran man glaubt und was man als wahr empfindet – die eigenen Glaubenssätze. Häufig trifft man auf Glaubenssätze in Form von Verallgemeinerungen („wer hart arbeitet, hat auch Erfolg“) und Vorurteilen („die Jugend von heute ist ungezogen und frech“). Da Glaubenssätze stark als Filter wirken, nimmt man nur das wahr, was man glaubt. Mit obigem Glaubenssatz über Jugendliche wird man den hilfsbereiten und höflichen Jungendlichen einfach nicht wahrnehmen – man filtert ihn aus der eigenen Wahrnehmung heraus, weil er nicht in das erwartete Muster hereinpasst. Sehr wohl wird man aber einen Jungendlichen sehen, der laut pöbelnd durch die Straßen zieht.

Aus den Glaubenssätzen und Werten resultieren wiederum die Handlungen und Verhaltensweisen der Menschen. Ein Vertriebsmitarbeiter im Außendienst, der den Glaubensatz hat „der Kunde sagt schon, wenn er ein neues Produkt von uns will“ – vielleicht beruhend auf den Werten „Selbstbestimmung und Freiheit“ – wird sich deutlich weniger aktiv verhalten als sein Kollege mit dem Glaubenssatz „nur wenn ich meinem Kunde regelmäßig neue Produkte und Serviceleistungen anbiete, wird der Kunde sie auch kaufen“.

Glaubenssätze und Werte können Fähigkeiten regelrecht mobilisieren oder blockieren. Das mentale Training rund um das „positive und erfolgsorientierte Denken und Handeln“ baut stark auf diesen positiven und erfolgsorientierten Glaubenssätzen auf. Einfach ausgedrückt werden nach diesem Ansatz Glaubenssätze wie „das werde ich schaffen“ im Menschen verankert. Der Mensch tut dann der Theorie zufolge unterbewusst genau das Richtige, um sein Ziel auch zu erreichen.

Da das unterbewusste Handeln und Denken so sehr von den eigenen Werten bestimmt wird, sorgt im zwischenmenschlichen Leben nichts so häufig für Schwierigkeiten wie unterschiedliche Wertvorstellungen von Menschen. Doch nicht nur äußere Konflikte werden durch Werte verursacht – es kommt auch unweigerlich zu inneren Konflikten, wenn eine Person gegen eigene Werte handelt oder handeln muss.

Wie werden Werte geprägt?

Werte werden im Lauf der menschlichen Entwicklung geprägt. Drei klassische Hauptperioden wurden von dem Soziologen Morris Massey (vgl. Tad James, 1991) postuliert:

- die Prägeperiode (Geburt bis 7. Lebensjahr),
- die Modellierperiode (8. bis 13. Lebensjahr),
- die Sozialisationsperiode (14. bis 21. Lebensjahr).

Sicherlich sind gerade die frühen Jahre eines Menschen sehr prägend und legen das breite Fundament in der Wertestruktur, die von Erlebnissen, Erziehung und unterschiedlichen kulturellen Einflüssen geprägt ist. Diese Wertestruktur ist aber auch nach dem 21. Lebensjahr immer wieder den Anforderungen der Umwelt ausgesetzt. Die Werte eines Menschen werden also immer wieder konfrontiert mit Veränderungen und Neuem.

Mit einschneidenden Veränderungen in unserem Umfeld und abhängig von unseren Lebensphasen werden häufig alte Werte aufgehoben, die Wertehierarchie ändert sich. Zum Beispiel mit dem Einstieg in das Berufsleben werden häufig Werte wie Freizeit und Freundschaft dem beruflichen Erfolg untergeordnet. Mit der Geburt eines Kindes verändert ein Ehepaar vielleicht seine Werte: Beruflicher Erfolg ist nicht mehr so wichtig, jetzt zählt es, Zeit für die Familie zu haben. Oder für ein Elternteil wird der berufliche Erfolg noch wichtiger, da man der Familie nun ein finanziell abgesichertes Leben bieten möchte.

Menschen verändern ihre Wertehierarchien also im Verlauf des Lebens rollenabhängig – teilweise sogar sehr stark. Man denke nur an die Ideale von manchem Aktivisten, die sich nach einigen Jahren massiv gewandelt haben.

Die oberen Beispiele zeigen, dass man die eigenen Werte meist dann modifiziert, wenn sich in der Umwelt etwas verändert. Man passt die eigenen Werte der neuen Umwelt an, um besser zurechtzukommen. Werteveränderungen sind also vollkommen normal – was ein wichtiger Aspekt bei Changeprozessen ist.

Die Entwicklungsstadien, die ein einzelner Mensch durchlebt, können auch auf ganze Gruppen (Staaten, Organisationen, Abteilungen etc.) übertragen werden. Diesen Vorgang erfasst Graves in seinem System. Denn genau wie bei einem einzelnen Menschen werden Denken und Handeln in Systemen von den Werten gelenkt.

3. Graves' Coping-Mechanismus

Die Welt verändert sich und dadurch ist eine Anpassung der Menschen und der sozialen Systeme erforderlich. Die Menschen und Systeme verändern dann wiederum die (Um-)Welt.

Daher leitete Graves die Wechselbeziehung zwischen der *Welt* und den *Reaktionen* auf die Welt ab. Welt und Reaktionen bedingen sich also wechselseitig. Die Welt verändert den Menschen, und der Mensch verändert mit seinen Reaktionen die Welt. Damit einhergehend verändern sich die Werte eines Menschen oder einer Gruppe.

- Die *Welt*: Lebensumstände und Herausforderungen. Darunter fallen ebenfalls soziale Umstände, Machtverhältnisse, kulturelle Gegebenheiten etc.
- Die *Reaktionen*: die dazugehörigen Lösungsstrategien (oder Anpassungsmechanismen). Dies beschreibt, wie die Menschen mit diesen Lebensumständen umgehen, wie sie Wege finden, um unter den gegebenen Umständen besser leben zu können.

Das Graves-Value-System ist zudem ein Modell, welches die Wechselwirkung von Welt und Reaktionen auf die Welt als Entwicklung von verschiedenen aufeinander aufbauenden Ebenen aufzeigt und darstellt. Jede Ebene steht für ein System mit bestimmten bevorzugten Wertehierarchien und resultierenden Denk- und Handelsweisen. Die jeweilige Wertehierarchie bestimmt, wie die Lebensbedingungen und die damit verbundenen Probleme wahrgenommen werden und wie die Probleme bewältigt werden. Auf veränderte Lebensbedingungen reagiert das System und entwickelt eine neue Wertehierarchie. In diesen Anpassungsmechanismen drückt sich die Veränderung von einer zur nächsten Ebene aus.

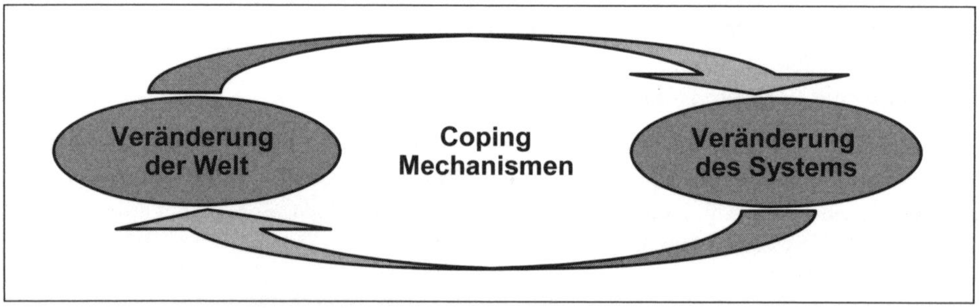

Quelle: Eigene Darstellung
Abbildung A2: *Coping-Mechanismen*

Jede durch Veränderung neu entstandene Ebene schließt die Werte der vorhergehenden Ebenen mit ein, es verändert sich lediglich die Wichtigkeit (die Hierarchie) der einzelnen Werte, teilweise kommen neue Werte hinzu.

Dennoch sind diese Veränderungen nicht konfliktfrei, da die Veränderung bestehender und etablierter Werte Ängste auslöst.

In Graves' ursprünglichem Modell zeigt sich der Coping-Mechanismus durch die nach oben breiter werdende Doppelspirale oder Helix (Helix: lat. Schnecke). In dieser Doppelspirale steht ein Strang für das Wertesystem der Menschen, der zweite Strang steht für die Umwelt. Beide verändern sich in Abhängigkeit voneinander und sind miteinander verwoben.

Ein weiterer Aspekt des Modells ist, dass die Umwelt von Ebene zu Ebene komplexer wird. Die Veränderung von einer Ebene in die nächste bedeutet dabei immer einen Quantensprung. Für „einfache" und leichte Veränderungen bildet sich keine neue Ebene im System aus. Die Veränderung von einer Ebene in die nächste bedeutet immer eine grundlegende, meist sehr schmerzhafte Veränderung des Systems in einen neuen Zustand.

Als Graves sein nach oben offenes Modell 1970 veröffentlichte, ging er von sieben Ebenen aus. Seine Schüler Beck und Cowan fügten die achte Ebene hinzu. So besteht das System derzeit aus acht Ebenen, die sich in unterschiedlichen und differenzierten Glaubenssätzen, Werten und Vorstellungen ausprägen. Wenn von „derzeit" gesprochen wird, heißt dies, dass das System nach oben offen ist und sich immer weiter entwickeln wird. Im Moment zeichnet sich bereits die neunte Ebene ab.

Graves hat den Ebenen Buchstabenkombinationen gegeben, um das Modell wertneutral zu halten. Seine Schüler Beck und Cowan gaben den Ebenen Namen. Zum leichteren Verständnis und Transfer unterschiedlicher Darstellungen des Graves-Value-Systems finden Sie am Ende des Buches eine Transformationstabelle. Wir sind im ganzen Buch Beck und Cowan gefolgt.

Auf der ersten Ebene befindet sich der *Existierende*, gefolgt vom *Stammesmensch* auf der zweiten Ebene. Ebene drei zeichnet sich durch den *Einzelkämpfer* aus, Ebene vier durch den *Loyalen*. Auf Ebene fünf ist der *Erfolgssucher*, auf Ebene sechs der *Teammensch*, auf Ebene sieben der *Möglichkeitensucher* und letztlich auf Ebene acht der *Globalist zu finden.*

Es ist interessant zu beobachten, dass in der Entwicklung der verschiedenen Ebenen *Ich-* und *Wir-*Bezug alternieren. Das heißt, die Menschen auf den Ebenen Existierender, Einzelkämpfer, Erfolgssucher und Möglichkeitensucher sind stark auf sich selbst bezogen und haben das eigene Wohlergehen im Auge. Während Stammesmensch, Loyaler, Teammensch und Globalist das Wohl der Gruppe, in der sie sich bewegen, als wichtiger als das eigene betrachten. Wir-bezogene Menschen leben demnach stärker für ihre Gruppe, ich-bezogene Menschen leben stärker für ihre Bedürfnisse und Interessen als für die der Gruppe.

Zu jeder Ebene gibt es „gesunde" und „ungesunde" Ausprägungen. Eine Ebene entsteht zunächst als optimale Reaktion auf eine veränderte Rahmenbedingung. Später, wenn sich die äußeren Rahmenbedingungen erneut ändern, das System aber noch nicht bereit ist für eine Modifikation, oder wenn Systeme sogar von einer oberen Entwicklungsstufe wieder zurück in eine untere Entwicklungsstufe fallen, können ungesunde Ausprägungen einer Ebene entstehen. Beispielsweise wäre staatliche Ordnung eine gesunde Ausprägung, die zu einer ausufernden und damit ungesunden Bürokratie entarten kann.

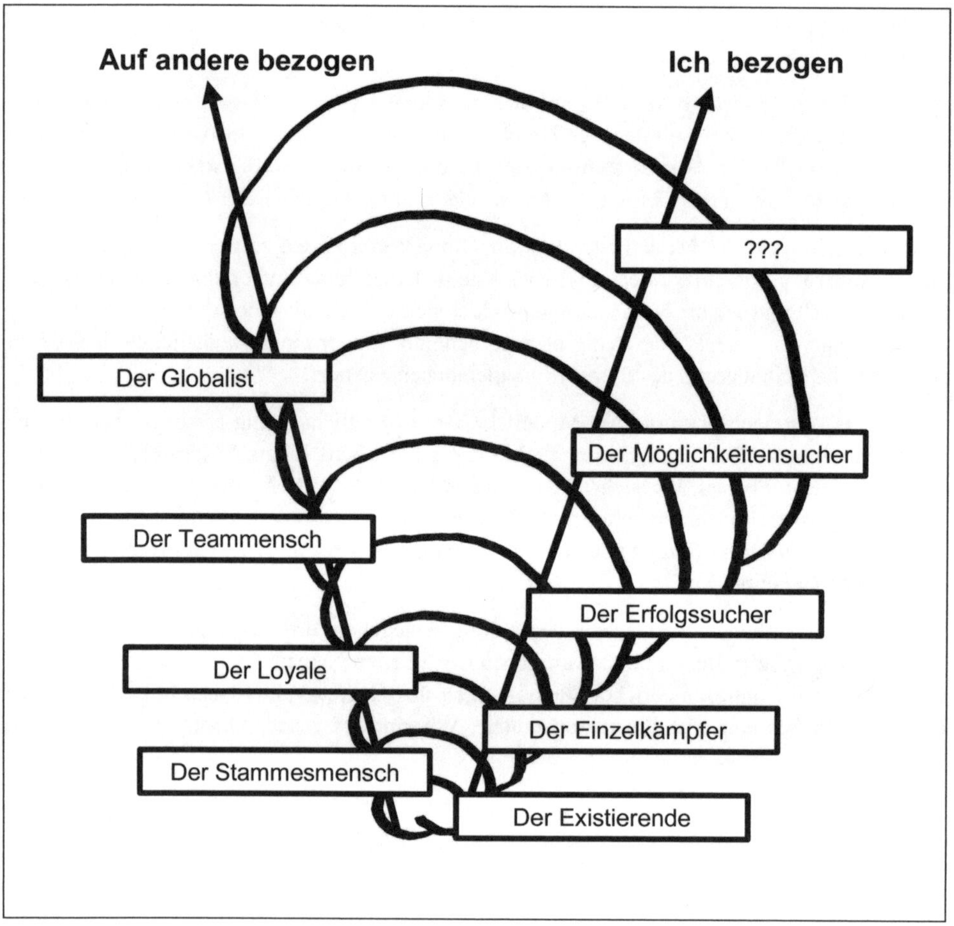

Quelle: In Anlehnung an Spiral Dynamics ®
Abbildung A3: *Das Graves-Value-System als Helix-Darstellung*

4. Die erste Entstehung der Ebenen (evolutionäre Betrachtung)

Die evolutionäre Entwicklung der einzelnen Ebenen, die wir im Folgenden darstellen, beschreibt die ursprüngliche Entstehung der unterschiedlichen Ebenen. Auch für die Ebenen, die vor langer Zeit entstanden sind, gilt, dass sie auch heute noch in vielfältigsten Spielformen existieren. Sicherlich hat sich die Ausprägung der einzelnen Ebenen verändert, geblieben sind aber die speziellen Wertehierarchien mit entsprechenden Denk- und Handlungsweisen, die zu einem bestimmten Ausschnitt unserer Welt passen.

Im vorderen Teil des Buches wurden diese Ebenen speziell auf Unternehmen und Organisationen beschrieben. Im nachfolgenden Text ist die Beschreibung eher allgemein gehalten, um dem Graves'schen Modell damit näher zu kommen und den gesamten Entstehungszusammenhang zugänglich zu machen.

4.1 Das eigene Überleben sichern: „Der Existierende“

Entstehung und Umwelt

Die erste und damit die Ebene, von der alle anderen ausgehen, ist die des Existierenden. Dementsprechend hat noch keine Werteevolution stattgefunden.

Diese Ebene zeichnet sich durch eine Umwelt aus, in der es primär um das Überleben des Einzelnen geht. Die Umwelt ist geprägt von Wettereinflüssen, Temperaturschwankungen, feindlichen Angriffen und Nahrungsmangel.

Reaktion des Menschen, Ausprägung der Ebene

Der Mensch ist den Umwelteinflüssen stark ausgeliefert. Darwinismus beherrscht das System und prägt die Verhaltensmuster. Es geht um das bloße Überleben. Das Entwicklungsstadium der Menschen ist primitiv und unterentwickelt. Arterhaltung und Lebenssicherung stehen im Mittelpunkt des Interesses.

Wo kam und kommt diese Ebene vor?

Ausprägungen dieser Ebene sind heute Kleinkinder und Schwerstbehinderte, die ihrer Umwelt sehr stark ausgeliefert sind, ebenso Obdachlose.

Auch findet man das Muster dieser Ebene in Extremsituationen, insbesondere in Paniksituationen, wie direkt nach Schiffs- oder Flugzeugunglücken.

Überblick

Situation:	Überleben in feindlicher Umwelt
Reaktion:	Kampf ums Überleben, Darwinismus
Maxime:	Überleben um jeden Preis
Motivation/Antrieb:	Primärbedürfnisse erfüllen
Lernen:	Trial and Error
Fähigkeit:	Überleben
Drohende Gefahr:	Brutalität

4.2 Mysteriöse Kräfte bezwingen: Der Stammesmensch

Entstehung und Umwelt

Ist das eigene Überleben auf der Ebene des Existierenden gesichert, stellt sich für einen ersten Quantensprung die Frage, wie sich unerklärliche Phänomene der äußeren Umwelt, wie Donner, Erdbeben, Blitze, Flutwellen, Dürre etc., erklären lassen.

Reaktion des Menschen, Ausprägung der Ebene

Im Kampf gegen die Naturgewalten lernen die Menschen an konkreten Beispielen, dass sich Sicherheit in einer Gruppe besser erreichen lässt als allein. Natürlich bietet sich als Gruppe zunächst die Familie/der eigene Stamm an.

In einer Familie oder in einem Stamm ergibt sich eine quasi natürliche Ordnung. Die Rollen innerhalb des Systems sind fest definiert und werden nicht bezweifelt. Es gibt ein Stammesoberhaupt, welches das Sagen hat und dessen Autorität nicht bezweifelt wird. Die Autorität begründet sich z. B. auf Weisheit, Magie und Zauber. Derjenige, der Kontakt zu den Ahnen aufnehmen kann, derjenige, der die Mittel hat, gegen das Böse und die Naturgewalten zu kämpfen, hat Macht über seine Untertanen bzw. Schützlinge.

Die Untergebenen im System dienen dem Oberhaupt, als Lohn bietet der Stammesführer Sicherheit und Schutz. Somit ist die Ebene der Stammesmenschen von Zusammengehörigkeit und Obrigkeitsdenken geprägt. Fest eingefahrene Rituale und Traditionen bestimmen die Lebensumstände und Verhaltensweisen.

Lebenseinstellungen sind: Ich lebe zu Ehren meiner Ahnen, ich lebe für meinen Stamm und mein Volk.

Wo kam und kommt diese Ebene vor?

Die Ausprägung dieses Systems hat sich ursprünglich bei Naturvölkern entwickelt. Später findet man die Struktur dieser Ebene auch in ausgeprägten Monarchien.

Die Stämme der Naturvölker, wie sie heute noch in Teilen Afrikas und Asiens existieren, lassen sich dieser Ebene zuzuordnen.

Überblick

Situation:	Mysteriöse Kräfte bedrohen den Menschen
Reaktion:	Vertrauen in Magie, Zauberer; Unterordnung, Stammesdenken
Maxime:	Es gibt keinen Zufall! Tradition entscheidet!
Motivation/Antrieb:	Tradition, Gewohnheit, Magie, Angst
System:	Clan, Stamm mit Oberhaupt
Lernen:	Klassische Konditionierung, Rituale und Routinen, Schritt für Schritt
Fähigkeit:	Sich ausdrücken können, Power und Charisma
Drohende Gefahr:	Ausgebeutet werden

4.3 Ich und meine Macht: Der Einzelkämpfer

Entstehung und Umwelt

Die Entstehung der Naturgewalten ist durch die Stammesmenschen erklärt. Die Menschen machen aber die Erfahrung, dass auch das Stammesoberhaupt Fehler macht und keinen uneingeschränkten Schutz bieten kann.

Vor allem entsteht der Wandel in eine neue Ebene dann dadurch, dass wichtige Ressourcen nur begrenzt verfügbar sind. In einer komplexeren Welt mit Ressourcenmangel sind somit schnellere Entscheidungen gefragt, um seine eigenen Bedürfnisse zu befriedigen. Traditionelle Rituale und langwierige Entscheidungsprozesse wie bei den Stammesmenschen sind nicht mehr angemessen.

Reaktion des Menschen, Ausprägung der Ebene

Der Mensch reagiert durch eine Rückbesinnung auf die eigene Macht und Stärke. Einzelkämpfer sind nun gefragt. Es herrscht das Motto vor: Jeder muss für sich selbst sorgen, denn sonst tut es keiner. Jeder kämpft gegen jeden, um sich die knappen Ressourcen zu sichern.

Die Menschen lernen, dass sie, wenn sie etwas haben wollen, es sich holen müssen. Und zwar sofort, denn vielleicht gibt es das Gewünschte morgen schon nicht mehr. Darüber hinaus ist der Respekt vor der eigenen Persönlichkeit sehr wichtig. „Alles, was ich von anderen will, ist Respekt!“ Dies resultiert aus einer Unzufriedenheit mit der Stammesmenschen-Ebene, in welcher der Respekt und Fokus klar auf das Stammensoberhaupt ausgelegt war. Die Individuen fühlen sich benachteiligt und sehen in einer stärkeren Ich-Orientierung (also hin zum Einzelkämpfertum) mehr Chancen, ihre Bedürfnisse zu befriedigen.

Selbstverständlich bilden sich auch in dieser Ebene Gruppen aus. Diese Gruppen sind jedoch in sich selbst autark und unterstützen sich soweit, dass sie ihre Ziele erreichen können. Sie dienen auch dazu, sich von anderen abzugrenzen. Gruppen sind jetzt gekennzeichnet durch ein Oberhaupt mit einigen oder vielen Untertanen. Die Position des Oberhaupts ist jedoch im Gegensatz zur Ebene Stammesmensch nicht sicher, da ihm die Untergebenen jederzeit die Position abjagen können. Das Oberhaupt gewinnt die führende Position durch eigene körperliche Kraft, Durchsetzungsfähigkeit, Ausstrahlung und Charisma.

Diese Ebene bringt schnelle Entscheidungen zustande, beweist sich oft als gut in Notsituationen und mobilisiert und motiviert durch wechselseitiges Imponieren – und durch Selbstständigkeit. Ein Beispiel wäre ein Schiff in Seenot: Hier hat nur einer das Sagen, alle anderen arbeiten nach den klaren Anweisungen des Kapitäns. Diskussionen würden hier zum Untergang führen.

Die Kehrseite ist die negative Ausprägung in Form von Unterdrückung und zwanghafter Unterwerfung. So sind die heutigen Diktaturen auf dieser Ebene zu finden.

Wo kam und kommt diese Ebene vor?

Ursprünglich ist sie mit den ersten großen Völkerwanderungen bei den ersten „Welteroberern“ entstanden. Die Menschen haben sich aufgemacht, neue Welten zu entdecken und Nahrung zu finden. Später findet man deutliche Strukturen dieser Ebene in der ersten Phase der Industrialisierung. Die Eroberung Amerikas, der Goldrausch, das Diamantenfieber sind weitere Beispiele für Verhalten, das aus dieser Ebene getrieben wird. Genauso wie vor wenigen Jahren die „Eroberung“ Osteuropas durch westliche Unternehmen.

Im Sport, insbesondere bei Einzelsportarten, findet man Ausprägungen dieser Ebene, im wirtschaftlichen Bereich ist der Frühkapitalismus hier zu finden.

Negative Beispiele sind Diktaturen oder Straßen-Gangs.

Überblick

Situation:	Ich erlebe meine Stärke
Reaktion:	Vertraue deiner Kraft; Egoismus und Ausbeutung (Winner/Loser-Strategien)
Maxime:	Ich will alles! Jetzt!
Motivation/Antrieb:	Bewunderung und Respekt sowie das Sichern von Ressourcen
System:	Autokratien, Banden und Gangs mit Diktator oder Bandenchef
Lernen:	Operante Konditionierung mit sofortiger Belohnung
Fähigkeit:	Fügen, Symbiose, Unterordnung
Drohende Gefahr:	Ausgebeutet werden

4.4 Gerechtigkeit und Ordnung: Der Loyale

Entstehung und Umwelt

Die Bevölkerungsdichte nimmt zu. In der Welt herrschen Chaos und Einzelkämpfertum. Die Welt wird zunehmend als ungerecht empfunden, die vermehrten Konflikte werden in unangemessener Weise mit Gewalt gelöst. Der Beantwortung der Frage nach dem Sinn des Lebens kommt eine immer größere Bedeutung zu.

Dies alles führt dazu, dass die Menschen nach Sicherheit, klaren Regeln, Zuverlässigkeit und Qualität suchen. Es bilden sich auf der loyalen Ebene klare und große Strukturen heraus. Erste Stadtgründungen lassen sich in dieser Ebene einordnen.

Reaktion des Menschen, Ausprägung der Ebene

Es werden Regeln geschaffen, um das bestehende Chaos zu beherrschen. Das sofortige Befriedigen von Bedürfnissen tritt in den Hintergrund, zugunsten eines Systems, das den Lohn oder die Strafe für das aktuelle Verhalten auf später verschiebt.

Das Lebensmotto heißt ab jetzt: Es gibt eine höhere Macht, für die wir leben, diese gibt dem Leben einen Sinn. Diese höhere Macht wird mich für Gutes belohnen und für Schlechtes bestrafen.

Die entstehende Welt ist geprägt von Idealen, Treue und einem klaren und verständlichen Weltbild. Somit entstehen monotheistische Religionen, Weltanschauungen und damit auch erstmals mehrstufige Hierarchien.

Idealisten verkörpern diese Welt. Da ein errungener Verdienst nicht sofort belohnt wird, sind Titel und Positionen das neue Ziel der Anstrengung. Prinzipien spielen eine große Rolle. Diese wurden von den Eltern übernommen und kommen zum Wohle aller auf der gesamten Welt zur Anwendung.

Die Kehrseite: Organisationen und Weltanschauungen haben oft einen absolutistischen Anspruch auf Allgemeingültigkeit. Ein Anderssein wird nicht akzeptiert. Eigene Fehler werden nicht gern zugegeben. Die Frage der Schuldklärung ist oft hinderlich – sie ist oft wichtiger, als eine gute Lösung zu finden. Einzelkämpferische Herrscher setzen sich durch, indem sie die Angst der Untergebenen vor Bestrafung ausnutzen.

Wo kam und kommt diese Ebene vor?

Ursprünglich ist sie gleichzeitig mit den ersten monotheistischen Religionen entstanden. Auch heute noch weist beispielsweise die katholische Kirche starke loyale Strukturen auf.

Spätere Errungenschaften dieser Ebene sind z. B. der Sozialstaat, die Gewerkschaften, Verwaltungen.

In Deutschland findet man sehr viele Unternehmen, die Strukturen dieser Ebene aufweisen.

Überblick

Situation:	Frage nach dem Sinn des Lebens
Reaktion:	Suche nach der einen Wahrheit, Religion; Absolutismus, Glaube
Maxime:	Ich opfere mich!
Motivation/Antrieb:	Disziplin, Aufopferung, Ehre und Titel; moralische Unterwerfung, Status
System:	Bürokratie, funktionierende Hierarchie
Lernen:	Bestrafung, Vermeidungslernen
Fähigkeit:	Loyalität, Treue, Geduld
Drohende Gefahr:	Unflexibilität, Starrheit, Selbstausbeutung

4.5 Mein Haus, mein Auto, meine Motoryacht: Der Erfolgssucher

Entstehung und Umwelt

Mit sich ändernden Märkten und einem zunehmendem Wettbewerb muss sich individuelle Leistung wieder lohnen.

Die Menschen möchten nicht mehr auf eine Belohnung ihrer Taten in einer abstrakten Zukunft warten, sie möchten hier und jetzt leben und die Früchte ihrer Anstrengung ernten können.

Ein Streben nach Erfolg und materieller Befriedigung setzt ein. Der amerikanische Traum ist geboren: Jeder kann alles erreichen.

Reaktion des Menschen, Ausprägung der Ebene

Der Cleverere gewinnt. Marktwirtschaft, unternehmerisches Denken und Handeln setzen sich durch. Der Wettbewerb wird zum Motor des Fortschritts. Unternehmerische Strategien und Planungen durchziehen das gesamte Handeln – selbst im privaten Bereich: Work hard – play hard!

Die Leistungsorientierung dieser Ebene ist sehr markant. Man fokussiert sich auf Ergebnisorientierung. Auch Status ist weiterhin wichtig, er macht sich jedoch jetzt anhand von Status- und Luxusgütern fest. Wichtig ist, was wir haben: „mein Haus, mein Auto, meine Motoryacht …“ Das Leben ist ein Spiel, in dem es möglichst viel zu gewinnen gilt.

Diese Ebene unterscheidet sich insofern von der Ebene Einzelkämpfer, als dass das Streben nach Erfolg sich nicht unbedingt in einer Unterdrückung der anderen manifestiert. Vielmehr handelt es sich hier um einen Wettbewerb. Konkurrenz ist etwas Positives: Immer höher, immer schneller und immer weiter – was andere schaffen, haben, können, das kann ich auch, und zwar besser!

Die sozialen Strukturen sind entsprechend auf geringe soziale Sicherung und ein Maximum an persönlicher Nutzenmaximierung ausgerichtet. Kurzfristige Erfolge können schnell und leicht realisiert werden.

Wo kam und kommt diese Ebene vor?

Die Marktwirtschaft gehört in diese Ebene. Wachstum ist häufig ein Ziel, wobei das erfolgsorientierte Paradigma der Arbeitsteilung immer weiter ausgereizt wird – auch über Unternehmensgrenzen hinweg (Outsourcing). Übernahmen von Unternehmen sind ebenso hier zu finden.

Überblick

Situation:	Der Bessere gewinnt!
Reaktion:	Unternehmerisches Denken, Planen und Konkurrenz, Materialismus
Maxime:	Ich will gewinnen!
Motivation/Antrieb:	Herausforderung, Besitz, Gewinn
System:	Materialismus, Kapitalismus, Marktwirtschaft, leistungsorientierte Hierarchie
Lernen:	Wettbewerb mit Belohnung (Prämien, Incentives)
Fähigkeit:	Effektivität, Zielstrebigkeit
Drohende Gefahr:	Goldener Käfig, König Midas, Burn-out

4.6 Gemeinsam schaffen wir es: Der Teammensch

Entstehung und Umwelt

Die Kehrseite der erfolgsorientierten Welt tritt in den Vordergrund. Im „Spiel“ um den Erfolg hat es viele Verlierer gegeben, viele Ressourcen sind gierig verbraucht worden. Und auch die ursprünglichen Gewinner des Spiels erkennen, dass Materielles allein nicht ausreicht. Das Jagen nach Erfolg führt zu Isolation und in einigen Fällen zum Burn-out.

Dazu kommt, dass die Anforderungen der Welt immer komplexer werden. Die Ressourcen sind nicht unendlich. Die Märkte wachsen nicht unendlich.

Die Menschen erkennen in der Zusammenarbeit und Kooperation ihre Vorteile. Gemeinsam geht es oft doch irgendwie besser als allein. Dies ist die Geburtsstunde der Teams.

Reaktion des Menschen, Ausprägung der Ebene

Das Soziale und das Miteinander werden als Wert erkannt und gefördert. Hier steht nun wieder das *Wir* vor dem *Ich*!

Konsens wird gemeinsam gebildet. Die Vorteile von multifunktionalen Teams werden erkannt. Die Ebene der Teammenschen hat die Erfolgssucher-Werte dabei voll integriert. Dies ist ein fundamentaler – wenn auch häufig übersehener – Unterschied zur Ebene der Loyalen. Ein klares Leistungsziel wird verfolgt – aber eben im Vergleich zu den Erfolgssuchern nicht solitär, sondern gemeinsam im Team.

Wo kam und kommt diese Ebene vor?

Die soziale Marktwirtschaft ist eine Errungenschaft dieser Ebene. Auch bei Mannschaftssportarten ist diese Ebene zu finden.

Überblick

Situation:	Größere Probleme erfordern kollektives Herangehen
Reaktion:	Gruppenbildung mit emotionaler Bindung, soziales Denken
Maxime:	Gemeinsam schaffen wir es!
Motivation/Antrieb:	Dazugehören, Zuwendung, Teilnehmen
System:	Sozialstaat, Team
Lernen:	Beobachtungslernen, Erfahrungslernen, Reflexion und Austausch
Fähigkeit:	Integration, Wertschätzung, Wir-Gefühl
Drohende Gefahr:	Zu starre Prozessorientierung; am Ziel vorbei

4.7 Die Welt steckt voller Optionen: Der Möglichkeitensucher

Entstehung und Umwelt

Die Gefahr der Teammensch-Welt liegt u. a. darin, dass Entscheidungen aufgrund mangelnden Konsenses nicht oder zu langsam gefällt werden. Und das Team trägt lange Zeit Menschen, die vielleicht eine Unterstützung gar nicht verdient haben, da sie sich nur auf den Lorbeeren der anderen ausruhen.

Zudem nimmt die Komplexität der Welt weiterhin zu. Die Orientierung in dieser Welt wird schwieriger. Der Möglichkeitensucher reagiert darauf mit höherer Flexibilität, Leistungsfähigkeit, Schnelligkeit und Kreativität.

Es erfolgt eine Abkehr von reinen Teamgedanken hin zu einem vernetzten System. Gesehen wird ein vernetztes System aus Stammesmenschen, Einzelkämpfern, Loyalen, Erfolgssuchern, Teammenschen und Möglichkeitensuchern – und der Umwelt.

Reaktion des Menschen, Ausprägung der Ebene

Die Welt steckt voller Optionen, die den Möglichkeitensucher begeistern. Persönliche Freiheit und Individualität werden angestrebt. Status wird über Kompetenz und Wissen erreicht, dieser wird aber nicht unbedingt nach außen sichtbar gemacht.

Die Lebenseinstellung: „Ich bin dafür verantwortlich, wie es mir geht, denn es liegt alles nur an meiner Sichtweise" tritt in den Vordergrund.

Soziale Systeme werden erkannt und analysiert. Eine Wertschätzung für andere Systeme als das eigene tritt ein. Anderssein ist gut!

Motto: Wir können zusammenarbeiten, sind aber unabhängig voneinander.

Wo kam und kommt diese Ebene vor?

Wissensnetzwerke, Think Tanks und Internet-Plattformen für Networking gehören zu dieser Ebene.

Weiterhin ist Coaching eine Errungenschaft dieser Ebene – der Coach ist unabhängig, akzeptiert, dass der Klient anders ist. Er sucht flexibel nach Lösungen und Optionen.

Ausprägungen findet man bei Selbstständigen, die immer wieder neue Nischen suchen, in die sie vordringen können – und dabei mit anderen in einem losen Netzwerk zusammenarbeiten.

Überblick

Situation:	Offene Fragen bei hoher Komplexität
Reaktion:	Komplexe und systemische Lösungen/Systemdenken
Maxime:	Es gibt viele Möglichkeiten und Ansätze
Motivation/Antrieb:	Autonomie und Freiheit, Überblick, Optionen, Information
System:	Selbstgesteuerte Einheiten, Netzwerke, Projekte, Selbstorganisation
Lernen:	Selbstgesteuert, Information und Ressourcen bereitstellen, neue Lernkontexte
Fähigkeit:	Flexibilität, Kreativität, Autonomie
Drohende Gefahr:	Abspaltung, Arroganz, Kälte, Überlastung

4.8 Globale Probleme erfordern ein Umdenken: Der Globalist

Entstehung und Umwelt

Die steigende Komplexität nimmt globale Formen an – die Welt wird als ein großes System verstanden. Das lokale Denken und Handeln muss erweitert werden. Die Vielfalt und die Existenz auf dem Planeten sollen gesichert werden.

Reaktion des Menschen, Ausprägung der Ebene

Diese Ebene ist gekennzeichnet durch Weitsichtigkeit, ganzheitliches Denken und Idealismus. Das Individuum wird den globalen Interessen untergeordnet.

Philosophische Ansätze haben eine große Bedeutung für die Denk- und Handlungsstrukturen.

Das Weltbild/Selbstbild ist holistisch. Das bedeutet, der Mensch sieht sich als Abbildung der Erde, die Erde als Abbildung des Universums. Genau wie ein Hologramm, das einen Gegenstand darstellt. Wird das Hologramm in 1000 Einzelteile zerbrochen, so zeigt jedes der Einzelteile wieder die ursprüngliche Abbildung des gesamten Hologramms, nur eben kleiner.

Wo kam und kommt diese Ebene vor?

Diese Ebene kommt in der Praxis selten vor. Wir sehen Ansätze in Religionen wie dem Buddhismus oder in philosophischen Lehren wie Yoga.

Überblick

Situation:	Globale Probleme erfordern ein Umdenken
Reaktion:	Ganzheitliche Lösungen, globales Denken
Maxime:	Alles hängt zusammen!
Motivation/Antrieb:	Globales Überleben, Gleichwertigkeit der Menschen
System:	Chaosmanagement, Konstruktivismus, perspektivische und fraktale Unternehmenskultur
Lernen:	Intuitives Lernen, ganzheitliches Erleben
Fähigkeit:	Ökologiedenken, Entwicklungsdenken
Drohende Gefahr:	Heiligkeit – damit Unantastbarkeit, Radikalität, Unterdrücken eigener Impulse

4.9 Die Ebene 9 – noch nicht definiert

Die neunte Ebene zeichnet sich nach Meinung der Graves-Experten in der Entwicklung ab, ist jedoch für uns noch nicht greifbar. Diese Ebene wird versuchen, mit den Problemen und Herausforderungen der Globalisten-Ebene zurechtzukommen. Ein Name ist noch nicht definiert. Möglicherweise werden diese Individuen und Systeme sich so organisieren, dass sie die globalen Probleme besser individuell (ich-bezogen) lösen können als die Globalisten, die gegebenenfalls zu stark wir-orientiert waren. Hier gilt es noch weiter zu forschen, um diese Ebene zu verstehen. Sie spielt in der Wirtschaft zunächst, wie die Globalisten, eine sehr untergeordnete Rolle, gesellschaftspolitisch und ökologisch könnte sie jedoch wichtig werden.

5. Transformation des beschriebenen Modells in das Original

Die untenstehende Tabelle dient dazu, andere Beschreibungen in der Literatur oder im Internet in die in diesem Buch verwendeten Bezeichnungen zu transferieren.

Tier	Graves-Kategorie	Farbe	Bezeichnung	Englische Bezeichnung	Ausrichtung, Bezogenheit
Second Tier		Koralle	??? (noch keine Bezeichnung)	??? (noch keine Bezeichnung	Ich-bezogen
	B'O'	Türkis	Der Globalist	GlobalView	Auf andere bezogen
	A'N'	Gelb	Der Möglichkeiten-sucher	FlexFlow	Ich-bezogen
First Tier	FS	Grün	Der Teammensch	HumanBond	Auf andere bezogen
	ER	Orange	Der Erfolgssucher	StriveDrive	Ich-bezogen
	DQ	Blau	Der Loyale	TruthForce	Auf andere bezogen
	CP	Rot	Der Einzelkämpfer	PowerGods	Ich-bezogen
	BO	Violett	Der Stammes-mensch	KinSpirit	Auf andere bezogen
	AN	Beige	Der Existierende	Survival Sense	Ich-bezogen

Abbildung A4: *Transformation – Begrifflichkeiten in anderen Graves-Darstellungen*

Die Begriffe First und Second Tier (engl. Tier: Schichten) bezeichnen zwei Entwicklungswellen des Graves-Value-Systems. Erst in der zweiten Welle werden die Individuen und Systeme in der Lage sein, die anderen Ebenen als wertvoll und richtig einzuschätzen. Zuvor sieht man nur die eigene Ebene als die einzig wahre Ebene an.

Die Nomenklatur von Graves in seinen Original-Werken wird heute kaum mehr verwendet, da diese schwer verständlich ist. Er beginnt in der untersten Ebene mit den Buchstaben A und N und zählt jeweils im Alphabet einen Buchstaben weiter nach oben. Im Second Tier verwendet er diese Buchstaben dann wieder, jedoch mit oberem Strich als Unterscheidungsmerkmal. Die zwei Buchstaben stellen jeweils die unterschiedlichen Bezogenheiten (Wir vs. Ich) dar. Diese Nomenklatur hat sich in den Praxisfällen nicht bewährt und findet sich daher nur noch in wissenschaftlichen Fällen wieder.

Literatur

BECK, D. E., COWAN, C. C., Spiral Dynamics – Mastering Values, Leadership and Change, Blackwell Publishing, Williston 1996

BELL, D., U. A., Die nachindustrielle Gesellschaft, Campus Verlag, Frankfurt/Main, 1976

BLANCHARD, K., ZIGARMI, P., Der Minutenmanager: Führungsstile, rororo, Hamburg, 1995

CAMPBELL, A., DEVINE, M., YOUNG, D., Vision, Mission, Strategie, Die Energie des Unternehmens aktivieren, Campus Verlag, Frankfurt/Main, 1992

DRUCKER, P. F., Management im 21. Jahrhundert, Econ Verlag, Berlin, 1999

ECHTER, D., Rituale im Management, Verlag Vahlen, München, 2003

FEUSTEL, B., Das Graves Value System, in: MultiMind Heft 03/2002, Junfermann Verlag, Paderborn

GRAVES, C. W., The Implications to Management of System – Ethical Theory, o.O., 1962

GRAVES, C. W., Value System and their relation to managerial Controls and Organizational Viability, Schenectady, 1965

GRAVES, C. W., HUNTLEY, W. C., LABIER, D. W., Personality Structure and Perceptual Readiness; an investigation on their relationship to hypothesized levels of human existence, Schenectady, 1965

GRAVES, C. W., Deterioration of Work Standards, Harvard Business Review, 44 (September/October, 1966), S. 117-128

GRAVES, C. W., Levels of Existence: An Open System Theory of Values, in: Journal of Humanistic Psychology, Alameda, Volume 10 (Fall, 1970), No. 2, S. 131-155

GRAVES, C. W., MADDEN H.T.; MADDEN, L.P., The congruent Management Strategy, o.O. 1970

GRAVES, C. W., How should who lead whom to do what?, YMCA Management Forum, Schenectady, 1971-1972

GRAVES, C. W., Human Nature Prepares for a Momentous Leap, The Futurist, Bethesda, No. 8, April, 1974, S. 72-87

GRAVES, C. W., Summary Statement: The Emergent, cyclical double-helix model of adult human biopsychosocial Systems, Boston, 1981

GRAVES, C. W., Levels of Human Existence (transcript from a Seminar), edited by W.R. Lee, Santa Barbara, ECLET, 2002

GRAVES, C. W., The never ending quest; edited by Ch. Cowan and N. Todorovic, Santa Barbara, ECLET, 2005

GREEN, R., Power, dtv, München, 2001

KAPLAN, R. S., NORTON, D. P., Die strategiefokussierte Organisation, Schäffer Poeschel Verlag, Stuttgart, 2001

KAPLAN, R. S., NORTON, D. P., Strategy Maps, Schäffer Poeschel Verlag, Stuttgart, 2004

KATZENBACH, J. R., SMITH D. K., Teams – der Schlüssel zur Hochleistungsorganisation, Heyne Verlag, München, 1993, 2000

KOTTER, J. P., COHEN, D. S., The Heart of Change, Harvard Business School Press, Boston, 2002

LEE, B., Transcription of a "Seminar on Levels of Human Existence" conducted by Dr. Graves at the Washington School of Psychiatry, October 16, Washington, 1971

LIKER, J. K., The Toyota Way, McGraw-Hill, New York, 2004

LYNCH, D., DelphinDenken, Rudolf Haufe Verlag, Freiburg, 1996

SCOTT-MORGAN, HOVING, SMIT, VAN DER SLOT, The End of Change, McGraw-Hill, New York, 2001

TAD, J.; WOODSMALL, W., Time Line, Junfermann Verlag, Paderborn, 1991

TREACY, M., WIERSMA, F., Discipline of Market Leaders, Perseus Publishing, Cambridge, 1995

VESTER, F., Die Kunst vernetzt zu denken, dtv, München, 2002

Die Autoren

v.l.n.r.: Hartmut Wiehle, Martina Bär, Rainer Krumm

Martina Bär ist Mitglied der Geschäftsleitung der businessforce Unternehmensberatung AG. In zahlreichen deutschen Konzernen führt sie Strategie- und Organisationsprojekte durch. Hierbei begleitet sie sowohl die inhaltlichen Aspekte als auch die relevanten Veränderungsmodule der Organisationsentwicklung. Sie vermittelt ihr Wissen als Lehrbeauftragte im Bereich Wirtschaftsinformatik an der University of Cooperative Education in Heidenheim. Martina Bär vereint langjährige Erfahrung in der Top-Management-Beratung mit Führungs- und Projektverantwortung in der Industrie. Sie studierte Wirtschaftsinformatik an der Technischen Universität Darmstadt.
E-Mail: gravesvaluesystem@businessforce.de, **Internet:** www.businessforce.eu

Rainer Krumm ist Managementtrainer und Coach. Er ist Geschäftsführer von axiocon, einer Unternehmensberatung mit dem Schwerpunkt Personalentwicklung und Organisationsentwicklung. In zahlreichen internationalen Projekten begleitet Rainer Krumm Veränderungsprozesse, implementiert Führungsphilosophien in Unternehmen, führt kreative Team-Workshops durch und coacht Topführungskräfte. Er ist Spezialist für strategische Personal- und Organisationsentwicklung. Er studierte Wirtschaftspädagogik und Strategische Unternehmensführung an der Ludwig-Maximilians-Universität München.
E-Mail: rainer.krumm@axiocon.de, **Internet:** www.axiocon.de

Hartmut Wiehle ist Managementberater. Sein Schwerpunkt ist die Umsetzung von Veränderungsvorhaben im Zusammenwirken mit dem verantwortlichen Management. Er ist spezialisiert auf die Analyse und Darstellung von komplexen Zusammenhängen in Veränderungsmaßnahmen und den Einsatz von konzeptionellen Modellen. Hartmut Wiehle ist Mitglied der Geschäftsleitung der businessforce Unternehmensberatung AG, die sich auf die Vorbereitung und Begleitung von Veränderungsprozessen fokussiert. Er studierte Informatik und Wirtschaftswissenschaften an der Technischen Universität München.
E-Mail: gravesvaluesystem@businessforce.de, **Internet :** www.businessforce.eu

Die Homepage zum Buch: www.gravesvaluesystem.de